崧燁文化

曹永忠、許碩芳
許智誠、蔡英德 著

Arduino程式教學 (RFID模組篇)

Arduino Programming (RFID Sensors Kit)

U0082296

自序

記得自己在大學資訊工程系修習電子電路實驗的時候,自己對於設計與製作電路板是一點興趣也沒有,然後又沒有天分,所以那是苦不堪言的一堂課,還好當年有我同組的好同學,努力的照顧我,命令我做這做那,我不會的他就自己做,如此讓我解決了資訊工程學系課程中,我最不擅長的課。

當時資訊工程學系對於設計電子電路課程,大多數都是專攻軟體的學生去修習時,系上的用意應該是要大家軟硬兼修,尤其是在台灣這個大部分是硬體為主的產業環境,但是對於一個軟體設計,但是缺乏硬體專業訓練,或是對於眾多機械機構與機電整合原理不太有概念的人,在理解現代的許多機電整合設計時,學習上都會有很多的困擾與障礙,因為專精於軟體設計的人,不一定能很容易就懂機電控制設計與機電整合。懂得機電控制的人,也不一定知道軟體該如何運作,不同的機電控制或是軟體開發常常都會有不同的解決方法。

除非您很有各方面的天賦,或是在學校巧遇名師教導,否則通常不太容易能在機電控制與機電整合這方面自我學習,進而成為專業人員。

而自從有了 Arduino 這個平台後,上述的困擾就大部分迎刃而解了,因為 Arduino 這個平台讓你可以以不變應萬變,用一致性的平台,來做很多機電控制、機電整合學習,進而將軟體開發整合到機構設計之中,在這個機械、電子、電機、資訊、工程等整合領域,不失為一個很大的福音,尤其在創意掛帥的年代,能夠自己創新想法,從 Original Idea 到產品開發與整合能夠自己獨立完整設計出來,自己就能夠更容易完全了解與掌握核心技術與產業技術,整個開發過程必定可以提供思維上與實務上更多的收穫。

Arduino 平台引進台灣自今,雖然越來越多的書籍出版,但是從設計、開發、製作出一個完整產品並解析產品設計思維,這樣產品開發的書籍仍然鮮見,尤其是能夠從頭到尾,利用範例與理論解釋並重,完完整整的解說如何用 Arduino 設計出一個完整產品,介紹開發過程中,機電控制與軟體整合相關技術與範例,如此的書籍更是付之闕如。永忠、英德兄與敝人計畫撰寫 Maker 系列，就是基於這樣對市場需要的觀察，開發出這樣的書籍。

　　作者出版了許多的 Arduino 系列的書籍，深深覺的，基礎乃是最根本的實力，所以回到最基礎的地方，希望透過最基本的程式設計教學，來提供眾多的 Makers 在入門 Arduino 時，如何開始，如何攥寫自己的程式，進而介紹不同的週邊模組，主要的目的是希望學子可以學到如何使用這些週邊模組來設計程式，期望在未來產品開發時，可以更得心應手的使用這些週邊模組與感測器，更快將自己的想法實現，希望讀者可以了解與學習到作者寫書的初衷。

　　　　　　　　　　　　許智誠　　於中壢雙連坡中央大學 管理學院

自序

隨著資通技術(ICT)的進步與普及,取得資料不僅方便快速,傳播資訊的管道也多樣化與便利。然而,在網路搜尋到的資料卻越來越巨量,如何將在眾多的資料之中篩選出正確的資訊,進而萃取出您要的知識?如何獲得同時具廣度與深度的知識?如何一次就獲得最正確的知識?相信這些都是大家共同思考的問題。

為了解決這些困惱大家的問題,永忠、智誠兄與敝人計畫製作一系列「Maker系列」書籍來傳遞兼具廣度與深度的軟體開發知識,希望讀者能利用這些書籍迅速掌握正確知識。首先規劃「以一個 Maker 的觀點,找尋所有可用資源並整合相關技術,透過創意與逆向工程的技法進行設計與開發」的系列書籍,運用現有的產品或零件,透過駭入產品的逆向工程的手法,拆解後並重製其控制核心,並使用 Arduino 相關技術進行產品設計與開發等過程,讓電子、機械、電機、控制、軟體、工程進行跨領域的整合。

近年來 Arduino 異軍突起,在許多大學,甚至高中職、國中,甚至許多出社會的工程達人,都以 Arduino 為單晶片控制裝置,整合許多感測器、馬達、動力機構、手機、平板...等,開發出許多具創意的互動產品與數位藝術。由於 Arduino 的簡單、易用、價格合理、資源眾多,許多大專院校及社團都推出相關課程與研習機會來學習與推廣。

以往介紹 ICT 技術的書籍大部份以理論開始、為了深化開發與專業技術,往往忘記這些產品產品開發背後所需要的背景、動機、需求、環境因素等,讓讀者在學習之間,不容易了解當初開發這些產品的原始創意與想法,基於這樣的原因,一般人學起來特別感到吃力與迷惘。

本書為了讀者能夠深入了解產品開發的背景,本系列整合 Maker 自造者的觀念與創意發想,深入產品技術核心,進而開發產品,只要讀者跟著本書一步一步研習與實作,在完成之際,回頭思考,就很容易了解開發產品的整體思維。透過這樣的思路，讀者就可以輕易地轉移學習經驗至其他相關的產品實作上。

　　所以本書是能夠自修的書，讀完後不僅能依據書本的實作說明準備材料來製作，盡情享受 DIY(Do It Yourself)的樂趣，還能了解其原理並推展至其他應用。有興趣的讀者可再利用書後的參考文獻繼續研讀相關資料。

　　本書的發行有新的創舉，就是以電子書型式發行，在國家圖書館、國立公共資訊圖書館與許多電子書網路商城、Google Books 與 Google Play 都可以下載與閱讀。希望讀者能珍惜機會閱讀及學習，繼續將知識與資訊傳播出去，讓有興趣的眾人都受益。希望這個拋磚引玉的舉動能讓更多人響應與跟進，一起共襄盛舉。

　　本書可能還有不盡完美之處，非常歡迎您的指教與建議。近期還將推出其他 Arduino 相關應用與實作的書籍，敬請期待。

　　最後，請您立刻行動翻書閱讀。

蔡英德　於台中沙鹿靜宜大學主顧樓

目　錄

Maker 系列

在克里斯‧安德森（Chris Anderson）所著『自造者時代：啟動人人製造的第三次工業革命』提到，過去幾年，世界來到了一個重要里程碑：實體製造的過程愈來愈像軟體設計，開放原始碼創造了軟體大量散佈與廣泛使用，如今，實體物品上也逐漸發生同樣的效應。網路社群中的程式設計師從 Linux 作業系統出發，架設了今日世界上絕大部分的網站(Apache WebServer)，到使用端廣受歡迎的 FireFox 瀏覽器等，都是開放原始碼軟體的最佳案例。

現在自造者社群(Maker Space)也正藉由開放原始碼硬體，製造出電子產品、科學儀器、建築物，甚至是 3C 產品。其中如 Arduino 開發板，銷售量已遠超過當初設計者的預估。連網路巨擘 Google Inc.也加入這場開放原始碼運動，推出開放原始碼電子零件，讓大家發明出來的硬體成品，也能與 Android 軟體連結、開發與應用。

目前全球各地目前有成千上萬個「自造空間」（makerspace）—光是上海就有上百個正在籌備中，多自造空間都是由在地社群所創辦。如聖馬特奧市（SanMateo）的自造者博覽會（Maker Faire），每年吸引數 10 萬名自造者前來朝聖，彼此觀摩學習。但不光是美國，全球各地還有許多自造者博覽會，台灣一年一度也於當地舉辦 Maker Fair Taiwan，數十萬的自造者(Maker)參予了每年一度的盛會。

世界知名的歐萊禮（O'Reilly）公司，也於 2005 年發行的《Make》雜誌，專門出版自造者相關資訊，Autodesk, Inc.主導的 Instructables- DIY How To Make Instructions(http://www.instructables.com/)，也集合了全球自造者分享的心得與經驗，舉凡食物、玩具、到 3C 產品的自製經驗，也分享於網站上，成為全球自造者最大、也最豐富的網站。

本系列『Maker 系列』由此概念而生。面對越來越多的知識學子，也希望成為自造者(Make)，追求創意與最新的技術潮流，筆著因應世界潮流與趨勢，思考著『如何透過逆向工程的技術與手法，將現有產品開發技術轉換為我的知識』的思維，如果我們可以駭入產品結構與設計思維，那麼了解產品的機構運作原理與方法就不是一件難事了。更進一步我們可以將原有產品改造、升級、創新，並可以將學習到的技術運用其他技術或新技術領域，透過這樣學習思維與方法，可以更快速的掌握研發與製造的核心技術，相信這樣的學習方式，會比起在已建構好的開發模組或學習套件中學習某個新技術或原理，來的更踏實的多。

本系列的書籍，因應自造者運動的世界潮流，希望讀者當一位自造者，將現有產品的產品透過逆向工程的手法，進而了解核心控制系統之軟硬體，再透過簡單易學的 Arduino 單晶片與 C 語言，重新開發出原有產品，進而改進、加強、創新其原有產品的架構。如此一來，因為學子們進行『重新開發產品』過程之中，可以很有把握的了解自己正在進行什麼，對於學習過程之中，透過實務需求導引著開發過程，可以讓學子們讓實務產出與邏輯化思考產生關連，如此可以一掃過去陰霾，更踏實的進行學習。

作者出版了許多的 Arduino 系列的書籍，深深覺的，基礎乃是最根本的實力，所以回到最基礎的地方，希望透過最基本的程式設計教學，來提供眾多的 Makers 在入門 Arduino 時，如何開始，如何攢寫自己的程式，主要的目的是希望學子可以學到程式設計的基礎觀念與基礎能力。作者們的巧思，希望讀者可以了解與學習到作者寫書的初衷。

本書是『Arduino 程式教學』的第三本書，主要是給讀者熟悉 Arduino 的擴充元件-RFID 無線射頻模組。Arduino 開發板最強大的不只是它的簡單易學的開發工具，最強大的是它封富的周邊模組與簡單易學的模組函式庫，幾乎 Maker 想到的東西，都有廠商或 Maker 開發它的周邊模組，透過這些周邊模組，Maker 可以輕易的將想要完成的東西用堆積木的方式快速建立，而且最強大的是這些周邊模組都有對應的函式庫，讓 Maker 不需要具有深厚的電子、電機與電路能力，就可以輕易駕御這些模組。

所以本書要介紹市面上最完整、最受歡迎的 RFID 無線射頻模組，讓讀者可以輕鬆學會這些常用模組的使用方法，進而提升各位 Maker 的實力。

CHAPTER

Arduino 簡介

　　Massimo Banzi 之前是義大利 Ivrea 一家高科技設計學校的老師，他的學生們經常抱怨找不到便宜好用的微處理機控制器，西元 2005 年，Massimo Banzi 跟 David Cuartielles 討論了這個問題，David Cuartielles 是一個西班牙籍晶片工程師，當時是這所學校的訪問學者。兩人討論之後，決定自己設計電路板，並引入了 Banzi 的學生 David Mellis 為電路板設計開發用的語言。兩天以後，David Mellis 就寫出了程式碼。又過了幾天，電路板就完工了。於是他們將這塊電路板命名為『Arduino』。

　　當初 Arduino 設計的觀點，就是希望針對『不懂電腦語言的族群』，也能用 Arduino 做出很酷的東西，例如：對感測器作出回應、閃爍燈光、控制馬達…等等。

　　隨後 Banzi，Cuartielles，和 Mellis 把設計圖放到了網際網路上。他們保持設計的開放源碼(Open Source)理念，因為版權法可以監管開放原始碼軟體，卻很難用在硬體上，他們決定採用創用 CC 許可(Creative_Commons, 2013)。

　　創用 CC(Creative_Commons, 2013)是為保護開放版權行為而出現的類似 GPL[1]的一種許可（license），來自於自由軟體[2]基金會 (Free Software Foundation) 的 GNU 通用公共授權條款 (GNU GPL)：在創用 CC 許可下，任何人都被允許生產電路板的複製品，且還能重新設計，甚至銷售原設計的複製品。你還不需要付版稅，甚至不用取得 Arduino 團隊的許可。

　　然而，如果你重新散佈了引用設計，你必須在其產品中註解說明原始 Arduino 團隊的貢獻。如果你調整或改動了電路板，你的最新設計必須使用相同或類似的創用 CC 許可，以保證新版本的 Arduino 電路板也會一樣的自由和開放。

---

[1] GNU 通用公眾授權條款（英語：GNU General Public License，簡稱 GNU GPL 或 GPL），是一個廣泛被使用的自由軟體授權條款，最初由理察·斯托曼為 GNU 計劃而撰寫。

[2] 「自由軟體」指導重使用者及社群自由的軟體。簡單來說使用者可以自由運行、複製、發佈、學習、修改及改良軟體。他們有操控軟體用途的權利。

唯一被保留的只有 Arduino 這個名字：『Arduino』已被註冊成了商標[3]『Arduino®』。如果有人想用這個名字賣電路板，那他們可能必須付一點商標費用給 『Arduino®』 (Arduino, 2013)的核心開發團隊成員。

　　『Arduino®』的核心開發團隊成員包括：Massimo Banzi，David Cuartielles，Tom Igoe，Gianluca Martino，David Mellis 和 Nicholas Zambetti。(Arduino, 2013)，若讀者有任何不懂 Arduino 的地方，都可以訪問 Arduino 官方網站：http://www.arduino.cc/

　　『Arduino®』，是一個開放原始碼的單晶片控制器，它使用了 Atmel AVR 單晶片 (Atmel_Corporation, 2013)，採用了基於開放原始碼的軟硬體平台，構建於開放原始碼 Simple I/O 介面版，並且具有使用類似 Java，C 語言的 Processing[4]/Wiring 開發環境(B. F. a. C. Reas, 2013; C. Reas & Fry, 2007, 2010)。Processing 由 MIT 媒體實驗室美學與計算小組(Aesthetics & Computation Group)的 Ben Fry(http://benfry.com/)和 Casey Reas 發明，Processing 已經有許多的 Open Source 的社群所提倡，對資訊科技的發展是一個非常大的貢獻。

　　讓您可以快速使用 Arduino 語言作出互動作品，Arduino 可以使用開發完成的電子元件：例如 Switch、感測器、其他控制器件、LED、步進馬達、其他輸出裝置…等。Arduino 開發 IDE 介面基於開放原始碼，可以讓您免費下載使用，開發出更多令人驚豔的互動作品(Banzi, 2009) 。

---

[3] 商標註冊人享有商標的專用權，也有權許可他人使用商標以獲取報酬。各國對商標權的保護期限長短不一，但期滿之後，只要另外繳付費用，即可對商標予以續展，次數不限。

[4] Processing 是一個Open Source 的程式語言及開發環境，提供給那些想要對影像、動畫、聲音進行程式處理的工作者。此外，學生、藝術家、設計師、建築師、研究員以及有興趣的人，也可以用來學習，開發原型及製作

什麼是 Arduino

- Arduino 是基於開放原碼精神的一個開放硬體平臺,其語言和開發環境都很簡單。讓您可以使用它快速做出有趣的東西。

- 它是一個能夠用來感應和控制現實物理世界的一套工具,也提供一套設計程式的 IDE 開發環境,並可以免費下載

- Arduino 可以用來開發互動產品,比如它可以讀取大量的開關和感測器信號,並且可以控制各式各樣的電燈、電機和其他物理設備。也可以在運行時和你電腦中運行的程式(例如:Flash,Processing,MaxMSP)進行通訊。

Arduino 特色

- 開放原始碼的電路圖設計,程式開發介面

- http://www.arduino.cc/免費下載,也可依需求自己修改!!

- Arduino 可使用 ISCP 線上燒入器,自我將新的 IC 晶片燒入「bootloader」(http://arduino.cc/en/Hacking/Bootloader?from=Main.Bootloader) 。

- 可依據官方電路圖(http://www.arduino.cc/),簡化 Arduino 模組,完成獨立運作的微處理機控制模組

- 感測器可簡單連接各式各樣的電子元件 (紅外線,超音波,熱敏電阻,光敏電阻,伺服馬達,…等)

- 支援多樣的互動程式程式開發工具

- 使用低價格的微處理控制器(ATMEGA8-16)

- USB 介面,不需外接電源。另外有提供 9VDC 輸入

- 應用方面,利用 Arduino,突破以往只能使用滑鼠,鍵盤,CCD 等輸入的裝置的互動內容,可以更簡單地達成單人或多人遊戲互動

Arduino 硬體-Duemilanove

Arduino Duemilanove 使用 AVR Mega168 為微處理晶片，是一件功能完備的單晶片開發板，Duemilanove 特色為：(a).開放原始碼的電路圖設計，(b).程序開發免費下載，(c).提供原始碼可提供使用者修改，(d).使用低價格的微處理控制器 (ATmega168)，(e).採用 USB 供電，不需外接電源，(f).可以使用外部 9VDC 輸入，(g).支持 ISP 直接線上燒錄，(h).可使用 bootloader 燒入 ATmega8 或 ATmega168 單晶片。

系統規格

- 主要溝通介面:USB
- 核心: ATMEGA328
- 自動判斷並選擇供電方式（USB/外部供電）
- 控制器核心：ATmega328
- 控制電壓：5V
- 建議輸入電(recommended)：7-12 V
- 最大輸入電壓 (limits)：6-20 V
- 數位 I/O Pins：14 (of which 6 provide PWM output)
- 類比輸入 Pins：6 組
- DC Current per I/O Pin：40 mA
- DC Current for 3.3V Pin：50 mA
- Flash Memory：32 KB (of which 2 KB used by bootloader)
- SRAM：2 KB
- EEPROM：1 KB
- Clock Speed：16 MHz

具有 bootloader[5]能夠燒入程式而不需經過其他外部電路。此版本設計了『自動回復保險絲[6]』，在 Arduino 開發板搭載太多的設備或電路短路時能有效保護 Arduino

---

[5] 啟動程式（boot loader）位於電腦或其他計算機應用上，是指引導操作系統啟動的程式。
[6]自恢復保險絲是一種過流電子保護元件，採用高分子有機聚合物在高壓、高溫，硫化反應的條件下，攙加導電粒子材料後，經過特殊的生產方法製造而成。Ps. PPTC(PolyerPositiveTemperature

開發板的 USB 通訊埠,同時也保護了您的電腦,並且故障排除後能自動恢復正常。

 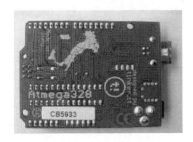

圖 1 Arduino Duemilanove 開發板外觀圖

Arduino 硬體-UNO

UNO 的處理器核心是 ATmega328,使用 ATMega 8U2 來當作 USB-對序列通訊,並多了一組 ICSP 給 MEGA8U2 使用:未來使用者可以自行撰寫内部的程式~ 也因為捨棄 FTDI USB 晶片~ Arduino 開發板需要多一顆穩壓 IC 來提供 3.3V 的電源。

Arduino UNO 是 Arduino USB 介面系列的最新版本,作為 Arduino 平臺的參考標準範本: 同時具有 14 路數位輸入/輸出口(其中 6 路可作為 PWM 輸出),6 路模擬輸入, 一個 16MHz 晶體振盪器,一個 USB 口,一個電源插座,一個 ICSP header 和一個重定按鈕。

UNO 目前已經發佈到第三版,與前兩版相比有以下新的特點: (a).在 AREF 處增加了兩個管腳 SDA 和 SCL,(b).支援 I2C 介面,(c).增加 IOREF 和一個預留管腳,將來擴展板將能相容 5V 和 3.3V 核心板,(d).改進了 Reset 重置的電路設計,(e).USB 介面晶片由 ATmega16U2 替代了 ATmega8U2。

Coefficent)也叫自恢復保險絲。嚴格意義講:PPTC 不是自恢復保險絲,ResettableFuse 才是自恢復保險絲。

系統規格

- 控制器核心：ATmega328
- 控制電壓：5V
- 建議輸入電(recommended)：7-12 V
- 最大輸入電壓 (limits)：6-20 V
- 數位 I/O Pins：14 (of which 6 provide PWM output)
- 類比輸入 Pins：6 組
- DC Current per I/O Pin：40 mA
- DC Current for 3.3V Pin：50 mA
- Flash Memory：32 KB (of which 0.5 KB used by bootloader)
- SRAM：2 KB
- EEPROM：1 KB
- Clock Speed：16 MHz

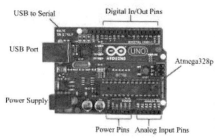

Microcontroller	ATmega328
Operating Voltage	5V
Input Voltage (recommended)	7-12V
Input Voltage (limits)	6-20V
Digital I/O Pins	14 (of which 6 provide PWM output)
Analog Input Pins	6
DC Current per I/O Pin	40 mA
DC Current for 3.3V Pin	50 mA
Flash Memory	32 KB (ATmega328) of which 0.5 KB used by bootloader
SRAM	2 KB (ATmega328)
EEPROM	1 KB (ATmega328)
Clock Speed	16 MHz

圖 2 Arduino UNO 開發板外觀圖

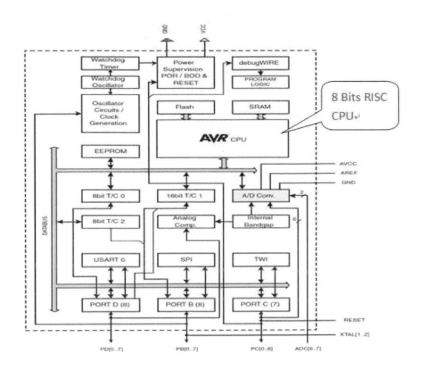

圖 3 Arduino UNO 核心晶片 Atmega328P 架構圖

Arduino 硬體-Mega 2560

可以說是 Arduino 巨大版： Arduino Mega2560 REV3 是 Arduino 官方最新推出的 MEGA 版本。功能與 MEGA1280 幾乎是一模一樣，主要的不同在於 Flash 容量從 128KB 提升到 256KB，比原來的 Atmega1280 大。

Arduino Mega2560 是一塊以 ATmega2560 為核心的微控制器開發板，本身具有 54 組數位 I/O input/output 端（其中 14 組可做 PWM 輸出），16 組模擬比輸入端，4 組 UART（hardware serial ports），使用 16 MHz crystal oscillator。由於具有 bootloader，因此能夠通過 USB 直接下載程式而不需經過其他外部燒入器。供電部份可選擇由 USB 直接提供電源，或者使用 AC-to-DC adapter 及電池作為外部供電。

由於開放原代碼，以及使用 Java 概念（跨平臺）的 C 語言開發環境，讓 Arduino

的周邊模組以及應用迅速的成長。而吸引 Artist 使用 Arduino 的主要原因是可以快速使用 Arduino 語言與 Flash 或 Processing…等軟體通訊，作出多媒體互動作品。Arduino 開發 IDE 介面基於開放原代碼原則，可以讓您免費下載使用於專題製作、學校教學、電機控制、互動作品等等。

電源設計

Arduino Mega2560 的供電系統有兩種選擇，USB 直接供電或外部供電。電源供應的選擇將會自動切換。外部供電可選擇 AC-to-DC adapter 或者電池，此控制板的極限電壓範圍為 6V~12V，但倘若提供的電壓小於 6V，I/O 口有可能無法提供到 5V 的電壓，因此會出現不穩定；倘若提供的電壓大於 12V，穩壓裝置則會有可能發生過熱保護，更有可能損壞 Arduino MEGA2560。因此建議的操作供電為 6.5~12V，推薦電源為 7.5V 或 9V。

系統規格

- 控制器核心：ATmega2560
- 控制電壓：5V
- 建議輸入電(recommended)：7-12 V
- 最大輸入電壓 (limits)：6-20 V
- 數位 I/O Pins：54 (of which 14 provide PWM output)
- UART:4 組
- 類比輸入 Pins：16 組
- DC Current per I/O Pin：40 mA
- DC Current for 3.3V Pin：50 mA
- Flash Memory：256 KB of which 8 KB used by bootloader
- SRAM：8 KB
- EEPROM：4 KB
- Clock Speed：16 MHz

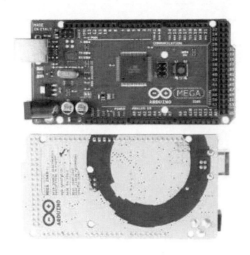

圖 4 Arduino Mega2560 開發板外觀圖

Arduino 硬體- Arduino Pro Mini 控制器

可以說是 Arduino 小型版： Pro Mini 使用 ATMEGA328，與 Arduino Duemilanove 一樣為 5V 並使用 16MHz bootloader，因此在使用 Arduino IDE 時必須選擇 "ArduinoDuemilanove 。

Arduino Pro Mini 控制器為模組大廠 Sparkfun(https://www.sparkfun.com/)依據 Arduino 概念所推出的控制器。藍底 PCB 板以及 0.8mm 的厚度，完全使用 SMD 元件，讓人看一眼就想馬上知道它有何強大功能。

而 Arduino Pro Mini 與 Arduino Mini 的差異在於，Pro Mini 提供自動 RESET，使用連接器時只要接上 DTR 腳位與 GRN 腳位，即具備 Autoreset 功能。 而 Pro Mini 與 Duemilanove 的差異點在於 Pro Mini 本身不具備與電腦端相連的轉接器，例如 USB 介面或者 RS232 介面，本身只提供 TTL 準位的 TX、RX 訊號輸出。這樣的設計較不適合初學者，初學者的入門 建議還是使用 Arduino Duemilanove。

對於熟悉 Arduino 的使用者，可以利用 Pro Mini 為你節省不少成本與體積，你只需準備一組習慣使用的轉接器，如 UsbtoTTL 轉接器_5V，就可重複使用。

系統規格

- 不包含 USB 連接器以及 USB 轉 TTL 訊號晶片
- 支援 Auto-reset
- ATMEGA328 使用電壓 5V / 頻率 16MHz (external resonator _0.5% tolerance)
- 具 5V 穩壓裝置
- 最大電流 150mA
- 具過電流保護裝置
- 容忍電壓：5-12V
- 內嵌 電源 LED 與狀態 LED
- 尺寸：0.7x1.3" (18x33mm)
- 重量：1.8g
- Arduino 所有特色皆可使用：

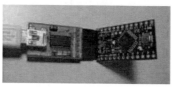

圖 5 Arduino Pro Mini 控制器開發板外觀圖

Arduino 硬體- Arduino ATtiny85 控制器

可以說是 Arduino 超微版： Arduino ATtiny85 是 Atmel Corporation 宣布其低功耗的 ATtiny 10/20/40 微控制器 (MCU) 系列，針對按鍵、滑塊和滑輪等觸控感應應用予以優化。這些元件包括了 AVR MCU 及其專利的低功耗 picoPower 技術，是對成本敏感的工業和消費電子市場上多種應用，如汽車控制板、LCD 電視和顯示器、筆記本電腦、手機等的理想選擇。

ATtiny MCU 系列介紹

Atmel Corporation 設計的 ATtiny 新型單晶片有 AVR 微處理機大部份的功能，以包括 1KB 至 4KB 的 Flash Memory，帶有 32 KB 至 256 KB 的 SRAM。

此外，這些元件支持 SPI 和 TWI (具備 I2C-兼容性) 通信，提供最高靈活性和 1.8V 至 5.5V 的工作電壓。ATtinyAVR 使用 Atmel Corporation 獨有專利的 picoPower 技術，耗電極低。通過軟件控制系統時鐘頻率，取得系統性能與耗電之間的最佳平衡，同時也得到了廣泛應用。

系統規格

- 採用 ATMEL TINY85 晶片
- 支持 Arduino IDE 1.0+
- USB 供電, 或 7~35V 外部供電
- 共 6 個 I/O 可以用

圖 6 Arduino ATtiny85 控制器外觀圖

Arduino 硬體- Arduino LilyPad 控制器

可以說是 Arduino 微小版：Arduino LilyPad 為可穿戴的電子紡織科技由 Leah Buechley 開發及 Leah 及 SparkFun 設計。每一個 LilyPad 設計都有很大的連接點可以縫在衣服上。多種的輸出，輸入，電源，及感測板可以通用，而且還可以水洗。

Arduino LilyPads 主機板的設計包含 ATmega328P(bootloader) 及最低限度的外部元件來維持其簡單小巧特性，可以利用 2-5V 的電壓。 還有加上重置按鈕可以更容易的攥寫程式，Arduino LilyPad 這是一款真正有藝術氣質的產品，很漂亮的造型，當初設計時主要目的就是讓從事服裝設計之類工作的設計師和造型設計師,它可以使用導電線或普通線縫在衣服或布料上, Arduino LilyPad 每個接腳上的小洞大到足夠縫紉針輕鬆穿過。如果用導電線縫紉的話,既可以起到固定的 作用,又可以起到傳導的作用。比起普通的 Arduino 版相比，Arduino LilyPad 相對比較脆弱，比較容易損壞,但它的功能基本都保留了下來, Arduino LilyPad 版子它沒有 USB 介面, 所以 Arduino LilyPad 連接電腦或燒寫程式時同 Arduino mini 一樣需要一個 USB 或 RS232 轉換成 TTL 的轉接腳。

系統規格

- 微控制器：ATmega328V
- 工作電壓：2.7-5.5V
- 輸入電壓：2.7-5.5V
- 數位 I／O 接腳：14（其中 6 提供 PWM 輸出）
- 類比輸入接腳：6
- 每個 I／O 引腳的直流電流：40mA
- 快閃記憶體：16 KB（其中 2 KB 使用引導程序）
- SRAM：1 KB
- EEPROM：512k
- 時鐘速度：8 MHz

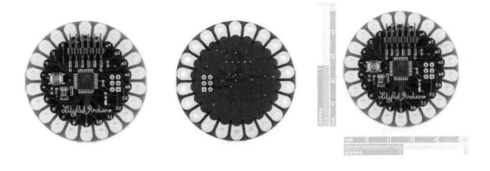

圖 7 Arduino LilyPad 控制器外觀圖

Arduino 硬體- Arduino Esplora 控制器

Arduino Esplora 可是為 Arduino 針對 PC 端介面所整合出來的產品。本身以 Leonardo 為主要架構，周邊加上各類型感測器如：聲音、光線、雙軸 PS2 搖桿、按鈕..等，相當適合與 PC 端結合的快速開發。

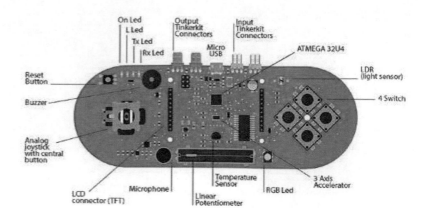

圖 8 Arduino Esplora 控制器

Arduino Esplora 可是為 Arduino 針對 PC 端介面所整合出來的產品，其控制器上包含下列組件：

- 雙軸類比搖桿+按壓開關
- 4 組按鈕開關，以搖桿按鈕的排序呈現
- 線性滑動電阻
- 麥克風聲音感測器
- 光線感測器
- 溫度感測器
- 三軸加速度計
- 蜂鳴器
- RGB LED 燈
- 2 組類比式感測器 輸入擴充腳位
- 2 組數位式輸出擴充腳位
- TFT 顯示螢幕插槽(不含 TFT 螢幕)，可搭配 TFT 螢幕模組使用
- SD 卡擴充插槽(不含 SD 卡相關電路，得透過 TFT 螢幕模組使用)

系統規格

- 核心晶片 - ATmega32U4
- 操作電壓 - 5V
- 輸入電壓 - USB 供電 +5V

- 數位腳位 I/O Pins - 僅存 2 組輸入、2 組輸出可外部擴充
- 類比腳位 - 僅存 2 組輸入可外部擴充
- Flash Memory - 32 KB
- SRAM - 2.5 KB
- EEPROM - 1 KB
- 振盪器頻率 - 16 MHz

圖 9 Arduino Esplora 套件組外觀圖

Arduino 硬體- Appsduino UNO 控制板

Appsduino UNO 控制板是台灣艾思迪諾股份有限公司[7]發展出來的產品，主要是為了簡化 Arduino UNO 與其它常用的周邊、感測器發展出來的產品，本身完全相容於 Arduino UNO 開發版。

系統規格

- 控制器核心：ATmega328
- 控制電壓：5V
- 建議輸入電(recommended)：7-12 V
- 最大輸入電壓 (limits)：6-20 V
- 數位 I/O Pins：14 (of which 6 provide PWM output)
- 類比輸入 Pins：6 組
- DC Current per I/O Pin：40 mA
- DC Current for 3.3V Pin：50 mA
- Flash Memory：32 KB (of which 0.5 KB used by bootloader)
- SRAM：2 KB
- EEPROM：1 KB
- Clock Speed：16 MHz

擴充規格

- Buzzer：連接至 D8(Jumper)，可以產生 melody 及警示告知，出廠時 Jumper 預設短路，若欲使用 D8，請將 Jumper 開路或拔除。
- 電池電量檢測：當 Jumper 短路時，會將 Vin 的 1/2 分壓連接至 A0，因此即可利用 Analog IO A0 監測電池的電壓，所量之電壓值為 1/2 Vin，即真正的電壓值為 A0 讀取的數值/1023 * 5V * 2，因此最高可量測 10V 的電壓 (1023/1023 * 5V * 2)

---

[7] 艾思迪諾股份有限公司,統一編號：54112896,地址：臺中市北屯區平德里北平路三段 66 號 6 樓之 6

圖 10 Appsduino UNO 控制板

Arduino 硬體- Appsduino Shield V2.0 擴充板

Appsduino Shield V2.0 擴充板是台灣艾思迪諾股份有限公司發展出來的產品，主要是為了簡化 Arduino UNO 與麵包板、藍芽裝置、LCD1602...等其它常用的周邊發展出來的產品，本身完全相容於 Arduino UNO 開發版。

Appsduino Shield V2.0 擴充板增加一些常用元件，利用杜邦線連至適當的 IO Pins，便可輕鬆學習許多的實驗，詳述如下：

- 藍牙接腳：將藍牙模組 6 Pin 排針插入接腳(元件面向內，如右圖)，即可與手機或平板通訊，進而連上 Internet，開創網路相關應用

- 綠、紅、藍 Led：綠色(Green) Led 已連接至 D13，可直接使用， 紅、藍 Led 可透過 J17 的兩個排針，用杜邦線連至適當的 IO 腳位即可

- 數位溫度計(DS18B20)：將 J19 的 Vdd 接腳連至 5V，DQ 連至適當的 Digital IO 腳位，即可量測環境的溫度(-55 度 C ~ +125 度 C)

- 光敏電阻(CDS)：當光敏電阻受光時，電阻值變小，若用手指遮擋光敏電阻(暗)，電阻值變大，可利用此特性來監測環境受光的變化，將 J10 的 CDS 接腳連至適當的 Analog IO 腳位(A0~A5)，即可量測環境光線的變化

- 可變電阻/VR(10KΩ)：內建 10KΩ 的可變電阻，其三支腳分別對應 VR/VC/VL 腳位，可利用這些腳位並旋轉旋鈕以獲得所需的阻值

- 電源滑動開關：黑色開關(向右 on/向左 off)，可打開或關閉從電源輸入接腳送至 UNO 控制板的電源(VIN)

- Reset 按鍵：紅色按鍵為 Reset Key

- 電源輸入接腳：將紅黑電源線接頭插入此電源母座(紅色為正極/+，黑色為負極/-)

- 測試按鍵(Key) :若將 J14 Jumper B/C 短路，則 Key 1(S3)按鍵自動連至 A1 Pin，無需接線，可將 A1 設定為 Digital I/O 或 利用 Analog I/O (A/D)來偵測 Key 1 按鍵的狀態。Key 2(S4)按鍵則需使用杜邦線將 J14 Jumper A 連至適當的數位或類比腳位

系統規格

- 控制器核心：ATmega328

- 控制電壓：5V

- 建議輸入電(recommended)：7-12 V

- 最大輸入電壓 (limits)：6-20 V

- 數位 I/O Pins：14 (of which 6 provide PWM output)

- 類比輸入 Pins：6 組

- DC Current per I/O Pin：40 mA

- DC Current for 3.3V Pin：50 mA

- Flash Memory：32 KB (of which 0.5 KB used by bootloader)

- SRAM：2 KB

- EEPROM：1 KB

- Clock Speed：16 MHz

擴充規格

- Buzzer：連接至 D8(Jumper)，可以產生 melody 及警示告知，出廠時 Jumper 預設短路，若欲使用 D8，請將 Jumper 開路或拔除。

- 電池電量檢測：當 Jumper 短路時，會將 Vin 的 1/2 分壓連接至 A0，因此即可利用 Analog IO A0 監測電池的電壓，所量之電壓值為 1/2 Vin，即真正的電壓值為 A0 讀取的數值/1023 * 5V * 2，因此最高可量測 10V 的電壓 (1023/1023 * 5V * 2)

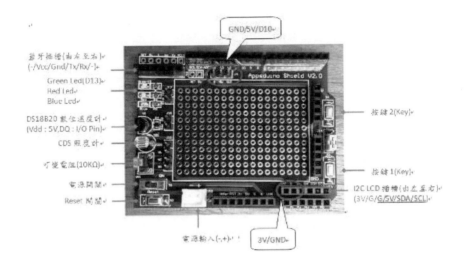

圖 11 Appsduino Shield V2.0 擴充板

86Duino One 開發版

簡介

86Duino One 是一款 x86 架構的開源微電腦開發板，內部採用高性能 32 位元 x86 相容的處理器 Vortex86EX，可以相容並執行 Arduino 的程式。此款 86Duino

是特別針對機器人應用所設計，因此除了提供相容 Arduino Leonardo 的接腳外，也特別提供了機器人常用的週邊介面，例如：可連接 18 個 RC 伺服機的專用接頭、RS485 通訊介面、CAN Bus 通訊介面、六軸慣性感測器等。此外，其內建的特殊電源保護設計，能防止如電源反插等錯誤操作而燒毀電路板，並且與伺服機共用電源時，板上可承載達 10A 的電流。

One 針對機器人應用所提供的豐富且多樣性接腳，大幅降低了使用者因缺少某些接腳而需另尋合適控制板的不便。任何使用 Arduino 及嵌入式系統的機器人設計師，及有興趣的愛好者、自造者，皆可用 One 來打造專屬自己的機器人與自動化設備。

硬體規格

- CPU 處理器：x86 架構 32 位元處理器 Vortex86EX，主要時脈為 300MHz（可用 SysImage 工具軟體超頻至最高 400MHz）
- RAM 記憶體：128MB DDR3 SDRAM
- Flash 記憶體：內建 8MB，出廠已安裝 BIOS 及 86Duino 韌體系統
- 1 個 10M/100Mbps 乙太網路接腳
- 1 個 USB Host 接腳
- 1 個 MicroSD 卡插槽
- 1 個 Mini PCI-E 插槽
- 1 個音效輸出插槽，1 個麥克風輸出插槽（內建 Realtek ALC262 高傳真音效晶片）
- 1 個電源輸入 USB Device 接腳（5V 輸入，Type B micro-USB 母座，同時也是燒錄程式接腳）
- 1 個 6V-24V 外部電源輸入接腳（2P 大電流綠色端子台）
- 45 根數位輸出/輸入接腳（GPIO），含 18 個 RC 伺服機接頭
- 3 個 TTL 序列接腳（UART）
- 1 個 RS485 串列埠
- 4 組 Encoder 接腳
- 7 根 A/D 輸入接腳
- 11 根 PWM 輸出接腳
- 1 個 SPI 接腳
- 1 個 I2C 接腳
- 1 個 CAN Bus 接腳

- 三軸加速度計
- 三軸陀螺儀
- 2 根 5V 電壓輸出接腳,2 根 3.3V 電壓輸出腳
- 長:101.6mm,寬:53.34mm
- 重量:56g

尺寸圖

86Duino One 大小與 Arduino Mega 2560 相同,如圖 12 所示:

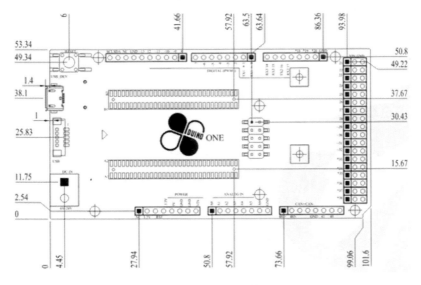

圖 12 86Duino One 尺寸圖

資料來源:86duino 官網(http://www.86duino.com/index.php?p=9879&lang=TW)

由圖 13 可看出 One 的固定孔位置(紅圈處)亦與 Arduino Mega 2560 相同,並且相容 Arduino Leonardo。

圖 13 三開發板故定孔比較圖

資料來源：86duino 官網(http://www.86duino.com/index.php?p=9879&lang=TW)

86Duino One 腳位圖

86Duino One 的 Pin-Out Diagram 如圖 14 所示：

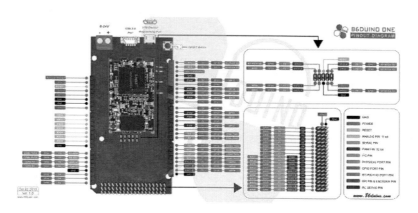

圖 14 86Duino OnePin-Out Diagram

資料來源：86duino 官網(http://www.86duino.com/index.php?p=9879&lang=TW)

透過 Pin-Out Diagram 可以看到 One 在前半段 Arduino 標準接腳處（如圖 15 紅框處）與 Arduino Mega 2560 及 Arduino Leonardo 是相容的，但後半段 RC 伺服

機接頭處與 Arduino Mega 2560 不同，因此 One 可以堆疊 Arduino Uno 及 Leo-
nardo 使用的短型擴展板（例如 Arduino WiFi Shield），但不能直接堆疊 Arduino
Mega 2560 專用的長型擴展板。

圖 15 三開發板腳位比較圖

資料來源：86duino 官網(http://www.86duino.com/index.php?p=9879&lang=TW)

I/O 接腳功能簡介

電源系統

86Duino One 有兩個電源輸入接腳，一個為外部電源輸入接腳，為工業用綠色

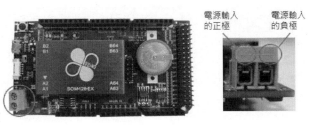

端子台（如

圖 16 紅圈處），其上有標示電源正極與負極兩個接孔，可輸入大電流電源，
電壓範圍為 6V ~ 24V。

圖 16　86Duino One 電源系統圖

資料來源：86duino 官網(http://www.86duino.com/index.php?p=9879&lang=TW)

　　另一個電源輸入接腳為燒錄程式用的 micro-USB 接頭（如圖 17 紅圈處），輸入電壓必須為 5V。

圖 17 86Duino One micro-USB 圖

資料來源：86duino 官網(http://www.86duino.com/index.php?p=9879&lang=TW)

　　使用者可透過上面任一接腳為 One 供電。當您透過綠色端子台供電時，電源會被輸入到板上內建的穩壓晶片，產生穩定的 5V 電壓來供應板上所有零件的正常運作。當您透過 micro-USB 接頭供電時，由 USB 主機輸入的 5V 電壓會直接以 by-pass 方式被用來為板上零件供電。綠色端子台與 micro-USB 接頭可以同時有電源輸入，此時 One 會透過內建的自動選擇電路（如下圖）自動選擇穩定的電壓供應來源。

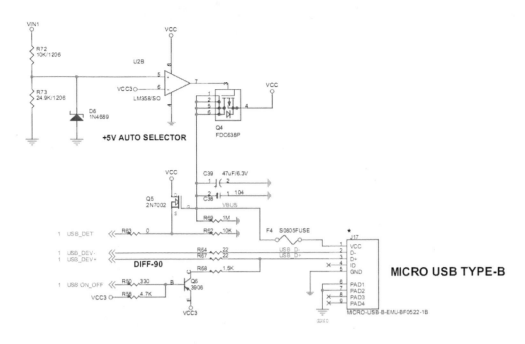

圖 18 86Duino One 自動選擇穩定的電壓供應來源圖

資料來源：86duino 官網(http://www.86duino.com/index.php?p=9879&lang=TW)

經由綠色端子台的電源連接方式

綠色端子台可用來輸入機器人伺服機需要的大電流電源，輸入的電壓會以 by-pass 方式被連接到所有 VIN 接腳上，並且也輸入到穩壓晶片（regulator）中來產生穩定的 5V 電壓輸出。此電源輸入端的電路如下所示：

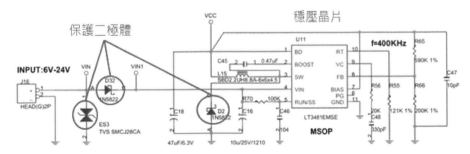

圖 19 86Duino One 綠色端子台的電源連接方式圖

資料來源:86duino 官網(http://www.86duino.com/index.php?p=9879&lang=TW)

　　由於機器人的電源通常功率較大,操作不慎容易將電路板燒壞,所以我們在電路上加入了較強的TVS二極體保護,可防止電源突波(火花)及電源反插(正負極接反)等狀況破壞板上元件。(注意,電源反插保護有其極限,使用者應避免反插超過 40V 的電壓。)

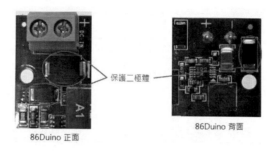

圖 20 86duino 保護二極體圖

資料來源:86duino 官網(http://www.86duino.com/index.php?p=9879&lang=TW)

以電池供電:

　　通常機器人會使用可輸出大電流的電池作為動力來源,您可直接將電池的正負極導線鎖到綠色端子台來為 One 供電。

圖 21 86Duino One 電池供電圖

資料來源:86duino 官網(http://www.86duino.com/index.php?p=9879&lang=TW)

以電源變壓器供電：

若希望使用一般家用電源變壓器為 One 供電，建議可製作一個連接變壓器的轉接頭。這裡我們拿電源接頭為 2.1mm 公頭的變壓器為例，準備一個 2.1mm 的電源母座（如下圖），將兩條導線分別焊在電源母座的正極和負極，然後導線另一端鎖在綠色端子台上，再將電源母座與變壓器連接，便可完成變壓器到綠色端子台的轉接。

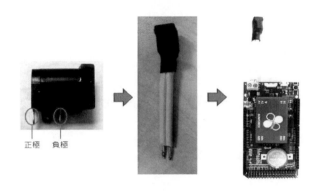

圖 22 86Duino One 電源變壓器供電圖

資料來源：86duino 官網(http://www.86duino.com/index.php?p=9879&lang=TW)

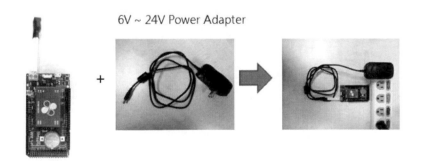

圖 23 86Duino One 電源變壓器供電接腳圖

資料來源：86duino 官網(http://www.86duino.com/index.php?p=9879&lang=TW)

直流電源供應器的連接方式：

使用直流電源供應器為 One 供電相當簡單，直接將電源供應器的正負極輸出，以正接正、負接負的方式鎖到綠色端子台的正負極輸入即可。

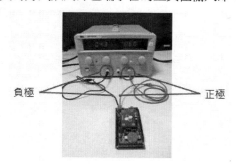

圖 24 86Duino One 直流電源供應器的連接方式圖

資料來源：86duino 官網(http://www.86duino.com/index.php?p=9879&lang=TW)

經由 micro-USB 接頭的電源連接方式

可透過板上 micro-USB 接頭取用 USB 主機孔或 USB 充電器的 5V 電壓為 One 供電。為避免不當操作造成 USB 主機孔損害，此接頭內建了 1 安培保險絲做為保護：

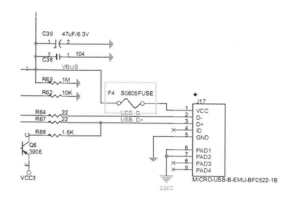

圖 25 86Duino One micro-USB 接頭的電源連接方式圖

資料來源：86duino 官網(http://www.86duino.com/index.php?p=9879&lang=TW)

使用者只要準備一條 micro-USB 轉 Type A USB 的轉接線（例如：智慧型手機的傳輸線；86Duino One 配線包內含此線），便可利用其將 One 連接至 PC 或筆電的 USB 孔來供電，如下所示：

圖 26 86Duino One micro-USB to PC 圖

資料來源：86duino 官網(http://www.86duino.com/index.php?p=9879&lang=TW)

亦可用此線將 One 連接至 USB 充電器來供電：

圖 27 86Duino USB 充電器供電圖

資料來源：86duino 官網(http://www.86duino.com/index.php?p=9879&lang=TW)

請注意，當 86Duino One 沒有外接任何裝置（如 USB 鍵盤滑鼠）時，至少需要 440mA 的電流才能正常運作；一般 PC 或筆電的 USB 2.0 接腳可提供最高 500mA 的電流，足以供應 One 運作，但如果 One 接上外部裝置（包含 USB 裝置及接到 5V 及 3.3V 輸出的實驗電路），由於外部裝置會消耗額外電流，使得整體消耗電流可能超出 500mA，這時用 PC 的 USB 2.0 接腳供電便顯得不適當，可以考慮改由能提供 900mA 的 USB 3.0 接腳或可提供更高電流的 USB 電源供應器（如智慧型手機的充電器）來為 One 供電[8]。

當 86Duino One 的綠色電源端子或 micro-USB 電源接腳輸入正確的電源後，電源指示燈"ON"會亮起，如下圖：

圖 28 86Duino 電源指示燈圖

資料來源：86duino 官網(http://www.86duino.com/index.php?p=9879&lang=TW)

電源輸出接腳

86Duino One 板上配置有許多根電壓輸出接腳，可分為三類：3.3V、5V 和 VIN，如下圖：

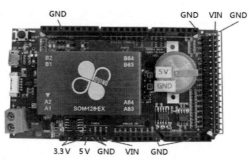

圖 29 86Duino 電源輸出接腳圖

資料來源：86duino 官網(http://www.86duino.com/index.php?p=9879&lang=TW)

---

[8]有些老舊或設計不佳的 PC 及筆電在 USB 接腳上設計不太嚴謹，能提供的電流低於 USB 2.0 規範的 500mA，用這樣的 PC 為 86Duino One 供電可能使其運作不正常（如無法開機或無法燒錄程式），此時應換到另一台電腦再重新嘗試。

3.3V、5V 輸出接腳可做為電子實驗電路的電壓源,其中 3.3V 接腳最高輸出電流為 400mA,5V 接腳最高輸出電流為 1000mA。VIN 輸出和綠色端子台的外部電源輸入是共用的,換句話說,兩者在電路上是連接在一起的;VIN 接腳主要用於供給機器人伺服機等大電流裝置的電源。

請注意,若您的實驗電路需要消耗超過 1A 的大電流(例如直流馬達驅動電路),應該使用 VIN 輸出接腳為其供電,避免使用 5V 和 3.3V 輸出接腳供電。此外,由於 VIN 輸出電壓一般皆高 5V,使用上應避免將 VIN 與其它 I/O 接腳短路,否則將導致 I/O 接腳燒毀。

MicroSD 卡插槽

86Duino One 支援最大 32GB SDHC 的 MicroSD 卡,不支援 SDXC。

請注意,如果您打算在 Micro SD 卡中安裝 Windows 或者 Linux 作業系統,Micro SD 卡本身的存取速度將直接影響作業系統的開機時間與執行速度,建議使用 Class 10 的 Micro SD 卡較為合適。

86Duino One 另外提供了SysImage工具程式,讓您在 Micro SD 卡上建立可開機的 86Duino 韌體系統。

開機順序

One 開機時,BIOS 會到三個地方去尋找可開機磁碟:內建的 Flash 記憶體、MicroSD 卡、USB 隨身碟。搜尋順序是 MicroSD 卡優先,然後是 USB 隨身碟[9],最後才是 Flash。內建的 Flash 記憶體在出廠時,已經預設安裝了 86Duino 韌體系統,如果使用者在 One 上沒有插上可開機的 MicroSD 卡或 USB 隨身碟,預設就會從 Flash 開機。

---

[9] *當您插上具有開機磁區的 MicroSD 卡或 USB 隨身碟,請確保該 MicroSD 卡或 USB 隨身碟上已安裝 86Duino 韌體系統或其它作業系統(例如 Windows 或 Linux),否則 One 將因找不到作業系統而開機失敗。*

Micro SD 卡插入方向

MicroSD 插槽位於 One 背面，請依照下圖方式插入 MicroSD 卡即可：

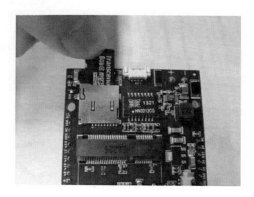

圖 30 86Duino Micro SD 卡

資料來源：86duino 官網(http://www.86duino.com/index.php?p=9879&lang=TW)

您可能注意到 One 的 MicroSD 插槽位置比 Arduino SD 卡擴展板及一般嵌入式系統開發板的插槽更深入板內，這是刻意的設計，目的是讓 MicroSD 卡插入後完全不突出板邊（見下圖）。當 One 用在機器人格鬥賽或其它會進行激烈動作的裝置上，這種設計可避免因為意外撞擊板邊而發生 MicroSD 卡掉落的慘劇。

圖 31 86Duino Micro SD 插槽圖

資料來源：86duino 官網(http://www.86duino.com/index.php?p=9879&lang=TW)

GPIO 接腳（數位輸出/輸入接腳）

　　86Duino One 提供 45 根 GPIO 接腳，如下圖所示。在 86Duino Coding 開發環境內，您可以呼叫digitalWrite函式在這些腳位上輸出HIGH或LOW，或呼叫digitalRead函式來讀取腳位上的輸入狀態。

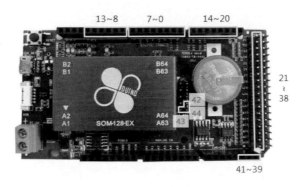

圖 32 86Duino GPIO 接腳圖

資料來源：86duino 官網(http://www.86duino.com/index.php?p=9879&lang=TW)

　　每根 GPIO 都有輸入和輸出方向，您可以呼叫PinMode函式來設定方向。當 GPIO 設定為輸出方向時，輸出 HIGH 為 3.3V，LOW 為 0V，每根接腳電流輸出最高為 16mA。當 GPIO 為輸入方向時，輸入電壓可為 0～5V。

　　86Duino One 和 Arduino 類似，部分 GPIO 接腳具有另一種功能，例如：在腳位編號前帶有 ～ 符號，代表它可以輸出 PWM 信號；帶有 RX 或 TX 字樣，代表它可以輸出 UART 串列信號；帶有 EA、EB 、EZ 字樣，代表可以輸入 Encoder 信號。我們各取一組腳位來說明不同功能的符號標示，如下圖所示：

可輸出 UART 信號

可輸入 Encoder 信號

可輸出 PWM 信號

圖 33 86Duino GPIO 接腳功能的符號標示圖

資料來源：86duino 官網(http://www.86duino.com/index.php?p=9879&lang=TW)

RESET

86Duino One 在板子左上角提供一個 RESET 按鈕，在左下方提供一根 RESET
接腳，如下圖所示。

圖 34 86Duino RESET 圖

資料來源：86duino 官網(http://www.86duino.com/index.php?p=9879&lang=TW)

RESET 接腳，內部連接到 CPU 模組上的重置晶片，在 RESET 接腳上製造一個低電壓脈衝可讓 One 重
新開機，RESET 接腳電路如下所示：

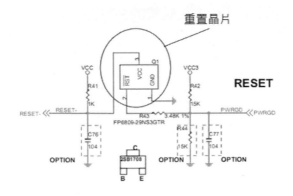

圖 35 86Duino RESET 接腳圖

資料來源：86duino 官網(http://www.86duino.com/index.php?p=9879&lang=TW)

RESET 按鈕內部與 RESET 接腳相連接，按下 RESET 按鈕同樣可使 One 重新開機：

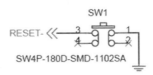

圖 36 86Duino RESET SW 圖

資料來源：86duino 官網(http://www.86duino.com/index.php?p=9879&lang=TW)

A/D 接腳（類比輸入接腳）

86Duino One 提供 7 通道 A/D 輸入，為 AD0 ~ AD6，位置如下圖所示：

圖 37 86Duino A/D 接腳圖

資料來源：86duino 官網(http://www.86duino.com/index.php?p=9879&lang=TW)

　　每一個通道都具有最高 11 bits 的解析度，您可以在 86Duino Coding 開發環境下呼叫analogRead函式來讀取任一通道的電壓值。為了與 Arduino 相容，由 analogRead 函式讀取的 A/D 值解析度預設是 10 bits，您可以透過analogReadResolution函式將解析度調整至最高 11 bits。

　　請注意，每一個 A/D 通道能輸入的電壓範圍為 0V ～ 3.3V，使用上應嚴格限制輸入電壓低於 3.3V，若任一 A/D 通道輸入超過 3.3V，將使所有通道讀到的數值同時發生異常，更嚴重者甚至將燒毀 A/D 接腳。此外，應注意 One 的 A/D 接腳不能像 Arduino Leonardo 一樣切換成數位輸出入接腳。

I2C 接腳

　　86Duino One 提供一組 I2C 接腳，為 SDA 和 SCL，位置如下：

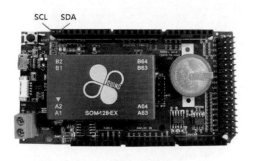

圖 38 86Duino I2C 接腳圖

資料來源：86duino 官網(http://www.86duino.com/index.php?p=9879&lang=TW)

您可以在 86Duino Coding 開發環境裡使用Wire函式庫來操作 I2C 接腳。One 支援 I2C 規範的 standard mode（最高 100Kbps）、fast mode（最高 400Kbps）、high-speed mode（最高 3.3Mbps）三種速度模式與外部設備通訊。根據 I2C 規範，與外部設備連接時，需要在 SCL 和 SDA 腳位加上提升電阻。提升電阻的阻值與 I2C 速度模式有關，One 在內部已經加上 2.2k 歐姆的提升電阻（如圖 39 所示），在 100Kbps 和 400Kbps 的速度模式下不需再額外加提升電阻；在 3.3Mbps 速度模式下，則建議另外再加上 1.8K～2K 歐姆的提升電阻。

圖 39 86Duino I2C 接腳線路圖

資料來源：86duino 官網(http://www.86duino.com/index.php?p=9879&lang=TW)

PWM 輸出

86Duino One 提供 11 個 PWM 輸出通道（與 GPIO 共用腳位），分別為 3、5、

6、9、10、11、13 、29、30、31、32，位置如下圖：

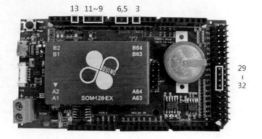

圖 40 86Duino PWM 輸出圖

資料來源：86duino 官網(http://www.86duino.com/index.php?p=9879&lang=TW)

您可以在 86Duino Coding 開發環境裡呼叫analogWrite函式來讓這些接腳輸出 PWM 信號。One 的 PWM 通道允許最高 25MHz 或 32-bit 解析度輸出信號，但為了與 Arduino 相容，預設輸出頻率為 1KHz，預設解析度為 8 bits。

analogWrite函式輸出的 PWM 頻率固定為 1KHz 無法調整，不過，您可呼叫analogWriteResolution函式來提高其輸出的 PWM 信號解析度至 13 bits。若您需要在 PWM 接腳上輸出其它頻率，可改用TimerOne函式庫來輸出 PWM 信號，最高輸出頻率為 1MHz。

TTL 串列埠（UART TTL）

86Duino One 提供 3 組 UART TTL，分別為 TX (1) / RX (0)、TX2 (16) / RX2 (17)、TX3 (14) / RX3 (15)，其通訊速度（鮑率）最高可達 6Mbps。您可以使用Serial1 ~ Serial3函式庫來接收和傳送資料。UART TTL 接腳的位置如圖 41 所示：

86Duino #	Name
1	TX1
0	RX1
14	TX2
15	RX2
16	TX3
17	RX3

圖 41 86Duino TTL 串列埠圖

資料來源：86duino 官網(http://www.86duino.com/index.php?p=9879&lang=TW)

請注意，這三組 UART 信號都屬於 LVTTL 電壓準位(0～3.3V)，請勿將 12V 電壓準位的 RS232 接腳信號直接接到這些 UART TTL 接腳，以免將其燒毀。

值得一提的是，One 的 UART TTL 皆具有全雙工與半雙工兩種工作模式。當工作於半雙工模式時，可與要求半雙工通訊的機器人 AI 伺服機直接連接，不像 Arduino 與 Raspberry Pi 需額外再加全雙工轉半雙工的介面電路。UART TTL 的半雙工模式可在 86Duino sketch 程式中以 Serial1～Serial3 函式庫提供的begin函式切換。

RS485 串列埠

86Duino One 提供一組 RS485 接腳，與外部設備通訊的速度（鮑率）最高可達 6Mbps。您可以使用Serial485函式庫來接收和傳送資料。其接腳位置如下圖：

圖 42 86Duino RS485 串列埠圖

資料來源：86duino 官網(http://www.86duino.com/index.php?p=9879&lang=TW)

請注意，RS485 與 UART TTL 不同，採差動信號輸出，因此無法與 UART TTL 互連及通訊。

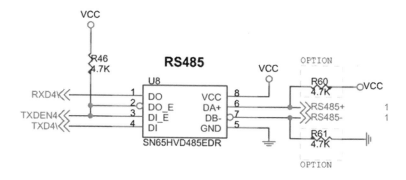

圖 43 86Duino RS485 串列埠線路圖

資料來源：86duino 官網(http://www.86duino.com/index.php?p=9879&lang=TW)

CAN Bus 網路接腳

CAN Bus 是一種工業通訊協定，可以支持高安全等級及有效率的即時控制，常被用於各種車輛與自動化設備上。86Duino One 板上提供了一組 CAN Bus 接腳，位置如下：

圖 44 86Duino CAN Bus 網路接腳圖

資料來源：86duino 官網(http://www.86duino.com/index.php?p=9879&lang=TW)

您可以在 86Duino Coding 開發環境裡使用CANBus函式庫來操作 One 的 CAN Bus 接腳。

必須一提的是，One 與 Arduino Due 的 CAN Bus 接腳實作並不相同，One 板上已內建TI SN65HVD230的 CAN 收發器來產生 CAN Bus 物理層信號（如下圖），可直接與外部 CAN Bus 裝置相連；Arduino Due 並沒有內建 CAN 收發器，必須在其 CAN Bus 腳位另外加上 CAN 收發器，才能連接 CAN Bus 裝置。

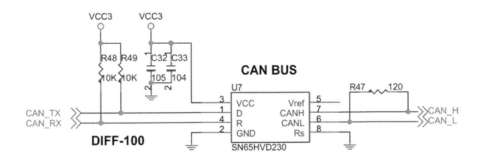

圖 45 86Duino CAN Bus 網路接腳線路圖

資料來源：86duino 官網(http://www.86duino.com/index.php?p=9879&lang=TW)

因為 Arduino Due 缺乏 CAN 收發器，所以 One 的 CAN Bus 接腳不能與

Arduino Due 的 CAN Bus 接腳直接對接,這種接法是無法通訊的。

SPI 接腳

86Duino One 提供一組 SPI 接腳,位置與 Arduino Leonardo 及 Arduino Due 相容,並額外增加了 SPI 通訊協定的 CS 接腳信號,如圖 46 示:

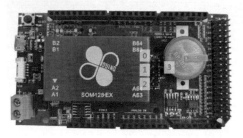

Pin #	Name
0	SPI_DI
1	SPI_CLK
2	SPI_CS
3	SPI_DO

圖 46 86Duino SPI 接腳圖

資料來源:86duino 官網(http://www.86duino.com/index.php?p=9879&lang=TW)

您可以在 86Duino Coding 開發環境裡使用SPI函式庫來操作 SPI 接腳。

LAN 網路接腳

86Duino One 背面提供一個 LAN 接腳,支援 10/100Mbps 傳輸速度,您可以使用Ethernet函式庫來接收和傳送資料。LAN 接腳的位置及腳位定義如圖 47 所示:

圖 47 86DuinoLAN 網路接腳圖

資料來源:86duino 官網(http://www.86duino.com/index.php?p=9879&lang=TW)

Pin #	Signal Name
0	LAN-TX+
1	LAN-TX-
2	LAN-RX+
3	LAN-RX-

圖 48 86DuinoLAN 網路接腳線路圖

資料來源：86duino 官網(http://www.86duino.com/index.php?p=9879&lang=TW)

　　LAN 接腳是 1.25mm 的 4P 接頭，因此您需要製作一條 RJ45 接頭的轉接線來連接網路線。不將 RJ45 母座焊死在板上，是為了方便機器人設計師將 RJ45 母座安置到機器人身上容易插拔網路線的地方，而不用遷就控制板的安裝位置。

Audio 接腳

　　86Duino One 內建 HD Audio 音效卡，並透過高傳真音效晶片 Realtek ALC262 提供一組雙聲道音效輸出和一組麥克風輸入，內部電路如圖 49 所示。在 86Duino Coding 開發環境中，您可以使用Audio函式庫來輸出立體音效。

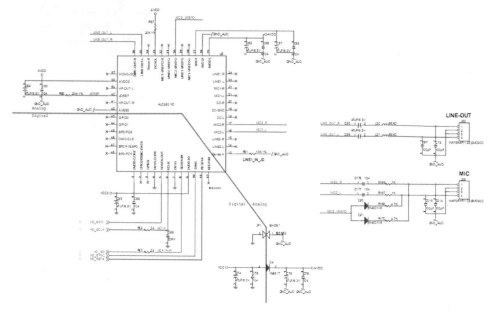

圖 49 86Duino Audio 接腳線路圖

資料來源：86duino 官網(http://www.86duino.com/index.php?p=9879&lang=TW)

Realtek ALC262 音效晶片位於 One 背面，位置如圖 50 所示：

圖 50 ALC262 音效晶片

資料來源：86duino 官網(http://www.86duino.com/index.php?p=9879&lang=TW)

音效輸出和麥克風輸入接腳位於音效晶片下方，為兩個 1.25mm 的 4P 接頭，如圖 51 所示，左邊為 MIC（麥克風輸入），右邊為 LINE_OUT（音效輸出）：

Pin #	MIC	LINE_OUT
0	MIC2_R	LINE_OUT_R
1	GND	GND
2	GND	GND
3	MIC2_L	LINE_OUT_L

圖 51 86Duino Audio 接腳圖

資料來源：86duino 官網(http://www.86duino.com/index.php?p=9879&lang=TW)

若您希望連接TRS 端子的耳機/擴音器及麥克風，您需要製作 TRS 母座轉接線。不將 TRS 母座焊死在板上，同樣是為了方便機器人設計師將 TRS 母座安置到機器人身上容易插拔擴音器及麥克風的地方，而不用遷就控制板的安裝位置。

USB 2.0 接腳

86Duino One 有一個 USB 2.0 Host 接腳，可外接 USB 裝置（如 USB 鍵盤及滑鼠）。在 86Duino Coding 開發環境下，可使用 USB Host函式庫來存取 USB 鍵盤、滑鼠。當您在 One 上安裝 Windows 或 Linux 作業系統時，USB 接腳亦可接上 USB 無線網卡及 USB 攝影機，來擴充無線網路與視訊影像功能。USB 接腳位置及腳位定義如下：

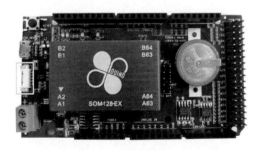

圖 52 86Duino USB 2.0 接腳圖

資料來源：86duino 官網(http://www.86duino.com/index.php?p=9879&lang=TW)

圖 53 86Duino USB 2.0 接腳線路圖

資料來源:86duino 官網(http://www.86duino.com/index.php?p=9879&lang=TW)

　　USB 接腳是 1.25mm 的 5P 接頭,因此您需要製作一條 USB 接頭母座的轉接線來連接 USB 裝置。不將 USB 母座焊死在板上,同樣是為了方便機器人設計師將 USB 母座安置到機器人身上容易插拔 USB 裝置的地方,而不用遷就控制板的安裝位置。

Encoder 接腳

　　86Duino One 提供 4 組 Encoder 接腳,每組接腳有三根接腳,分別標為 A、B、Z ,如圖 54 示:

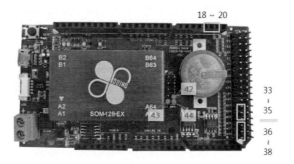

圖 54 86Duino Encoder 接腳圖

資料來源:86duino 官網(http://www.86duino.com/index.php?p=9879&lang=TW)

	Encoder0	Encoder1	Encoder2	Encoder3
A	42	18	33	36
B	43	19	34	37
Z	44	20	35	38

圖 55 86Duino Encoder 接腳線路圖

資料來源：86duino 官網(http://www.86duino.com/index.php?p=9879&lang=TW)

Encoder 接腳可用於讀取光學增量編碼器及 SSI 絕對編碼器信號。在 86Duino Coding 開發環境下，您可以使用Encoder函式庫來讀取這些接腳的數值。每一個 Encoder 接腳可允許的最高輸入信號頻率是 25MHz。

三軸加速度計與三軸陀螺儀

86Duino One 板上內建一顆三軸加速度計與三軸陀螺儀感測晶片LSM330DLC，可用於感測機器人的姿態。您可以在 86Duino Coding 開發環境裡使用FreeIMU1函式庫來讀取它(如圖 56 所示)。

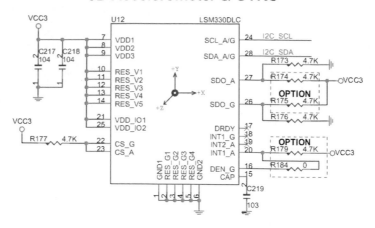

圖 56 86Duino 三軸加速度計與三軸陀螺儀線路圖

資料來源：86duino 官網(http://www.86duino.com/index.php?p=9879&lang=TW)

感測晶片在板上的位置如圖 57 所示：

圖 57 86Duino 三軸加速度計與三軸陀螺儀圖

資料來源：86duino 官網(http://www.86duino.com/index.php?p=9879&lang=TW)

圖 58 標示感測晶片 X-Y-Z 坐標方位在 One 電路板上的對應：

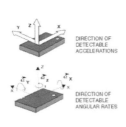

圖 58 86Duino 三軸加速度計與三軸陀螺儀 X-Y-Z 坐標方位圖

資料來源：86duino 官網(http://www.86duino.com/index.php?p=9879&lang=TW)

請注意，這顆感測晶片連接在 One 的 I2C 接腳上，佔用 0x18 及 0x6A 兩個 I2C 地址（此為 7-bit 地址，對應的 8-bit 地址是 0x30 及 0xD4），若您在外部接上具有相同地址的 I2C 裝置，將可能發生衝突。

Mini PCI-E 接腳

86Duino One 背面提供一個 Mini PCI-E 插槽（如圖 59 紅框處），可用來安裝 Mini PCI-E 擴充卡，例如：VGA 顯示卡或 WiFi 無線網卡。

圖 59 86Duino Mini PCI-E 接腳圖

資料來源：86duino 官網(http://www.86duino.com/index.php?p=9879&lang=TW)

Mini PCI-E 插槽的電路圖如圖 60 所示：

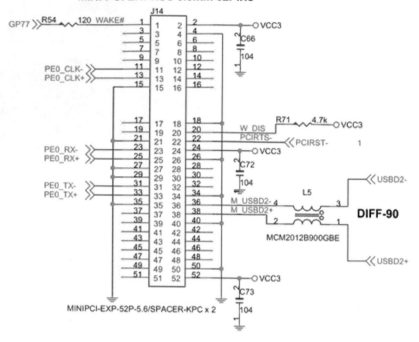

圖 60 86Duino Mini PCI-E 接腳線路圖

資料來源：86duino 官網(http://www.86duino.com/index.php?p=9879&lang=TW)

CMOS 電池

　　大部份 x86 電腦擁有一塊CMOS 記憶體用以保存 BIOS 設定及實時時鐘（RTC）記錄的時間日期。CMOS 記憶體具有斷電後消除記憶的特點，因此 x86 電腦主機板通常會安置一顆外接電池來維持 CMOS 記憶體的存儲內容。

　　86Duino One 做為 x86 架構開發板，同樣具備上述的 CMOS 記憶體及電池，如圖 61 紅圈處所示：

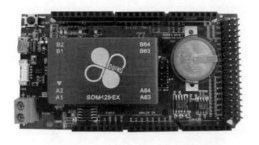

圖 61 86Duino CMOS 電池圖

資料來源：86duino 官網(http://www.86duino.com/index.php?p=9879&lang=TW)

不過，One 的 CMOS 記憶體只用來記錄實時時鐘時間及EEPROM函式庫的 CMOS bank 資料，並不儲存 BIOS 設定；因此，CMOS 電池故障並不影響 One 的 BIOS 正常開機運行，但會造成 EEPROM 函式庫儲存在 CMOS bank 的資料散失，並使 Time86函式庫讀到的實時時鐘時間重置。為確保 EEPROM 及 Time86 函式庫的正常運作，平時請勿隨意短路或移除板上的 CMOS 電池。

Arduino 硬體- Doctor duino 開發版

Doctor duino 開發版是『燦鴻電子』
(http://class.ruten.com.tw/user/index00.php?s=boyi102) 洪總經理 柏旗先生公司 發展出來的產品，主要是為了簡化 Arduino 與麵包板、LCD1602、測試按鈕，溫度感測器、紅外線感測器...等其它常用的周邊發展出來的產品，本身完全相容於 Arduino UNO 開發版。

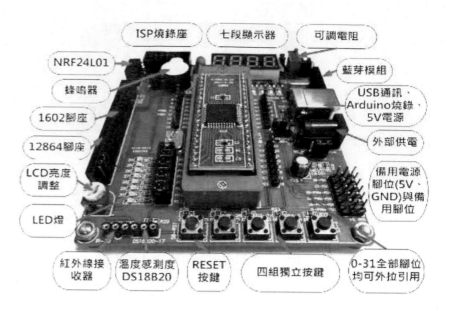

圖 62 Doctor duino 硬體規格

　　Doctor duino 是一款介於 UNO 和 MEGA 2560 之間的開發板，所使用的 IC 為 ATmega644p 可相容於 Arduino 開發軟體，可直接在 arduino 開發平台上做開發使用，適合老師做為教學用途以及學生實習的開發工具，開發板容入了許多硬體，我們可藉由這些硬體裝置，來做一些基本的相關應用。

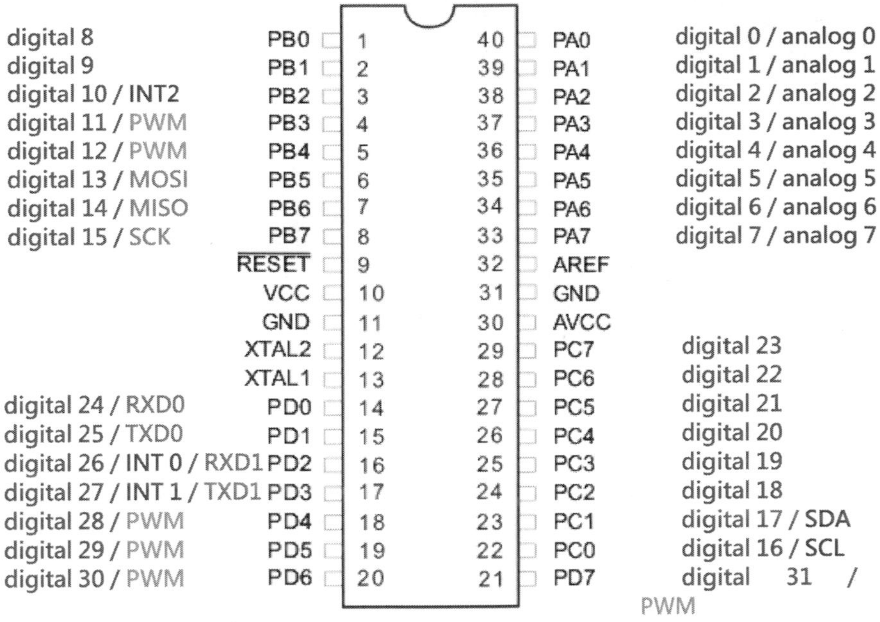

digital 8	PB0	1	40	PA0	digital 0 / analog 0
digital 9	PB1	2	39	PA1	digital 1 / analog 1
digital 10 / INT2	PB2	3	38	PA2	digital 2 / analog 2
digital 11 / PWM	PB3	4	37	PA3	digital 3 / analog 3
digital 12 / PWM	PB4	5	36	PA4	digital 4 / analog 4
digital 13 / MOSI	PB5	6	35	PA5	digital 5 / analog 5
digital 14 / MISO	PB6	7	34	PA6	digital 6 / analog 6
digital 15 / SCK	PB7	8	33	PA7	digital 7 / analog 7
	RESET	9	32	AREF	
	VCC	10	31	GND	
	GND	11	30	AVCC	
	XTAL2	12	29	PC7	digital 23
	XTAL1	13	28	PC6	digital 22
digital 24 / RXD0	PD0	14	27	PC5	digital 21
digital 25 / TXD0	PD1	15	26	PC4	digital 20
digital 26 / INT 0 / RXD1	PD2	16	25	PC3	digital 19
digital 27 / INT 1 / TXD1	PD3	17	24	PC2	digital 18
digital 28 / PWM	PD4	18	23	PC1	digital 17 / SDA
digital 29 / PWM	PD5	19	22	PC0	digital 16 / SCL
digital 30 / PWM	PD6	20	21	PD7	digital 31 / PWM

圖 63Doctor duino 腳位分佈圖

Doctor duino 開發版採用 Sanguino 644p 的單晶片，Doctor duino 開發板規格如表 1 所示。

表 1 Doctor duino 開發板規格

微控制器	ATmega644
電壓範圍	1.8-5.5V
輸入電壓極限	6V
Digital I/O Pins	32 (6 組 PWM 輸出)
類比轉數位 ADC	8 組
每隻 I/O 腳位的輸出電流	40 mA
每隻 I/O 腳位的輸出電流(3.3V)	50 mA
Flash Memory	64KB
SRAM	4 KB
EEPROM	2 KB
所使用的振盪器	16 MHz

ATmega644p 提供 32 組 I/O 腳位，其中分成 8 組類比轉數位 ADC、6 組 PWM、2 組 UART、1 組 SPI、1 組 I2C，只要透過 UART 介面就可把程式寫入到 Doctor duino 開發板，不用在另外加買燒錄器，程式語法與 arduino 的語法相容，可直接套用 arduino 的程式語言。

ATmega644p 本身有內建 EEPROM，可以使用 arduino 的語法來做讀寫，如下為我們針對 UNO、ATmega644p、MEGA2560 的 EEPROM 比較：

表 2 AMTEL 單晶片 EEPROM 容量比較表

型號	容量
ATmega328	1KBytes
ATmega644	2KBytes
ATmega2560	4KBytes

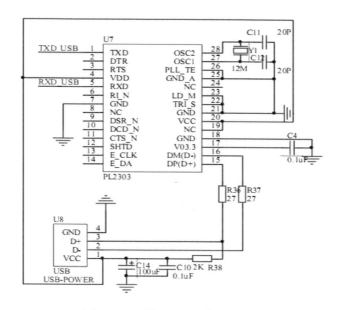

圖 64 USB 轉 TTL 的電路圖

整塊開發板的電源，主要來自電腦上的 USB 電源，開發板上面有一組 USB 轉 TTL 的電路，可透過此電路產生虛擬的串列埠介面來與 ATmega644p 通訊和燒錄程式，並且也提供開發板所有電源，使用此開發板不須外接 5V 的電源供應器，只要電腦的 USB 電源就可運作了。

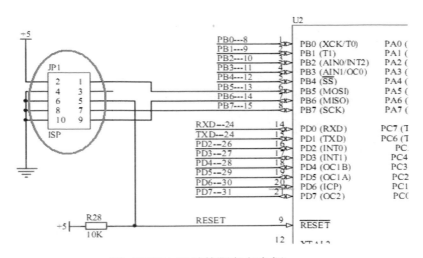

圖 65USBASP 燒錄腳座(紅色框)

若使用者不想用 arduino 開發平台來做開發,而想用一般的 IDE 開發軟體(例如 Keil C、IAR)來進行開發的話,我們這邊也有提供一組標準 USBASP 的燒錄腳座給使用者做一般燒錄使用,在使用 USBASP 進行燒錄時,可直接使用 USBASP 所提供的 5V 電源即可,不用在外加任何的電源。

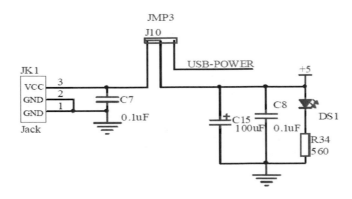

圖 66 USBASP Jack 接腳圖

當使用者不想使用 USB 供電時,可以外接 5V 的變壓器來提供電源給 Doctor duino 開發板,但是需要做一些硬體上的設定,也就是將 J10 上的 JUMP 改設定成外部供電，此時本來板上的 DS1 LED 燈將不會亮起，除非改成 USB 供電。

　　設計 Doctor duino 開發板最主要的目的，是讓初學者了解一些韌體的基本功能程式設計，所以我們在開發板上面加入了一些常用的零件，例如 LED、按鍵、七段顯示器、1602 LCD、可變電阻等，這些都是我們平常使用的零件，若初學者都會這些功能應用之後，就可用我們預留的腳位做一些延伸的應用如下為開發板上的硬體配備說明介紹：

LED 燈

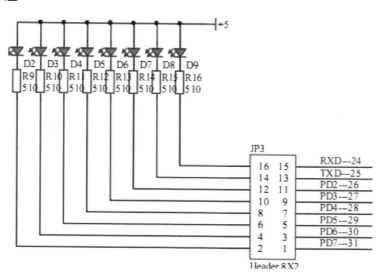

圖 67 Doctor duino 開發板八顆 Led 接腳圖

　　根據 ATmega644p 的 Datasheeet，ATmega644p 做為 I/O 輸出腳位時，其所能產生的電流大小為 40mA，而一般的 LED 驅動電流約 7mA~25mA，因此我們可以直接使用 ATmega644p 的 I/O 腳位去點亮 LED 燈，但為了使開發板能適用於不同的單晶片，我們還是使用外部 5V 電源外加一組 510Ω 的電阻供電給 LED 做為驅動使用，當 I/O 腳位輸出為 LOW 時，則會點亮 LED 燈，反之，若輸出為 HIGH 時，則熄滅 LED 燈，其 LED 與 I/O 腳位的對應關係如下：

表 3 Doctor duino 開發板八顆 Led 接腳表

I/O 腳位	LED 燈
24	D9
25	D8
26	D7
27	D6
28	D5
29	D4
30	D3
31	D2

按鍵

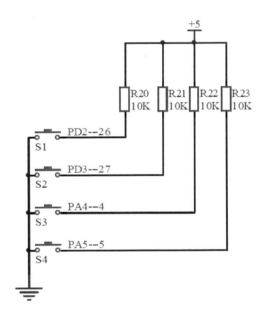

圖 68 Doctor duino 開發板按鍵接腳圖

一般我們在撰寫人機介面時，都會用到按鍵，按鍵算是最基本的零件，對於初學者來說是必學課程之一，而對於一般工程師，寫按鍵的程式算是家常便飯，Doctor duino 開發板提供了四組獨立按鍵，與一組 RESET 按鍵，當按鍵未按下其對應的 I/O 腳位為 HIGH，反之若按鍵按下則腳位為 LOW，其對應關係如下：

表 4 Doctor duino 開發板按鍵表

I/O 腳位	腳位按鍵名稱
26	S1
27	S2
4	S3
5	S4

可變電阻

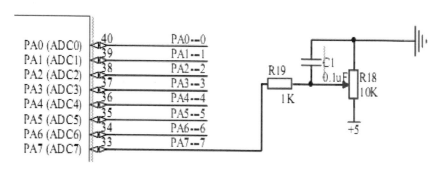

圖 69 ATmega644p 六組類比轉數位 ADC 功能腳位圖

ATmega644p 提供了六組類比轉數位 ADC 功能腳位,我們在其中一組腳位上加裝了一顆 10K 的可變電阻,雖然硬體架構簡單,但是對於學習 ADC 功能來說,就足以讓初學者了解 ADC 大至上是怎樣子的運作流程了,如下為各 IC 之比較。

表 5 Arduino 開發版 ADC 比較表

開發板	使用IC	ADC 數
Arduino Uno	ATmega328p	6組
Doctor duino	ATmega644p	8組
Arduino Mega 2560	ATmega2560	16組

蜂鳴器

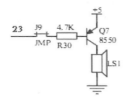

圖 70 蜂鳴器接腳圖

　　一般蜂鳴器可分成壓電式和電磁式的，Doctor duino 開發板所使用的蜂鳴器為壓電式的蜂鳴器，所以只要送一個穩定的 5V 電壓給蜂鳴器就可發音，在此我們使用 PNP 電晶體當做開關來啟動或關閉蜂鳴器，也就是說，當輸出為 HIGH 時，關閉蜂鳴器，反之輸出為 LOW 時，開啟蜂鳴器，須注意的是，當設定蜂鳴器腳位為輸出模式後，需在設定蜂鳴器為 HIGH，否則一打開 Doctor duino 開發板時，會導致蜂鳴器啟動。

七段顯示器

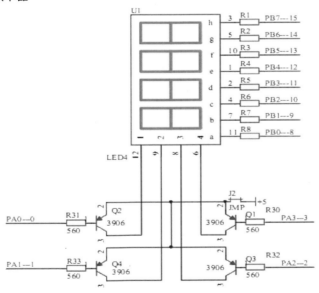

圖 71 七段顯示器接腳圖

　　採用四數位共陰極的七段顯示器，如上電路圖所示，a~h 為點亮單一筆畫，而 1~4 為致能單顆七段顯示器，在 1~4 的部份都接有一顆 PNP 電晶體來驅動七段顯示器的每一位數(個、十、百、千)，所以，由上圖可看出，當 1~4 某位數腳輸出為 LOW 時，將致能此位數的七段顯示器(可點亮一個 8)，反之若為 HIGH 時，則將禁能此位數的七段顯示器(無法點亮一個 8)，其對應關係說明如下：

表 6 Doctor duino 開發板七段顯示器位數腳位圖

控制腳位	位數
digital Pin 0	千
digital Pin 1	百
digital Pin 2	十
digital Pin 3	個

串列埠 Serial Port

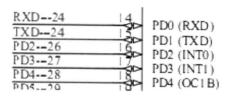

圖 72 Serial Port 接腳圖

ATmega644p 內建兩組 UART 的功能，分別為 Digital 24、25(RXD0、TXD0)與 Digital 26、Digital 27(RXD1、TXD1)，而其中一組(RXD0、TXD0)腳位上外接了一顆 USB 轉 TTL 的 IC(PL2303)，我們做燒錄 Doctor duino 開發板用的，並且也可以透過此腳位本身的 UART 功能來傳資料給電腦端，反之也可收電腦端傳來的資料。

溫度感測器 DS18B20

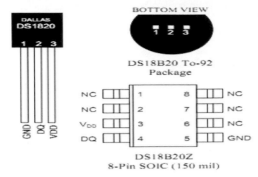

圖 73 DS18B20 接腳圖

圖片來源：Dallas 的 Datasheet

DS18B20 可測得的溫度範圍為-55℃~+125℃，此溫度感測器的應用很廣泛，例如飲水機的溫度、冷氣排放的溫度等等都可以量測，而且為數位訊號輸出，與類比訊號輸出更加穩定，若採用類比訊號輸出的溫度感測器會因為接線太長的關係，而導致微控制器在接收類比訊號是會有所誤差，這也是為何大家都使用 DS18B20 的主要原因。

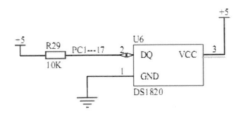

圖 74 DS18B20 接腳圖

DS18B20 的 IC 有兩種封裝，其中一種為 TO-92 封裝，此封裝有點類似電晶體的樣式，腳位分別為 GND、DQ、VDD，其中 VDD、GND 為電源部份，DQ 腳位為數位訊號輸出入腳，我們可以透過 DQ 腳位來取得目前的溫度數據。

LCD 1602

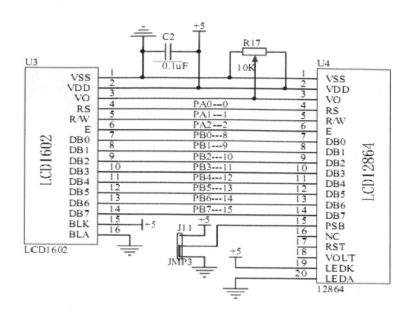

圖 75 LCD1602&LCD12864 共用腳位圖

　　LCD 1602 可能是讀者在做專題時，都會考慮使用的液晶顯示模組，比起其它
類型的 LCD 模組會來得好上手，資料量也是最多的，所以在學習液晶顯示的初學
者都會先以這塊做為練習的對象，然後學會這塊之後在做延伸到繪圖型的 LCD
12864，在 Doctor duino 開發板上面有預留 LCD 1602 的腳座，使用者可以直接把 LCD
1602 插上去使用，，旁邊我們有加一顆可變電阻來調整字體亮度。

表 7 LCD 1602 接腳表

編號	符號	腳位說明	編號	符號	腳位說明
1	VSS	電源-0V 輸入	9	D2	資料線 2 (4 線控制使用)
2	VDD	電源-5V 輸入(接地)	10	D3	資料線 3 (4 線控制使用)
3	VO	字體亮度	11	D4	資料線 4
4	RS	RS = 0：命令暫存器 RS = 1：資料暫存器	12	D5	資料線 5

5	R/W	R/W = 0：寫入 R/W = 1：讀取	13	D6	資料線 6
6	E	E = 0：LCD 除能 E = 1：LCD 致能	14	D7	資料線 7
7	D0	資料線 0 (4 線控制使用)	15	BLA	背光-5V 輸入
8	D1	資料線 1 (4 線控制使用)	16	BLK	背光-0V 輸入(接地)

LCD 12864

LCD 12864 與 LCD 1602 具有一樣的通訊協定格式，其可分成 4 線與 8 線的通訊方式，但 LCD 12864 比 1602 多了一種通訊也就是串列通訊，只要將 PSB 腳位設定為 LOW 則為串列傳輸模式，反之為 HIGH 則屬並列傳輸模式，此功能採用手動的設定，只要切換 Doctor duino 開發板上 J11 的跳帽及可更改設定。

表 8 LCD 12864 接腳表

編號	符號	腳位說明	編號	符號	腳位說明
1	VSS	電源-0V 輸入	11	D4	資料線 4
2	VDD	電源-5V 輸入(接地)	12	D5	資料線 5
3	VO	字體亮度	13	D6	資料線 6
4	RS(CS)	RS = 0：命令暫存器 RS = 1：資料暫存器	14	D7	資料線 7
5	R/W(SID)	R/W = 0：寫入 R/W = 1：讀取	15	PSB	PSB = 0：串列模式 PSB = 1：並列模式
6	E(SCLK)	E = 0：LCD 除能 E = 1：LCD 致能	16	NC	
7	D0	資料線 0 (4 線控制使用)	17	RST	重置
8	D1	資料線 1 (4 線控制使用)	18	VEE/NC	
9	D2	資料線 2 (4 線控制使用)	19	BLA	背光-5V 輸入
10	D3	資料線 3 (4 線控制使用)	20	BLK	背光-0V 輸入(接地)

如上腳位說明中的紅色字體部份是在串列模式下所會用到的腳位，其說明如下：

表 9 LCD 1602/LCD 16824 驅動腳位圖

編號	符號	腳位說明
1	RS(CS)	CS = 0：LCD 除能 CS = 1：LCD 致能
2	R/W(SID)	資料命令傳送接收
3	E(SCLK)	CLOCK

紅外線

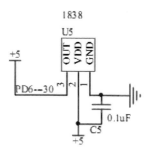

圖 76 紅外線接線圖

　　Doctor duino 板上有預留一組紅外線接收器腳位，此接收器連接到 30 腳的位置，使用者可以利用他來接收紅外線的訊號源，一般紅外線所發射的頻率為 36K~40KHz 的載波，在這個頻率範圍內的訊號源，在我們生活中是很少會出現雜訊干擾現象，這種穩定性極佳的無線訊號，對於想學無線通訊的初始者是一個很不錯的學習例子，我們主要利用一隻遙控器來傳送訊號給 Doctor duino 開發板上的紅外線接收頭，此時 Doctor duino 會去判別是否為正確的訊號，若正確的話，則產生相關的動作。

藍芽無線模組

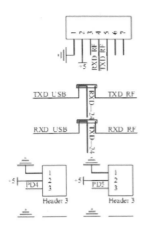

圖 77 藍芽無線模組接線圖

　　若要使用藍芽無線模組的腳位時，需注意到 J4 與 J6 腳位的設定，在出廠時，我們會將 J4 腳位用跳帽來短路，表 PC 與 ATmega644p 可通訊，若是把跳帽改來 J6 短路，則表藍芽無線模組與 ATmega644p 可通訊，會何要使用跳帽的方式來做呢？主要是因為，若我們不把 J4 改跳 J6 的話，會導致說 ATmega644p 的 UART 腳位，所傳送出去或者接收進來的訊號，會有衰減的現象，這樣子會導致，我們的 ATmega644p 無法判別此訊號源，所以才會做這個跳帽切換的功能。

NRF24L01

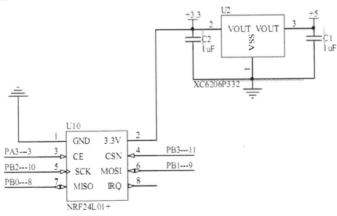

圖 78 NRF24L01 接線圖

NRF24L01 會這麼的受歡迎不是因為他是 2.4Ghz 的關係，而是因為他具有類似 Zigbee 的功能，也就是說，他可利用一組接收器來接收多組發射源(最多六組)，開發板上的左上角有預留 NRF24L01 的腳座，在做 NRF24L01 的練習時，需要使用兩塊板子來做實驗才行，一塊當接收，一塊當發射，若是成功後，我們可以在多加一塊發射來試試看，最多可加到六塊，開發板上使用了一顆 5V 轉 3.3V 的穩壓 IC XC6206P332 來提供電源給 NRF24L01 使用。

章節小結

本章節概略的介紹 Arduino 常見的開發板與硬體介紹，接下來就是介紹 Arduino 開發環境，讓我們視目以待。

CHAPTER

Arduino 開發環境

Arduino 開發 IDE 安裝

Step1. 進入到 Arduino 官方網站的下載頁面

(http://arduino.cc/en/Main/Software)

    Step2.   Arduino 的開發環境，有 Windows、Mac OS X、Linux 版本。本範例以 Windows 版本作為範例，請頁面下方點選「Windows Installer」下載 Windows 版本的開發環境。

Arduino IDE

Arduino 1.0.5

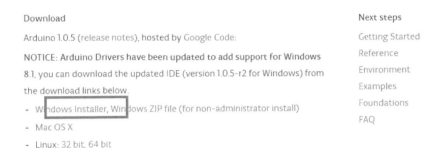

Download

Arduino 1.0.5 (release notes), hosted by Google Code:

NOTICE: Arduino Drivers have been updated to add support for Windows 8.1, you can download the updated IDE (version 1.0.5-r2 for Windows) from the download links below.

- Windows Installer, Windows ZIP file (for non-administrator install)
- Mac OS X
- Linux: 32 bit, 64 bit
- source

Next steps

Getting Started

Reference

Environment

Examples

Foundations

FAQ

Step3. 下載完的檔名為「arduino-1.0.5-r2-windows.exe」，將檔案點擊兩下執行，出現如下畫面：

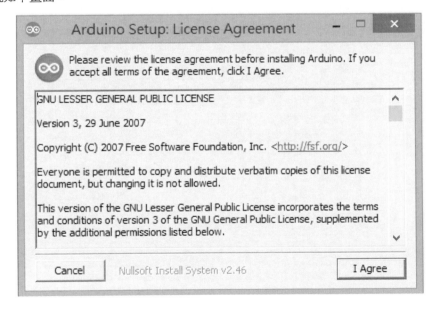

Step4. 點選「I Agree」後出現如下畫面：

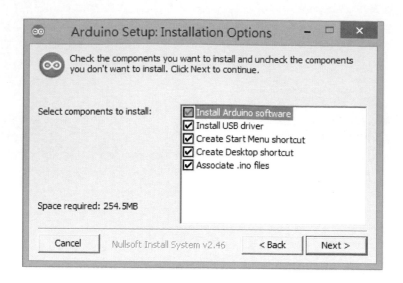

Step5. 點選「Next>」後出現如下畫面：

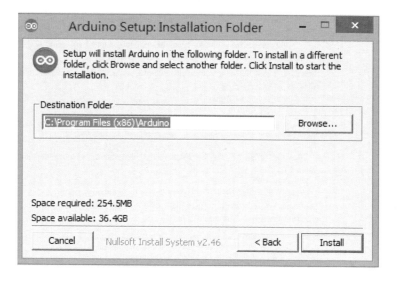

Step6. 選擇檔案儲存位置後，點選「Install」進行安裝，出現如下畫面：

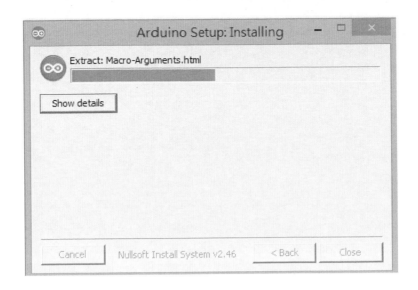

Step7. 安裝到一半時，會出現詢問是否要安裝 Arduino USB Driver(Arduino LLC) 的畫面，請點選「安裝(I)」。

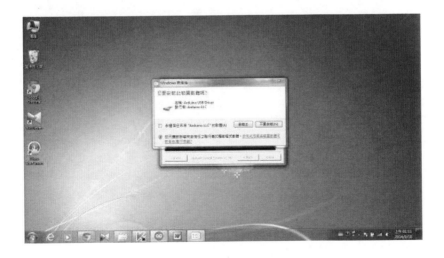

Step8. 安裝系統就會安裝 Arduino USB 驅動程式。

Step9. 安裝完成後，出現如下畫面，點選「Close」。

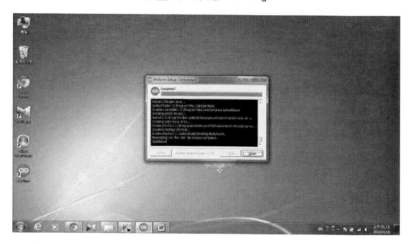

Step10. 桌布上會出現 的圖示，您可以點選該圖示執行 Arduino Sketch 城式。

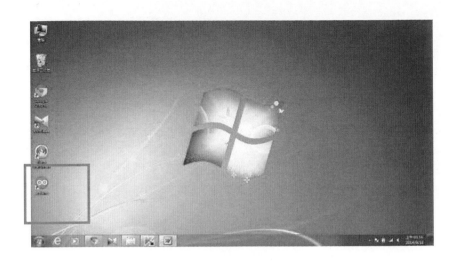

Step11. 您會進入到 Arduino 的軟體開發環境的介面。

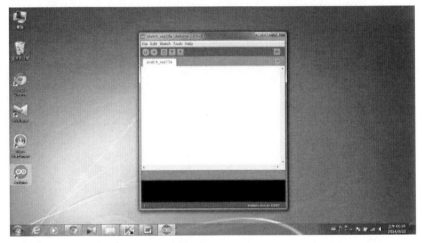

以下介紹工具列下方各按鈕的功能：

	Verify 按鈕	進行編譯，驗證程式是否正常運作。
	Upload 按鈕	進行上傳，從電腦把程式上傳到 Arduino 板子裡。
	New 按鈕	新增檔案
	Open 按鈕	開啟檔案，可開啟內建的程式檔或其他檔案。
	Save 按鈕	儲存檔案

Step12. 首先，您可以切換 Arduino Sketch 介面語言。

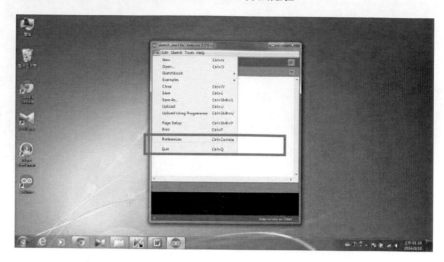

Step13. 出現 Preference 選項畫面。

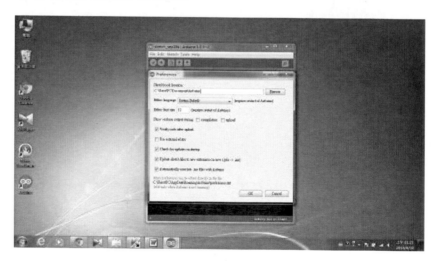

Step14. 可切換到您想要的介面語言(如繁體中文)。

Step15. 切換繁體中文介面語言，按下「OK」。

Step16. 按下「結束鍵」，結束 Arduino Sketch 程式，並重新開啟 Arduino Sketch
程式。

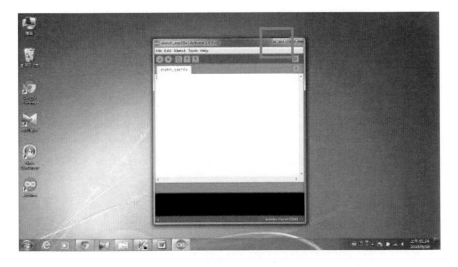

Step17. 可以發現 Arduino Sketch 程式介面語言已經變成繁體中文介面了。

Step18. 點選工具列「草稿碼」中的「匯入程式庫」，並點選「Add Library」選項。

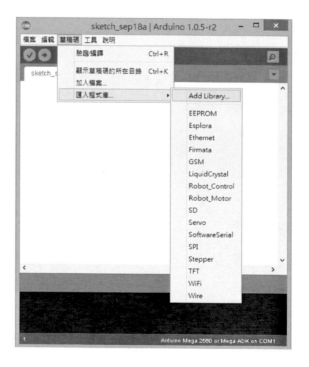

安裝 Arduino 開發板的 USB 驅動程式

以 Mega2560 作為範例

Step1. 將 Mega2560 開發板透過 USB 連接線接上電腦。

Step2. 到剛剛解壓縮完後開啟的資料夾中，點選「drivers」資料夾並進入。

名稱	修改日期	類型	大小
drivers	2014/1/8 下午 08...	檔案資料夾	
examples	2014/1/8 下午 08...	檔案資料夾	
hardware	2014/1/8 下午 08...	檔案資料夾	
java	2014/1/8 下午 08...	檔案資料夾	
lib	2014/1/8 下午 08...	檔案資料夾	
libraries	2014/1/8 下午 08...	檔案資料夾	
reference	2014/1/8 下午 08...	檔案資料夾	
tools	2014/1/8 下午 08...	檔案資料夾	
arduino	2014/1/8 下午 08...	應用程式	840 KB
cygiconv-2.dll	2014/1/8 下午 08...	應用程式擴充	947 KB
cygwin1.dll	2014/1/8 下午 08...	應用程式擴充	1,829 KB
libusb0.dll	2014/1/8 下午 08...	應用程式擴充	43 KB
revisions	2014/1/8 下午 08...	文字文件	38 KB
rxtxSerial.dll	2014/1/8 下午 08...	應用程式擴充	76 KB

Step3. 依照不同位元的作業系統，進行開發板的 USB 驅動程式的安裝。32 位元的作業系統使用 dPinst-x86.exe， 64 位元的作業系統使用 dPinst-amd64.exe。

名稱	修改日期	類型	大小
FTDI USB Drivers	2014/1/8 下午 08...	檔案資料夾	
arduino	2014/1/8 下午 08...	安全性目錄	10 KB
arduino	2014/1/8 下午 08...	安裝資訊	7 KB
dpinst-amd64	2014/1/8 下午 08...	應用程式	1,024 KB
dpinst-x86	2014/1/8 下午 08...	應用程式	901 KB
Old Arduino Drivers	2014/1/8 下午 08...	WinRAR ZIP 壓縮檔	14 KB
README	2014/1/8 下午 08...	文字文件	1 KB

Step4. 以 64 位元的作業系統作為範例，點選 dPinst-amd64.exe，會出現如下畫面：

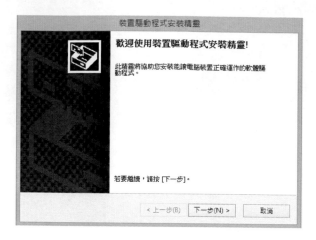

Step5. 點選「下一步」，程式會進行安裝。完成後出現如下畫面，並點選「完成」。

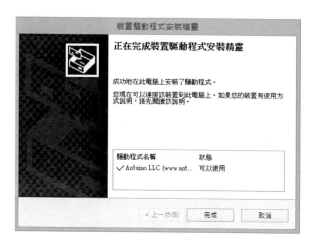

Step6. 您可至 Arduino 開發環境中工具列「工具」中的「序列埠」看到多出一個 COM，即完成開發板的 USB 驅動程式的設定。

　　或可至電腦的裝置管理員中，看到連接埠中出現 Arduino Mega 2560 的 COM3，即完成開發板的 USB 驅動程式的設定。

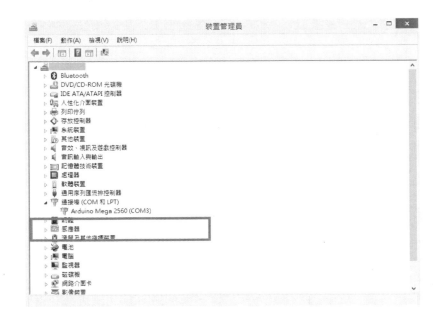

Step7. 到工具列「工具」中的「板子」設定您所用的開發板。

※您可連接多塊 Arduino 開發板至電腦，但工具列中「板子」中的 Board 需與
「序列埠」對應。

修改 IDE 開發環境個人喜好設定：(存檔路徑、語言、字型)

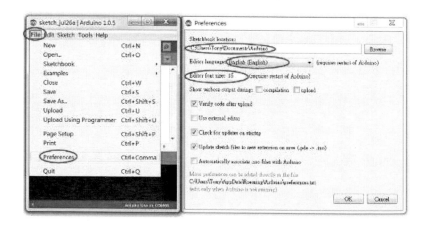

圖 79 IDE 開發環境個人喜好設定

Arduino 函式庫安裝

本書使用的 Arduino 函式庫安裝文件，乃是 adafruit 公司官網資料，請參考網址：

https://learn.adafruit.com/downloads/pdf/adafruit-all-about-arduino-libraries-install-use.pdf 。

Doctor duino 開發環境安裝教學

本節主要介紹柏毅電子推出的 Doctor duino 開發板之 Arduino 的軟體開發環境，我們可到 Arduino 官方網站的下載頁面即可下載，可在 Windows、Mac OS X、Linux 上運行。

作者所使用的電腦為 XP，所以下載了， Windows 版、1.0.1 版（arduino-1.0.1-windows.zip），並將此 Arduino 的軟體開發環境，zip 解壓縮後即可使用了，無需要安裝。

請 將 ”0. 安 裝 說 明 ” 底 下 的 Drduino 開 發 包 資 料 夾 放 至 到

arduino-1.0.1-windows\arduino-1.0.1\hardware 的目錄下

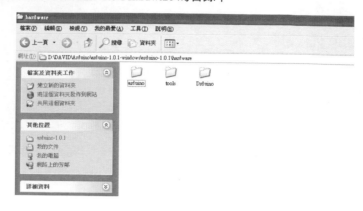

請將" 0.安裝說明"底下的 PL2303

DRIVER/PL2303_Prolific_DriverInstaller_v1_8_0.zip 解壓縮並執行安裝

PL2303_Prolific_DriverInstaller_v1.8.0.exe(USB 的驅動程式)

然後，需要一條 USB 連接線，一頭是 A 型插頭（右），一頭是 B 型插頭（左）。

再來連接板子與電腦後，Windows 會跳出新增硬體精靈視窗。因為我們將要自行指定驅動程式，所以選「不，現在不要」。

然後選「自動安裝軟體(建議選項)」。

接下來,要找出 Doctor duino 板子被接到哪一個序列埠上。雖然用的是 USB 連接線,但其實是把 USB 模擬成序列埠。(以前 Arduino 板子使用序列傳輸埠,就是在很久很久以前,通常用來連接滑鼠的那種 9Pin RS-232 連接埠,因為新電腦都沒有序列埠了,所以現在改成 USB 連接埠。)

到「控制台」的「系統」

選「硬體」，選「裝置管理員」

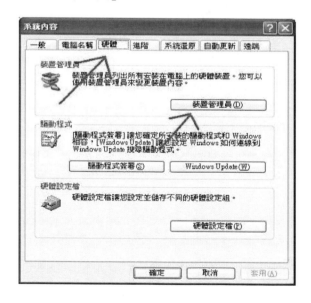

當有連接 Doctor duino 開發板時，在「連接埠(COM 和 LPT)」下就會出現。我的是 COM3(每個使用者的 COMx 不一定會一樣，要看使用者所看到的 COMx 是多少來決定用哪個 COMx)

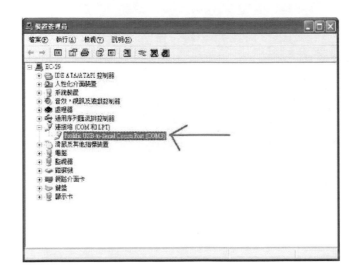

找出連接埠的埠號後，就可以寫程式測試看看了。執行解壓縮目錄下的 arduino.exe。

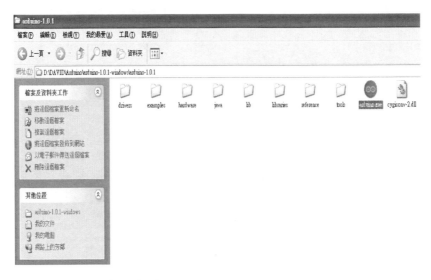

按下後會出現如下觀迎畫面

首先到「Tools」-「Board」設定你用的是哪塊板子。

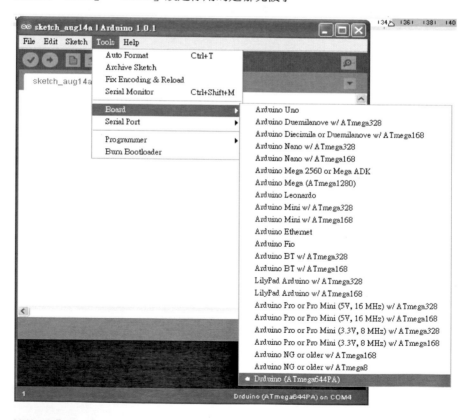

然後到「Tools」-「Serial Port」設定剛剛查出來的埠號。

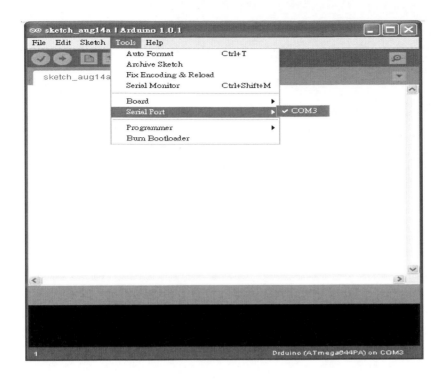

然後選「File」-「Open」，打開" Drduino 範例\2.LED 閃爍\EX2\EX2.ino"

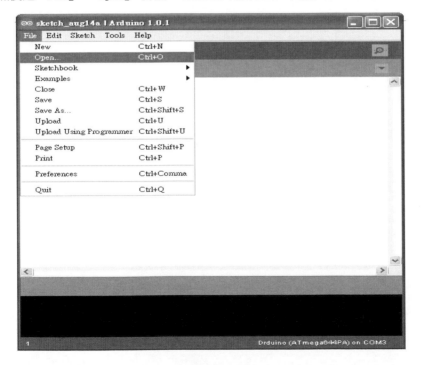

按下左上角的 ⬤ Verify 按鈕，進行編譯，驗證看看程式有沒有問題。

沒問題後，按下 ➡ Upload 按鈕，進行上傳，所謂 Upload 上傳，是指從電腦把程式上傳到 Doctor duino 開發板裡。

在傳輸的過程中，軟體開發環境的左下方狀態列會出現「Uploading…」，而且板子上有兩個標示著 24(RX)、25(TX)的 LED 會不停閃爍，表示正在傳輸中。

若傳輸成功，軟體開發環境的左下方狀態列會出現「Done Uploading.」

傳輸成功後，你就可以看到開發板上 31 的 LED 燈在閃爍，亮一秒、滅一秒、亮一秒、滅一秒、不斷地交換。

如何燒錄 Bootloader

本節『如何燒錄 Bootloader』內容，乃是參考『柏毅電子』(http://class.ruten.com.tw/user/index00.php?s=boyi101) 、『燦鴻電子』(http://class.ruten.com.tw/user/index00.php?s=boyi102) 洪總經理 柏旗先生公司文件改寫而成，特此感謝 『洪總經理 柏旗先生』熱心與無私的分享。

讀者可以到 Arduino 官網(http://arduino.cc/en/Main/Software)，下載最新的 Arduino IDE 版本，點選如下圖中的紅色框即可(Arduino 1.0.6)。

圖 80 下載 Arduino 官網 Arduino IDE 版本

之後把下載的 arduino-1.0.6-windows.zip 解壓縮。

圖 81 解壓縮 arduino-1.0.6-windows.zip

打開 arduino.exe，即可執行 arduino IDE 了，不用在另外安裝。

名稱	修改日期	類型	大小
drivers	2014/9/18 下午 0...	檔案資料夾	
examples	2014/9/18 下午 0...	檔案資料夾	
hardware	2014/9/18 下午 0...	檔案資料夾	
java	2014/9/18 下午 0...	檔案資料夾	
lib	2014/9/18 下午 0...	檔案資料夾	
libraries	2014/9/18 下午 0...	檔案資料夾	
reference	2014/9/18 下午 0...	檔案資料夾	
tools	2014/9/18 下午 0...	檔案資料夾	
arduino.exe	2014/9/18 下午 0...	應用程式	844 KB
arduino_debug.exe	2014/9/18 下午 0...	應用程式	383 KB
cygiconv-2.dll	2014/9/18 下午 0...	應用程式擴充	947 KB
cygwin1.dll	2014/9/18 下午 0...	應用程式擴充	1,829 KB
libusb0.dll	2014/9/18 下午 0...	應用程式擴充	43 KB
revisions.txt	2014/9/18 下午 0...	文字文件	39 KB
rxtxSerial.dll	2014/9/18 下午 0...	應用程式擴充	76 KB

圖 82 執行 Arduino IDE

在使用 Arduino IDE 之前，讀者需先購買 Arduino Uno R3 開發板，若是副廠的
開發板，盡量使用不帶 logo 版本的，有些人會問說，原廠和副廠是不是有差，原
廠的會比較好用一些，筆者用起來是覺得，都一樣沒什麼特別之處，主要都是採用
如下紅色框內這顆單晶片，他的型號是"ATMEGA328P-PU"，此顆加裝在 UNO
開發板上的單晶片與一般剛出廠的 ATMEGA328P-PU 單晶片差別是在於 UNO 開發
板上的 ATMEGA328P-PU 已燒錄了 Bootloader，也就是開機管理程式在內，所以不
是空白的 IC 喔！

圖 83 Arduino Uno R3 開發板

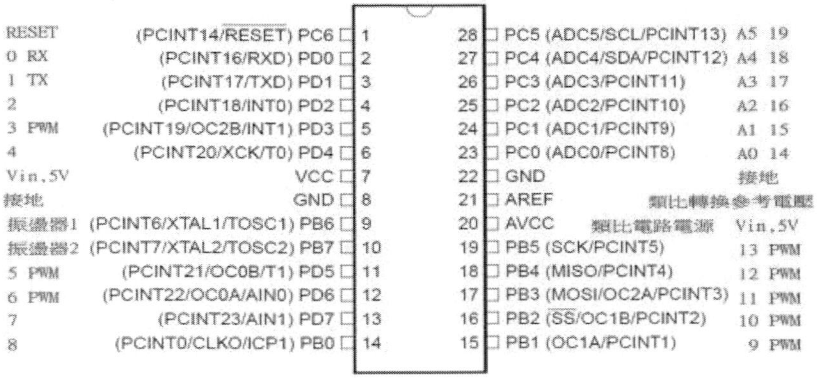

RESET	(PCINT14/RESET) PC6 □ 1	28 □ PC5 (ADC5/SCL/PCINT13)	A5 19
0 RX	(PCINT16/RXD) PD0 □ 2	27 □ PC4 (ADC4/SDA/PCINT12)	A4 18
1 TX	(PCINT17/TXD) PD1 □ 3	26 □ PC3 (ADC3/PCINT11)	A3 17
2	(PCINT18/INT0) PD2 □ 4	25 □ PC2 (ADC2/PCINT10)	A2 16
3 PWM	(PCINT19/OC2B/INT1) PD3 □ 5	24 □ PC1 (ADC1/PCINT9)	A1 15
4	(PCINT20/XCK/T0) PD4 □ 6	23 □ PC0 (ADC0/PCINT8)	A0 14
Vin,5V	VCC □ 7	22 □ GND	接地
接地	GND □ 8	21 □ AREF	類比轉換參考電壓
振盪器1	(PCINT6/XTAL1/TOSC1) PB6 □ 9	20 □ AVCC	類比電路電源 Vin,5V
振盪器2	(PCINT7/XTAL2/TOSC2) PB7 □ 10	19 □ PB5 (SCK/PCINT5)	13 PWM
5 PWM	(PCINT21/OC0B/T1) PD5 □ 11	18 □ PB4 (MISO/PCINT4)	12 PWM
6 PWM	(PCINT22/OC0A/AIN0) PD6 □ 12	17 □ PB3 (MOSI/OC2A/PCINT3)	11 PWM
7	(PCINT23/AIN1) PD7 □ 13	16 □ PB2 (SS/OC1B/PCINT2)	10 PWM
8	(PCINT0/CLKO/ICP1) PB0 □ 14	15 □ PB1 (OC1A/PCINT1)	9 PWM

圖 84 ATmega328P-PU 腳位簡介圖

ATmega328P-PU 腳位簡介：

1、RESET 的用途。

2、一般 I/O 腳位的定義，如：何謂三態(Tri-State Device)等

3、各中斷的功能，如計時器 Timer、計數器 Counter。

4、INT0、INT1 與 PCINTx(Pin Change Interrupt)之差別。

5、ADC：電壓轉換與 AREF 的腳位用途。

6、PWM：頻率與週期的關係。

7、UART 通訊：RXD、TXD 的用途與對此協定的瞭解

8、SPI 通訊：SCK、MISO、MOSI、SS 的用途與對此協定的瞭解

9、I2C 通訊：SCL、SDA 的用途與對此協定的瞭解

　　瞭解如何使用 Arduino Uno R3 開發板(參考圖 83)，將 Arduino 的 Bootloader 燒錄至空白的 ATMEGA328P-PU 內。

準備材料：

1、Arduino Uno R3 開發板 ＊1

2、麵包板 ＊1

3、電容 22p ＊2

4、石英振盪器 16MHz ＊1

5、電阻 10K ＊1

6、ATmega328P-PU ＊1

圖 85 將 Arduino Uno R3 開發板連接到開發電腦

　　首先，把 Arduino Uno R3 開發板透過 USB 接至電腦端，此時系統會要求你安裝 UNO 開發板的驅動程式，讀者可在我們剛解壓縮的目錄下找到 arduino-1.0.6-windows\arduino-1.0.6\drivers，此時將他安裝完成。

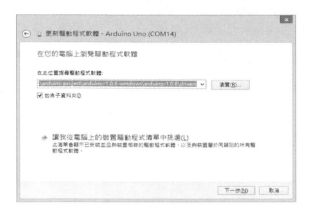

圖 86 更新 Arduino Uno R3 開發板驅動程式

當安裝完成之後，可在裝置管理員底下找到 Arduino Uno 的串列埠(COM14)(讀者請留意，每一個人或電腦或不同的 Arduino 開發板，其串列埠號碼都會不一樣)。

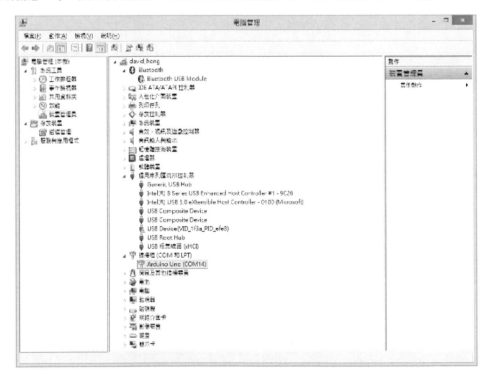

圖 87 檢視裝置管理員 Arduino Uno R3 開發板的通訊埠狀況

如下為一 Arduino IDE 軟體與 Uno 開發板的簡易通訊關係圖，Uno 開發板內有安裝一顆 ATmega16U2 的單晶片 IC，其主要功能是產生一虛擬的串列埠(USB 轉UART)，使 Arduino IDE 可下達燒錄命令給 ATmega328P-PU 的 Bootloader，然後在透過 Bootloader 來將編譯好的 sketch 程式(Arduino 程式碼)一一寫入到 ATmega328P-PU的程式記憶體內(Program Memory)。

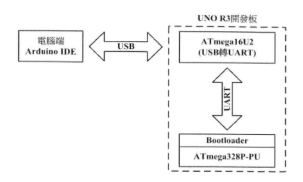

圖 88 Arduino Uno R3 開發板與電腦溝通一覽圖

　　若使用 Arduino IDE 版本綠色版本(免安裝版)，則只需啟始 arduino.exe，即可執行 Arduino IDE 了，不用在另外安裝 Arduino IDE 開發系統。

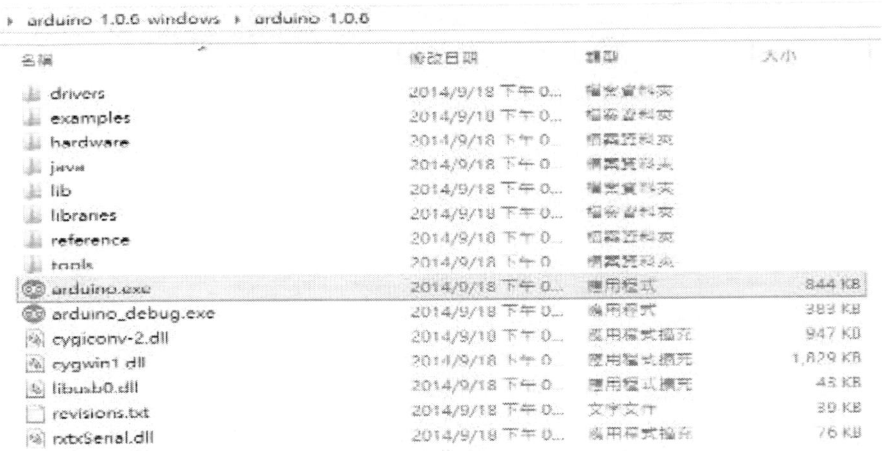

名稱	修改日期	類型	大小
drivers	2014/9/18 下午 0...	檔案資料夾	
examples	2014/9/18 下午 0...	檔案資料夾	
hardware	2014/9/18 下午 0...	檔案資料夾	
java	2014/9/18 下午 0...	檔案資料夾	
lib	2014/9/18 下午 0...	檔案資料夾	
libraries	2014/9/18 下午 0...	檔案資料夾	
reference	2014/9/18 下午 0...	檔案資料夾	
tools	2014/9/18 下午 0...	檔案資料夾	
arduino.exe	2014/9/18 下午 0...	應用程式	844 KB
arduino_debug.exe	2014/9/18 下午 0...	應用程式	383 KB
cygiconv-2.dll	2014/9/18 下午 0...	應用程式擴充	947 KB
cygwin1.dll	2014/9/18 下午 0...	應用程式擴充	1,829 KB
libusb0.dll	2014/9/18 下午 0...	應用程式擴充	43 KB
revisions.txt	2014/9/18 下午 0...	文字文件	39 KB
rxtxSerial.dll	2014/9/18 下午 0...	應用程式擴充	76 KB

圖 89 執行 Arduino IDE

選擇 Tools→Board→Arduino Uno (我們所使用的板子名稱)

圖 90 選擇開發板型號

選擇 Tools→Serial Port→COM14 (板子所產生的虛擬 COM，以讀者自行產生的 COM 為準，不一定會是 COM14)

圖 91 設定通訊埠

打開之後，選擇 File→Examples→ArduinoISP (將 ISP 的功能燒錄到 Uno 開發板內)

圖 92 開啟 Bootloader 範例程式

按下紅色框 Verify，進行 sketch 程式的編譯(Compiling)，編譯完成之後，會產生一 hex 檔，並顯示 Done compiling 的訊息。

　　說明：ISP 為 In-System Programming 的縮寫，稱作「線上燒錄功能」。使用者可以直接透過預設通訊介面（如：RS-232），來進行燒錄而不需要拔插單晶片（直接使用軟體下載即可）。

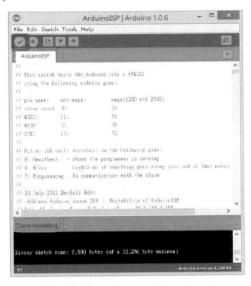

圖 93 編譯 Bootloader 範例程式

　　之後按下 Upload，即可將 Compiling 完成的 sketch 程式上傳更新 ATmega328P-PU 的內部記憶體，當更新完成則會顯示 Done uploading，此時 Uno 開發板就會有 ISP 燒錄的功能。

圖 94 上傳 Bootloader 程式

　　如下為筆者用 fritzing(Fritzing.org., 2013)繪圖軟體畫的，準備要透過 Uno 開發板
對麵包板上的 ATMEGA328P-PU 燒錄 Arduino Bootloader 的基本電路接法，請讀者
參考下列電路。

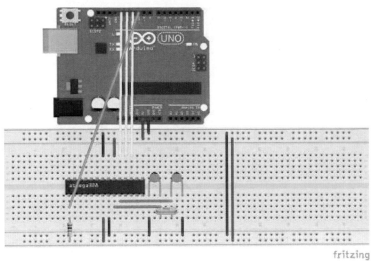

圖 95 燒錄 Arduino Bootloader 的基本電路範例圖

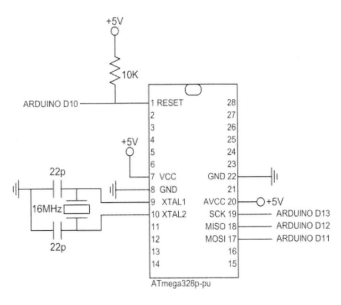

圖 96 燒錄 Arduino Bootloader 的基本電路圖

在這邊讀者一定會覺得很奇怪，為何要燒錄 Bootloader 到 ATmega328P-PU 內，主要是把一些 ATmega328P-PU 的初始化設定檔燒錄到 Bootloader 內，例如：外部

ATmega328P-PU 要用什麼的振盪器，還有重置(Reset)的狀態與記憶體的規劃設定之類等等的，還有讓 ATmega328P-PU 具有自燒程式的功能，有了這個功能，我們就可以省去買燒錄器的錢，目前外面有很多單晶片的製造商都有推出這類的功能，算是滿普遍的。

　　接好電路後，在打開 Arduino IDE，選擇 Tools→Programmer→Arduino as ISP

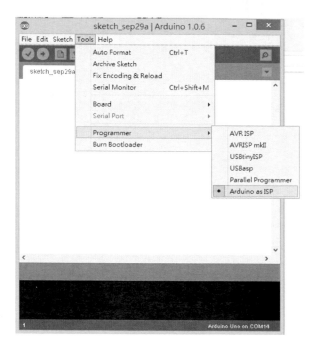

圖 97 設定燒錄方式

　　在選擇 Tools→Burn Bootloader，開始燒錄 Bootloader 程式到我們麵包板的ATmega328P-PU 內，在燒錄的過程需等待一段時間才會燒錄完成。

圖 98 燒錄 Arduino Bootloader

當燒錄完成後，會出現 Done burning bootloader 畫面，這時我們麵包板上的
ATmega328P-PU 就有 Bootloader 的程式在內了。

圖 99 完成燒錄 Arduino Bootloader

透過 UNO 開發板對 ATmega328P-PU 燒錄 sketch 程式。

上課時，我們會常用到如下的基本型電路，首先我們需要先把 Uno 開發板上的 ATmega328P-PU 單晶片拔除，然後把電路接成如下：

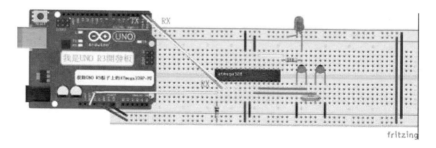

圖 100 燒錄外部 ATmega328P-PU 單晶片程式電路範例圖

PS.讀者要特別注意 TX、RX 的位置喔，不然會沒辦法 Upload 喔！

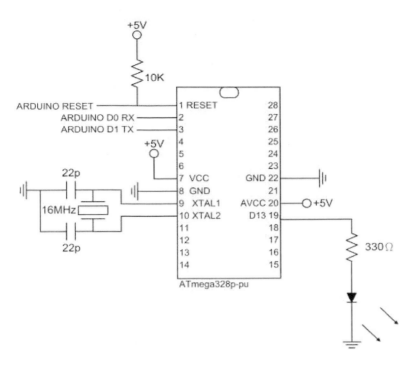

圖 101 燒錄外部 ATmega328P-PU 單晶片程式電路圖

　　此處使用不含 ATmega328P-PU 單晶片的 Uno 開發板來把 arduino 的 sketch 程式 upload 到右手邊的 ATmega328P-PU 單晶片的記憶體內，而右手邊的 ATmega328P-PU 必須先燒錄 Bootloader 才能使用喔，如下是他的簡易通訊圖。

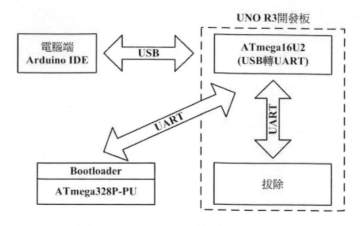

圖 102 Arduino UNO 簡易通訊圖

完成之後，請執行 arduino.exe

名稱	修改日期	類型	大小
drivers	2014/9/18 下午 0...	檔案資料夾	
examples	2014/9/18 下午 0...	檔案資料夾	
hardware	2014/9/18 下午 0...	檔案資料夾	
java	2014/9/18 下午 0...	檔案資料夾	
lib	2014/9/18 下午 0...	檔案資料夾	
libraries	2014/9/18 下午 0...	檔案資料夾	
reference	2014/9/18 下午 0...	檔案資料夾	
tools	2014/9/18 下午 0...	檔案資料夾	
arduino.exe	2014/9/18 下午 0...	應用程式	844 KB
arduino_debug.exe	2014/9/18 下午 0...	應用程式	383 KB
cygiconv-2.dll	2014/9/18 下午 0...	應用程式擴充	947 KB
cygwin1.dll	2014/9/18 下午 0...	應用程式擴充	1,829 KB
libusb0.dll	2014/9/18 下午 0...	應用程式擴充	43 KB
revisions.txt	2014/9/18 下午 0...	文字文件	39 KB
rxtxSerial.dll	2014/9/18 下午 0...	應用程式擴充	76 KB

圖 103　執行 Arduino IDE

在 Arduino IDE 下有許多的 Examples 範例檔，提供給各位學習參考用，在此處我們只用到最基本的 Blink 範例，請打開它。

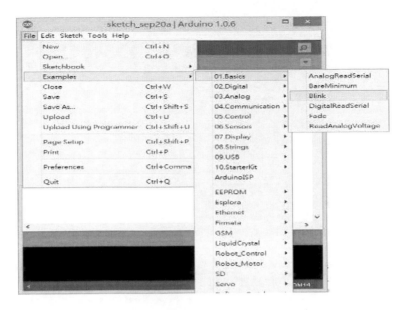

圖 104 開啟 Blink 範例程式

一樣按下 Verify 進行編譯 sketch 程式碼動作。

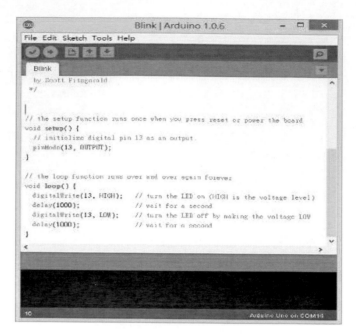

圖 105 編譯 Blink 範例程式

　　按下 Upload 更新 ATmega328P-PU 的內部記憶體內容，更新完之後，Blink LED 就會開始閃爍。

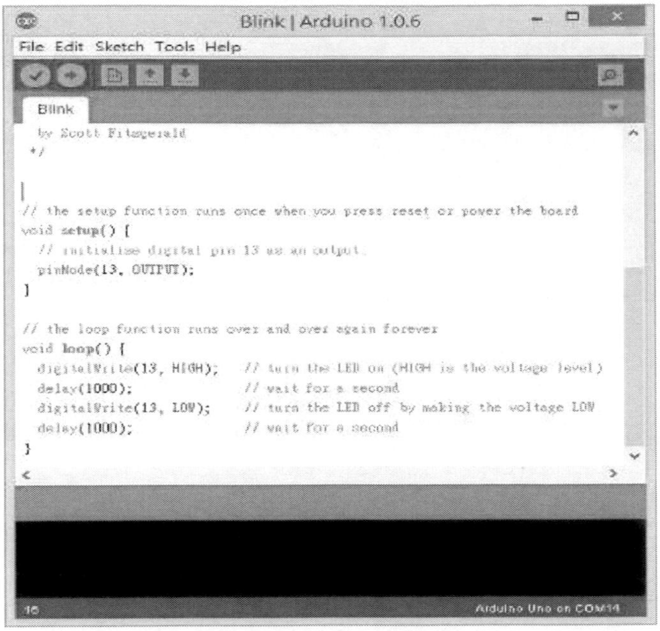

圖 106 上傳 Blink 範例程式

章節小結

本章節概略的介紹 Arduino 開發環境，主要是讓讀者了解 Arduino 如何操作與撰寫程式。

CHAPTER

Arduino 程式語法

官方網站函式網頁

　　讀者若對本章節程式結構不了解之處,請參閱如圖 107 所示之 Arduino 官方網站的 Language Reference (http://arduino.cc/en/Reference/HomePage),或參閱相關書籍 (Anderson & Cervo, 2013; Boxall, 2013; Faludi, 2010; Margolis, 2011, 2012; McRoberts, 2010; Minns, 2013; Monk, 2010, 2012; Oxer & Blemings, 2009; Warren, Adams, & Molle, 2011; Wilcher, 2012),相信會對 Arduino 程式碼更加了解與熟悉。

Language Reference

Arduino programs can be divided in three main parts: *structure*, *values* (variables and constants), and *functions*.

Structure

+ setup()
+ loop()

Control Structures

+ if
+ if...else
+ for
+ switch case
+ while
+ do... while
+ break
+ continue
+ return
+ goto

Further Syntax

+ ; (semicolon)
+ {} (curly braces)
+ // (single line comment)
+ /* */ (multi-line comment)
+ #define
+ #include

Arithmetic Operators

+ = (assignment operator)
+ + (addition)
+ - (subtraction)
+ * (multiplication)

Variables

Constants

+ HIGH | LOW
+ INPUT | OUTPUT| INPUT_PULLUP
+ true | false
+ integer constants
+ floating point constants

Data Types

+ void
+ boolean
+ char
+ unsigned char
+ byte
+ int
+ unsigned int
+ word
+ long
+ unsigned long
+ short
+ float
+ double
+ string - char array
+ String - object
+ array

Conversion

+ char()

Functions

Digital I/O

+ pinMode()
+ digitalWrite()
+ digitalRead()

Analog I/O

+ analogReference()
+ analogRead()
+ analogWrite() - *PWM*

Due only

+ analogReadResolution()
+ analogWriteResolution()

Advanced I/O

+ tone()
+ noTone()
+ shiftOut()
+ shiftIn()
+ pulseIn()

Time

+ millis()
+ micros()
+ delay()
+ delayMicroseconds()

Math

圖 107 Arduino 官方網站的 Language Reference

資料來源:Language Reference (http://arduino.cc/en/Reference/HomePage)

Arduino 程式主要架構

程式結構

> setup()
> loop()

一個 Arduino 程式碼(Sketch)由兩部分組成

setup()

程式初始化

void setup()

在這個函式範圍內放置初始化 Arduino 開發板的程式 - 在重複執行的程式
(loop())之前執行，主要功能是將所有 Arduino 開發板的 Pin 腳設定，元件設定，需
要初始化的部分設定等等。

變數型態宣告區 ; // 這裡定義變數或 IO 腳位名稱

void setup()

{   僅在 Power On 或 Reset 後執行一次，setup()函數內放置初
        始化 Arduino 控制板的程式，即主程式開始執行前需事先設定

}   好的變數 or 腳位定義等例如：PinMode(ledPin,OUTPUT);

loop()

迴圈重複執行

void loop()

在此放置你的 Arduino 程式碼。這部份的程式會一直重複的被執行，直到
Arduino 開發板被關閉。

void loop()

{

      在 setup()函數之後，即初始化之後，系統則在 loop()程式迴圈內重複執行。直到 Arduino 控制板被關閉。

}

;   <u>每行程式敘述(statement)後需以分號("；")結束</u>

{ }(大括號)   函數前後需用大括號括起來，也可用此將程式碼分成較易讀
的區塊

區塊式結構化程式語言

  C 語言是區塊式結構的程式語言，所謂的區塊是一對大括號：『{}』所界定的範圍，每一對大括號及其涵括的所有敘述構成 C 語法中所謂的複合敘述 (Compound Statement)，這樣子的複合敘述不但對於編譯器而言，構成一個有意義的文法單位，對於程式設計者而言，一個區塊也應該要代表一個完整的程式邏輯單元，內含的敘述應該具有相當的資料耦合性 (一個敘述處理過的資料會被後面的敘述拿來使用)，及控制耦合性 (CPU 處理完一個敘述後會接續處理另一個敘述指定的動作)，當看到程式中一個區塊時，應該要可以假設其內所包含的敘述都是屬於某些相關功能的，當然其內部所使用的資料應該都是完成該種功能所必需的，這些資料應該是專屬於這個區塊內的敘述，是這個區塊之外的敘述不需要的。

命名空間 (naming space)

  C 語言中區塊定義了一塊所謂的命名空間 (naming space)，在每一個命名空間內，程式設計者可以對其內定義的變數任意取名字，稱為區域變數 (local variable)，這些變數只有在該命名空間 (區塊) 內部可以進行存取，到了該區塊之外程式就不能在藉由該名稱來存取了，如下例中 int 型態的變數 z。由於區塊是階層式的，大區塊可以內含小區塊，大區塊內的變數也可以在內含區塊內使用，例如：

```
{
    int x, r;
    x=10;
    r=20;
    {
        int y, z;
        float r;
        y = x;
        x = 1;
```

```
        r = 10.5;
    }
    z = x; // 錯誤，不可使用變數 z
}
```

上面這個例子裡有兩個區塊， 也就有兩個命名空間， 有任一個命名空間中不可有兩個變數使用相同的名字， 不同的命名空間則可以取相同的名字， 例如變數 r， 因此針對某一個變數來說， 可以使用到這個變數的程式範圍就稱為這個變數的作用範圍 (scope)。

變數的生命期 (Lifetime)

變數的生命始於定義之敘述而一直延續到定義該變數之區塊結束為止， 變數的作用範圍：意指程式在何處可以存取該變數， 有時變數是存在的，但是程式卻無法藉由其名稱來存取它， 例如， 上例中內層區塊內無法存取外層區塊所定義的變數 r， 因為在內層區塊中 r 這個名稱賦予另一個 float 型態的變數了。

縮小變數的作用範圍

利用 C 語言的區塊命名空間的設計， 程式設計者可以儘量把變數的作用範圍縮小， 如下例：

```
{
int tmp;
    for (tmp=0; tmp<1000; tmp++)
        doSomeThing();
}
{
    float tmp;
    tmp = y;
    y = x;
    x = y;
}
```

上面這個範例中前後兩個區塊中的 tmp 很明顯地沒有任何關係，看這個程式的人不必擔心程式中有藉 tmp 變數傳遞資訊的任何意圖。

特殊符號

; (semicolon)
{} (curly braces)
// (single line comment)
/* */ (multi-line comment)

Arduino 語言用了一些符號描繪程式碼，例如註解和程式區塊。

; //(分號)

Arduino 語言每一行程序都是以分號為結尾。這樣的語法讓你可以自由地安排代碼，你可以將兩個指令放置在同一行，只要中間用分號隔開（但這樣做可能降低程式的可讀性）。

範例：

```
delay(100);
```

{}(大括號)

大括號用來將程式代碼分成一個又一個的區塊，如以下範例所示，在 loop()函式的前、後，必須用大括號括起來。

範例：

```
void loop(){
    Serial.pritln("Hello !! Welcome to Arduino world");
}
```

註解

程式的註解就是對代碼的解釋和說明，攥寫註解有助於程式設計師(或其他人)了解代碼的功能。

Arduino 處理器在對程式碼進行編譯時會忽略註解的部份。

Arduino 語言中的攥寫註解有兩種方式

```
//單行註解：這整行的文字會被處理器忽略
/*多行註解：
    在這個範圍內你可以
    寫　一篇　小說
 */
```

變數

程式中的變數與數學使用的變數相似，都是用某些符號或單字代替某些數值，從而得以方便計算過程。程式語言中的變數屬於識別字 (identifier) ， C 語言對於識別字有一定的命名規則，例如只能用英文大小寫字母、數字以及底線符號

其中，數字不能用作識別字的開頭，單一識別字裡不允許有空格，而如 int 、char 為 C 語言的關鍵字 (keyword) 之一，屬於程式語言的語法保留字，因此也不能用為自行定義的名稱。通常編譯器至少能讀取名稱的前 31 個字元，但外部名稱可能只能保證前六個字元有效。

變數使用前要先進行宣告 (declaration) ，宣告的主要目的是告訴編譯器這個變數屬於哪一種資料型態，好讓編譯器預先替該變數保留足夠的記憶體空間。宣告的方式很簡單，就是型態名稱後面接空格，然後是變數的識別名稱

常數

- ➢ HIGH | LOW
- ➢ INPUT | OUTPUT
- ➢ true | false
- ➢ Integer Constants

資料型態

- ➢ boolean
- ➢ char
- ➢ byte
- ➢ int
- ➢ unsigned int
- ➢ long
- ➢ unsigned long
- ➢ float
- ➢ double
- ➢ string
- ➢ array
- ➢ void

常數

在 Arduino 語言中事先定義了一些具特殊用途的保留字。HIGH 和 LOW 用來表示你開啟或是關閉了一個 Arduino 的腳位(Pin)。INPUT 和 OUTPUT 用來指示這個 Arduino 的腳位(Pin)是屬於輸入或是輸出用途。true 和 false 用來指示一個條件或表示式為真或是假。

變數

變數用來指定 Arduino 記憶體中的一個位置，變數可以用來儲存資料，程式人員可以透過程式碼去不限次數的操作變數的值。

因為 Arduino 是一個非常簡易的微處理器，但你要宣告一個變數時必須先定義他的資料型態，好讓微處理器知道準備多大的空間以儲存這個變數值。

Arduino 語言支援的資料型態:

布林 boolean

布林變數的值只能為真(true)或是假(false)

字元 char

單一字元例如 A，和一般的電腦做法一樣 Arduino 將字元儲存成一個數字，即使你看到的明明就是一個文字。

用數字表示一個字元時，它的值有效範圍為 -128 到 127。

PS：目前有兩種主流的電腦編碼系統 ASCII 和 UNICODE。

- ASCII 表示了 127 個字元， 用來在序列終端機和分時計算機之間傳輸文字。

- UNICODE 可表示的字量比較多，在現代電腦作業系統內它可以用來表示多國語言。

在位元數需求較少的資訊傳輸時，例如義大利文或英文這類由拉丁文，阿拉伯數字和一般常見符號構成的語言，ASCII 仍是目前主要用來交換資訊的編碼法。

位元組 byte

儲存的數值範圍為 0 到 255。如同字元一樣位元組型態的變數只需要用一個位元組(8 位元)的記憶體空間儲存。

整數 int

整數資料型態用到 2 位元組的記憶體空間，可表示的整數範圍為 － 32,768 到 32,767; 整數變數是 Arduino 內最常用到的資料型態。

整數 unsigned int

無號整數同樣利用 2 位元組的記憶體空間，無號意謂著它不能儲存負的數值，因此無號整數可表示的整數範圍為 0 到 65,535。

長整數 long

長整數利用到的記憶體大小是整數的兩倍，因此它可表示的整數範圍從 –2,147,483,648 到 2,147,483,647。

長整數 unsigned long

無號長整數可表示的整數範圍為 0 到 4,294,967,295。

浮點數 float

浮點數就是用來表達有小數點的數值，每個浮點數會用掉四位元組的 RAM，注意晶片記憶體空間的限制，謹慎的使用浮點數。

雙精準度 浮點數 double

雙精度浮點數可表達最大值為 1.7976931348623157 x 10308。

字串 string

字串用來表達文字信息，它是由多個 ASCII 字元組成(你可以透過序串埠發送一個文字資訊或者將之顯示在液晶顯示器上)。字串中的每一個字元都用一個組元組空間儲存，並且在字串的最尾端加上一個空字元以提示 Ardunio 處理器字串的結束。下面兩種宣告方式是相同的。

```
char word1 = "Arduino world"; // 7 字元 + 1 空字元
char word2 = "Arduino is a good developed kit"; // 與上行相同
```

陣列 array

一串變數可以透過索引去直接取得。假如你想要儲存不同程度的 LED 亮度時，你可以宣告六個變數 light01，light02，light03，light04，light05，light06，但其實你有更好的選擇，例如宣告一個整數陣列變數如下：

```
int light = {0, 20, 40, 65, 80, 100};
```

"array" 這個字為沒有直接用在變數宣告，而是[]和{}宣告陣列。

控制指令

string(字串)

範例

```
char Str1[15];
char Str2[8] = {'a', 'r', 'd', 'u', 'i', 'n', 'o'};
char Str3[8] = {'a', 'r', 'd', 'u', 'i', 'n', 'o', '\0'};
char Str4[ ] = "arduino";
char Str5[8] = "arduino";
char Str6[15] = "arduino";
```

解釋如下：

- 在 Str1 中 聲明一個沒有初始化的字元陣列

- 在 Str2 中 聲明一個字元陣列(包括一個附加字元)，編譯器會自動添加所需的空字元

- 在 Str3 中 明確加入空字元

- 在 Str4 中 用引號分隔初始化的字串常數，編譯器將調整陣列的大小，以適應字串常量和終止空字元

- 在 Str5 中 初始化一個包括明確的尺寸和字串常量的陣列

- 在 Str6 中 初始化陣列，預留額外的空間用於一個較大的字串

空終止字元

一般來說，字串的結尾有一個空終止字元（ASCII 代碼 0）， 以此讓功能函數（例如 Serial.prinf()）知道一個字串的結束， 否則，他們將從記憶體繼續讀取後續位元組，而這些並不屬於所需字串的一部分。

這表示你的字串比你想要的文字包含更多的個字元空間， 這就是為什麼 Str2 和 Str5 需要八個字元， 即使"Arduino"只有七個字元 - 最後一個位置會自動填充空字元， str4 將自動調整為八個字元，包括一個額外的 null， 在 Str3 的，我們自己已經明確地包含了空字元(寫入'\0')。

使用符號：單引號?還是雙引號?

● 定義字串時使用雙引號(例如"ABC")，

● 定義一個單獨的字元時使用單引號(例如'A')

範例

字串測試範例(stringtest01)

```
char* myStrings[]={
   "This is string 1", "This is string 2", "This is string 3",
   "This is string 4", "This is string 5","This is string 6"};

void setup(){
   Serial.begin(9600);
}

void loop(){
   for (int i = 0; i < 6; i++){
      Serial.println(myStrings[i]);
      delay(500);
   }
}
```

char 在字元資料類型 char 後跟了一個星號'*'表示這是一個"指標"陣列，所有的陣列名稱實際上是指標，所以這需要一個陣列的陣列。

指標對於 C 語言初學者而言是非常深奧的部分之一，但是目前我們沒有必要瞭解詳細指標，就可以有效地應用它。

型態轉換

➢ char()
➢ byte()
➢ int()
➢ long()
➢ float()

char()

指令用法

將資料轉程字元形態：

語法：char(x)

參數

x: 想要轉換資料的變數或內容

回傳

字元形態資料

unsigned char()

一個無符號資料類型佔用 1 個位元組的記憶體:與 byte 的資料類型相同，無符號的 char 資料類型能編碼 0 到 255 的數位，為了保持 Arduino 的程式設計風格的一致性，byte 資料類型是首選。

指令用法

將資料轉程字元形態：

語法：unsigned char(x)

參數

x: 想要轉換資料的變數或內容

回傳

字元形態資料

```
unsigned char myChar = 240;
```

byte()

指令用法

將資料轉換位元資料形態：

語法：byte(x)

參數

x: 想要轉換資料的變數或內容

回傳

位元資料形態的資料

int(x)

指令用法

將資料轉換整數資料形態：

語法：int(x)

參數

x: 想要轉換資料的變數或內容

回傳

整數資料形態的資料

unsigned int(x)

unsigned int(無符號整數)與整型資料同樣大小，佔據 2 位元組: 它只能用於存儲正數而不能存儲負數，範圍 0~65,535 (2^16) - 1)。

指令用法

將資料轉換整數資料形態：

語法：unsigned int(x)

參數

x: 想要轉換資料的變數或內容

回傳

整數資料形態的資料

```
unsigned int ledPin = 13;
```

long()

指令用法

將資料轉換長整數資料形態：

語法：int(x)

參數

x: 想要轉換資料的變數或內容

回傳

長整數資料形態的資料

unsigned long()

無符號長整型變數擴充了變數容量以存儲更大的資料，它能存儲 32 位元(4 位元組)資料:與標準長整型不同無符號長整型無法存儲負數，其範圍從 0 到 4,294,967,295（2^32-1）。

指令用法

將資料轉換長整數資料形態：

語法：unsigned int(x)

參數

x: 想要轉換資料的變數或內容

回傳

長整數資料形態的資料

```
unsigned long time;

void setup()
{
      Serial.begin(9600);
}

void loop()
{
  Serial.print("Time: ");
  time = millis();
  //程式開始後一直列印時間
  Serial.println(time);
  //等待一秒鐘，以免發送大量的資料
  delay(1000);
}
```

float()

指令用法

將資料轉換浮點數資料形態：

語法：float(x)

參數

x: 想要轉換資料的變數或內容

回傳

浮點數資料形態的資料

邏輯控制

控制流程

if
if...else
for
switch case
while
do... while
break
continue
return

Ardunio 利用一些關鍵字控制程式碼的邏輯。

if … else

If 必須緊接著一個問題表示式(expression)，若這個表示式為真，緊連著表示式後的代碼就會被執行。若這個表示式為假，則執行緊接著 else 之後的代碼. 只使用 if 不搭配 else 是被允許的。

範例：

```
#define LED 12
void setup()
{
   int val =1;
   if (val == 1) {
   digitalWrite(LED,HIGH);
}
}
void loop()
{
}
```

for

用來明定一段區域代碼重覆指行的次數。

範例：

```
void setup()
{
   for (int i = 1; i < 9; i++) {
      Serial.print("2 * ");
      Serial.print(i);
      Serial.print(" = ");
      Serial.print(2*i);

   }
}
void loop()
{
}
```

switch case

if 敘述是程式裡的分叉選擇，switch case 是更多選項的分叉選擇。swith case 根據變數值讓程式有更多的選擇，比起一串冗長的 if 敘述，使用 swith case 可使程式代碼看起來比較簡潔。

範例：

```
void setup()
{
  int sensorValue;
    sensorValue = analogRead(1);
  switch (sensorValue) {

  case 10:
    digitalWrite(13,HIGH);
    break;

case 20:
  digitalWrite(12,HIGH);
  break;

default: // 以上條件都不符合時，預設執行的動作
    digitalWrite(12,LOW);
    digitalWrite(13,LOW);
}
}
void loop()
{
  }
```

while

當 while 之後的條件成立時，執行括號內的程式碼。

範例：

```
void setup()
{
```

```
    int sensorValue;
    // 當 sensor 值小於 256，閃爍 LED 1 燈
    sensorValue = analogRead(1);
    while (sensorValue < 256) {
        digitalWrite(13,HIGH);
        delay(100);
        digitalWrite(13,HIGH);
        delay(100);
        sensorValue = analogRead(1);
    }
}
void loop()
{
    }
```

do … while

和 while 相似，不同的是 while 前的那段程式碼會先被執行一次，不管特定的條件式為真或為假。因此若有一段程式代碼至少需要被執行一次，就可以使用 do…while 架構。

範例：

```
void setup()
{
    int sensorValue;
    do
    {
        digitalWrite(13,HIGH);
        delay(100);
        digitalWrite(13,HIGH);
        delay(100);
        sensorValue = analogRead(1);
    }
    while (sensorValue < 256);
}
void loop()
{
```

```
}
```

break

Break 讓程式碼跳離迴圈，並繼續執行這個迴圈之後的程式碼。此外，在 break
也用於分隔 switch case 不同的敘述。

範例：

```
void setup()
{
}
void loop()
{
  int sensorValue;
  do {
    // 按下按鈕離開迴圈
    if (digitalRead(7) == HIGH)
        break;
        digitalWrite(13,HIGH);
        delay(100);
        digitalWrite(13,HIGH);
        delay(100);
        sensorValue = analogRead(1);
  }
  while (sensorValue < 512);
}
```

continue

continue 用於迴圈之內，它可以強制跳離接下來的程式，並直接執行下一個迴
圈。

範例：

```
#define PWMPin 12
#define SensorPin 8
```

```
void setup()
{
}
void loop()
{
    int light;
    int x ;
    for (light = 0; light < 255; light++)
    {
        // 忽略數值介於 140 到 200 之間
        x = analogRead(SensorPin) ;

        if ((x > 140) && (x < 200))
            continue;

        analogWrite(PWMPin, light);
        delay(10);

    }
}
```

return

函式的結尾可以透過 return 回傳一個數值。

例如，有一個計算現在溫度的函式叫 computeTemperature()，你想要回傳現在
的溫度給 temperature 變數，你可以這樣寫：

```
#define PWMPin 12
#define SensorPin 8

void setup()
{
}
void loop()
{
    int light;
    int x ;
```

```
for (light = 0; light < 255; light++)
{
    // 忽略數值介於 140 到 200 之間
    x = computeTemperature() ;
    if ((x > 140) && (x < 200))
        continue;

        analogWrite(PWMPin, light);
        delay(10);
}
}
int computeTemperature() {

int temperature = 0;
temperature = (analogRead(SensorPin) + 45) / 100;
    return temperature;
}
```

算術運算

算術符號

      =   (給值)

      +   (加法)

      -   (減法)

      *   (乘法)

      /   (除法)

      %   (求餘數)

你可以透過特殊的語法用 Arduino 去做一些複雜的計算。 + 和 – 就是一般數學上的加減法，乘法用*示，而除法用 /表示。

另外餘數除法(%)，用於計算整數除法的餘數值: 一個整數除以另一個數，其餘數稱為模數，它有助於保持一個變數在一個特定的範圍(例如陣列的大小)。

語法：

result = dividend % divisor

參數：

● dividend：一個被除的數字

● divisor：一個數字用於除以其他數

{}括號

你可以透過多層次的括弧去指定算術之間的循序。和數學函式不一樣，中括號和大括號在此被保留在不同的用途(分別為陣列索引，和宣告區域程式碼)。

範例：

```
#define PWMPin 12
#define SensorPin 8

void setup()
{
      int sensorValue;
      int light;
      int remainder;

      sensorValue = analogRead(SensorPin) ;
      light = ((12 * sensorValue) - 5 ) / 2;
      remainder = 3 % 2;

}
void loop()
{
}
```

比較運算

== (等於)

!= （不等於）

< （小於）

> （大於）

<= （小於等於）

>= （大於等於）

當你在指定 if,while, for 敘述句時，可以運用下面這個運算符號：

符號	意義	範例
==	等於	a==1
!=	不等於	a!=1
<	小於	a<1
>	大於	a>1
<=	小於等於	a<=1
>=	大於等於	a>=1

布林運算

➤ && (and)
➤ ‖ (or)
➤ ! (not)

當你想要結合多個條件式時，可以使用布林運算符號。

例如你想要檢查從感測器傳回的數值是否於 5 到 10，你可以這樣寫：

```
#define PWMPin 12
#define SensorPin 8
void setup()
{
```

```
}
void loop()
{
    int light;
    int sensor ;
    for (light = 0; light < 255; light++)
    {
            // 忽略數值介於 140 到 200 之間
            sensor = analogRead(SensorPin) ;

    if ((sensor >= 5) && (sensor <=10))
        continue;

        analogWrite(PWMPin, light);
        delay(10);
    }
}
```

這裡有三個運算符號: 交集(and)用 **&&** 表示; 聯集(or)用 ‖ 表示; 反相(finally not)用 !表示。

複合運算符號：有一般特殊的運算符號可以使程式碼比較簡潔，例如累加運算符號。

例如將一個值加 1，你可以這樣寫:

```
Int value = 10 ;
value = value + 1 ;
```

你也可以用一個復合運算符號累加(++) :

```
Int value = 10 ;
value ++;
```

複合運算符號

- ➤ ++ (increment)
- ➤ -- (decrement)
- ➤ += (compound addition)
- ➤ -= (compound subtraction)
- ➤ *= (compound multiplication)
- ➤ /= (compound division)

累加和遞減 (++ 和 --)

當你在累加 1 或遞減 1 到一個數值時。請小心 i++ 和 ++i 之間的不同。如果你用的是 i++，i 會被累加並且 i 的值等於 i+1；但當你使用 ++i 時，i 的值等於 i，直到這行指令被執行完時 i 再加 1。同理應用於 − −。

+= , − =, *= and /=

這些運算符號可讓表示式更精簡，下面二個表示式是等價的：

```
Int value = 10 ;
value   = value +5 ;      // (此兩者都是等價)
value   += 5 ;            // (此兩者都是等價)
```

輸入輸出腳位設定

數位訊號輸出/輸入

- ➤ PinMode()
- ➤ digitalWrite()
- ➤ digitalRead()

類比訊號輸出/輸入

- ➤ analogRead()

➢ analogWrite() - PWM

Arduino 內含了一些處理輸出與輸入的切換功能，相信已經從書中程式範例略知一二。

PinMode(Pin, mode)

將數位腳位(digital Pin)指定為輸入或輸出。

範例

```
#define sensorPin 7
#define PWNPin 8
void setup()
{
PinMode(sensorPin,INPUT); // 將腳位 sensorPin (7) 定為輸入模式
}
void loop()
{
}
```


digitalWrite(Pin, value)

將數位腳位指定為開或關。腳位必須先透過 PinMode 明示為輸入或輸出模式 digitalWrite 才能生效。

範例：

```
#define PWNPin 8
#define sensorPin 7
void setup()
{
digitalWrite (PWNPin,OUTPUT); // 將腳位 PWNPin (8) 定為輸入模式
}
void loop()
```

```
{}
```

int digitalRead(Pin)

將輸入腳位的值讀出，當感測到腳位處於高電位時時回傳 HIGH，否則回傳 LOW。

範例：

```
#define PWNPin 8
#define sensorPin 7
void setup()
{
    PinMode(sensorPin,INPUT); // 將腳位 sensorPin (7) 定為輸入模式
    val = digitalRead(7); // 讀出腳位 7 的值並指定給 val
}
void loop()
{
}
```

int analogRead(Pin)

讀出類比腳位的電壓並回傳一個 0 到 1023 的數值表示相對應的 0 到 5 的電壓值。

範例：

```
#define PWNPin 8
#define sensorPin 7
void setup()
{
    PinMode(sensorPin,INPUT); // 將腳位 sensorPin (7) 定為輸入模式
    val = analogRead (7); // 讀出腳位 7 的值並指定給 val
}
void loop()
```

```
{
}
```

analogWrite(Pin, value)

改變 PWM 腳位的輸出電壓值,腳位通常會在 3、5、6、9、10 與 11。value 變數範圍 0-255,例如:輸出電壓 2.5 伏特(V),該值大約是 128。

範例:

```
#define PWNPin 8
#define sensorPin 7
void setup()
{
analogWrite (PWNPin,OUTPUT); // 將腳位 PWNPin (8) 定為輸入模式
}
void loop()
{     }
```

進階 I/O

- ➢ tone()
- ➢ noTone()
- ➢ shiftOut()
- ➢ pulseIn()

tone(Pin)

使用 Arduino 開發板,使用一個 Digital Pin(數位接腳)連接喇叭,如本例子是接在數位接腳 13(Digital Pin 13),讀者也可將喇叭接在您想要的腳位,只要將下列程式作對應修改,可以產生想要的音調。

範例:

```
#include <Tone.h>
```

```
Tone tone1;

void setup()
{
  tone1.begin(13);
  tone1.play(NOTE_A4);
}

void loop()
{
}
```

表 10 Tone 頻率表

常態變數	頻率(Frequency (Hz))
NOTE_B2	123
NOTE_C3	131
NOTE_CS3	139
NOTE_D3	147
NOTE_DS3	156
NOTE_E3	165
NOTE_F3	175
NOTE_FS3	185
NOTE_G3	196
NOTE_GS3	208
NOTE_A3	220
NOTE_AS3	233
NOTE_B3	247
NOTE_C4	262
NOTE_CS4	277
NOTE_D4	294
NOTE_DS4	311
NOTE_E4	330
NOTE_F4	349
NOTE_FS4	370

常態變數	頻率(Frequency (Hz))
NOTE_G4	392
NOTE_GS4	415
NOTE_A4	440
NOTE_AS4	466
NOTE_B4	494
NOTE_C5	523
NOTE_CS5	554
NOTE_D5	587
NOTE_DS5	622
NOTE_E5	659
NOTE_F5	698
NOTE_FS5	740
NOTE_G5	784
NOTE_GS5	831
NOTE_A5	880
NOTE_AS5	932
NOTE_B5	988
NOTE_C6	1047
NOTE_CS6	1109
NOTE_D6	1175
NOTE_DS6	1245
NOTE_E6	1319
NOTE_F6	1397
NOTE_FS6	1480
NOTE_G6	1568
NOTE_GS6	1661
NOTE_A6	1760
NOTE_AS6	1865
NOTE_B6	1976
NOTE_C7	2093
NOTE_CS7	2217
NOTE_D7	2349
NOTE_DS7	2489
NOTE_E7	2637
NOTE_F7	2794
NOTE_FS7	2960

常態變數	頻率(Frequency (Hz))
NOTE_G7	3136
NOTE_GS7	3322
NOTE_A7	3520
NOTE_AS7	3729
NOTE_B7	3951
NOTE_C8	4186
NOTE_CS8	4435
NOTE_D8	4699
NOTE_DS8	4978

資料來源：

https://code.google.com/p/rogue-code/wiki/ToneLibraryDocumentation#Ugly_Details

表 11 Tone 音階頻率對照表

音階	常態變數	頻率(Frequency (Hz))
低音 Do	NOTE_C4	262
低音 Re	NOTE_D4	294
低音 Mi	NOTE_E4	330
低音 Fa	NOTE_F4	349
低音 So	NOTE_G4	392
低音 La	NOTE_A4	440
低音 Si	NOTE_B4	494
中音 Do	NOTE_C5	523
中音 Re	NOTE_D5	587
中音 Mi	NOTE_E5	659
中音 Fa	NOTE_F5	698
中音 So	NOTE_G5	784
中音 La	NOTE_A5	880
中音 Si	NOTE_B5	988
高音 Do	NOTE_C6	1047
高音 Re	NOTE_D6	1175
高音 Mi	NOTE_E6	1319

音階	常態變數	頻率(Frequency (Hz))
高音 Fa	NOTE_F6	1397
高音 So	NOTE_G6	1568
高音 La	NOTE_A6	1760
高音 Si	NOTE_B6	1976
高高音 Do	NOTE_C7	2093

資料來源：

https://code.google.com/p/rogue-code/wiki/ToneLibraryDocumentation#Ugly_Details

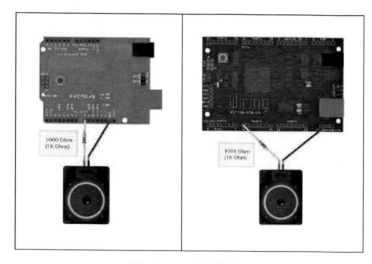

圖 108 Tone 接腳圖

資料來源：

https://code.google.com/p/rogue-code/wiki/ToneLibraryDocumentation#Ugly_Details

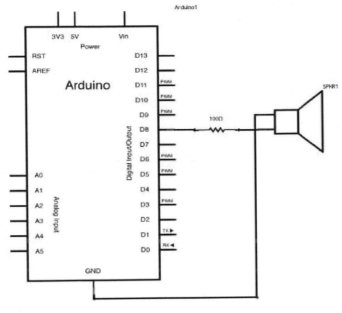

圖 109 Arduino 喇吧接線圖

Mario 音樂範例：

```
/*
    Arduino Mario Bros Tunes
    With Piezo Buzzer and PWM
    by: Dipto Pratyaksa
    last updated: 31/3/13
*/
#include <pitches.h>

#define melodyPin 3
//Mario main theme melody
int melody[] = {
    NOTE_E7, NOTE_E7, 0, NOTE_E7,
    0, NOTE_C7, NOTE_E7, 0,
    NOTE_G7, 0, 0,   0,
    NOTE_G6, 0, 0, 0,
```

```
    NOTE_C7, 0, 0, NOTE_G6,
    0, 0, NOTE_E6, 0,
    0, NOTE_A6, 0, NOTE_B6,
    0, NOTE_AS6, NOTE_A6, 0,

    NOTE_G6, NOTE_E7, NOTE_G7,
    NOTE_A7, 0, NOTE_F7, NOTE_G7,
    0, NOTE_E7, 0,NOTE_C7,
    NOTE_D7, NOTE_B6, 0, 0,

    NOTE_C7, 0, 0, NOTE_G6,
    0, 0, NOTE_E6, 0,
    0, NOTE_A6, 0, NOTE_B6,
    0, NOTE_AS6, NOTE_A6, 0,

    NOTE_G6, NOTE_E7, NOTE_G7,
    NOTE_A7, 0, NOTE_F7, NOTE_G7,
    0, NOTE_E7, 0,NOTE_C7,
    NOTE_D7, NOTE_B6, 0, 0
};
//Mario main them tempo
int tempo[] = {
    12, 12, 12, 12,
    12, 12, 12, 12,
    12, 12, 12, 12,
    12, 12, 12, 12,

    12, 12, 12, 12,
    12, 12, 12, 12,
    12, 12, 12, 12,
    12, 12, 12, 12,

    9, 9, 9,
    12, 12, 12, 12,
    12, 12, 12, 12,
    12, 12, 12, 12,

    12, 12, 12, 12,
    12, 12, 12, 12,
```

```
  12, 12, 12, 12,
  12, 12, 12, 12,

  9, 9, 9,
  12, 12, 12, 12,
  12, 12, 12, 12,
  12, 12, 12, 12,
};

//

//Underworld melody
int underworld_melody[] = {
  NOTE_C4, NOTE_C5, NOTE_A3, NOTE_A4,
  NOTE_AS3, NOTE_AS4, 0,
  0,
  NOTE_C4, NOTE_C5, NOTE_A3, NOTE_A4,
  NOTE_AS3, NOTE_AS4, 0,
  0,
  NOTE_F3, NOTE_F4, NOTE_D3, NOTE_D4,
  NOTE_DS3, NOTE_DS4, 0,
  0,
  NOTE_F3, NOTE_F4, NOTE_D3, NOTE_D4,
  NOTE_DS3, NOTE_DS4, 0,
  0, NOTE_DS4, NOTE_CS4, NOTE_D4,
  NOTE_CS4, NOTE_DS4,
  NOTE_DS4, NOTE_GS3,
  NOTE_G3, NOTE_CS4,
  NOTE_C4, NOTE_FS4,NOTE_F4, NOTE_E3, NOTE_AS4, NOTE_A4,
  NOTE_GS4, NOTE_DS4, NOTE_B3,
  NOTE_AS3, NOTE_A3, NOTE_GS3,
  0, 0, 0
};
//Underwolrd tempo
int underworld_tempo[] = {
  12, 12, 12, 12,
  12, 12, 6,
  3,
  12, 12, 12, 12,
```

```
    12, 12, 6,
    3,
    12, 12, 12, 12,
    12, 12, 6,
    3,
    12, 12, 12, 12,
    12, 12, 6,
    6, 18, 18, 18,
    6, 6,
    6, 6,
    6, 6,
    18, 18, 18,18, 18, 18,
    10, 10, 10,
    10, 10, 10,
    3, 3, 3
};

void setup(void)
{
    PinMode(3, OUTPUT);//buzzer
    PinMode(13, OUTPUT);//led indicator when singing a note

}
void loop()
{
//sing the tunes
    sing(1);
    sing(1);
    sing(2);
}
int song = 0;

void sing(int s){
    // iterate over the notes of the melody:
    song = s;
    if(song==2){
        Serial.println(" 'Underworld Theme'");
        int size = sizeof(underworld_melody) / sizeof(int);
        for (int thisNote = 0; thisNote < size; thisNote++) {
```

```
          // to calculate the note duration, take one second
          // divided by the note type.
          //e.g. quarter note = 1000 / 4, eighth note = 1000/8, etc.
          int noteDuration = 1000/underworld_tempo[thisNote];

          buzz(melodyPin, underworld_melody[thisNote],noteDuration);

          // to distinguish the notes, set a minimum time between them.
          // the note's duration + 30% seems to work well:
          int pauseBetweenNotes = noteDuration * 1.30;
          delay(pauseBetweenNotes);

          // stop the tone playing:
          buzz(melodyPin, 0,noteDuration);

      }

  }else{

      Serial.println(" 'Mario Theme'");
      int size = sizeof(melody) / sizeof(int);
      for (int thisNote = 0; thisNote < size; thisNote++) {

          // to calculate the note duration, take one second
          // divided by the note type.
          //e.g. quarter note = 1000 / 4, eighth note = 1000/8, etc.
          int noteDuration = 1000/tempo[thisNote];

          buzz(melodyPin, melody[thisNote],noteDuration);

          // to distinguish the notes, set a minimum time between them.
          // the note's duration + 30% seems to work well:
          int pauseBetweenNotes = noteDuration * 1.30;
          delay(pauseBetweenNotes);

          // stop the tone playing:
          buzz(melodyPin, 0,noteDuration);
```

```
        }
    }
}

void buzz(int targetPin, long frequency, long length) {
    digitalWrite(13,HIGH);
    long delayValue = 1000000/frequency/2; // calculate the delay value between transi-
tions
    //// 1 second's worth of microseconds, divided by the frequency, then split in half since
    //// there are two phases to each cycle
    long numCycles = frequency * length/ 1000; // calculate the number of cycles for
proper timing
    //// multiply frequency, which is really cycles per second, by the number of seconds to
    //// get the total number of cycles to produce
    for (long i=0; i < numCycles; i++){ // for the calculated length of time...
        digitalWrite(targetPin,HIGH); // write the buzzer Pin high to push out the diaphram
        delayMicroseconds(delayValue); // wait for the calculated delay value
        digitalWrite(targetPin,LOW); // write the buzzer Pin low to pull back the diaphram
        delayMicroseconds(delayValue); // wait again or the calculated delay value
    }
    digitalWrite(13,LOW);

}

/*************************************************
 * Public Constants
 *************************************************/

#define NOTE_B0   31
#define NOTE_C1   33
#define NOTE_CS1 35
#define NOTE_D1   37
#define NOTE_DS1 39
#define NOTE_E1   41
#define NOTE_F1   44
#define NOTE_FS1 46
#define NOTE_G1   49
#define NOTE_GS1 52
#define NOTE_A1   55
```

```c
#define NOTE_AS1 58
#define NOTE_B1   62
#define NOTE_C2   65
#define NOTE_CS2 69
#define NOTE_D2   73
#define NOTE_DS2 78
#define NOTE_E2   82
#define NOTE_F2   87
#define NOTE_FS2 93
#define NOTE_G2   98
#define NOTE_GS2 104
#define NOTE_A2   110
#define NOTE_AS2 117
#define NOTE_B2   123
#define NOTE_C3   131
#define NOTE_CS3 139
#define NOTE_D3   147
#define NOTE_DS3 156
#define NOTE_E3   165
#define NOTE_F3   175
#define NOTE_FS3 185
#define NOTE_G3   196
#define NOTE_GS3 208
#define NOTE_A3   220
#define NOTE_AS3 233
#define NOTE_B3   247
#define NOTE_C4   262
#define NOTE_CS4 277
#define NOTE_D4   294
#define NOTE_DS4 311
#define NOTE_E4   330
#define NOTE_F4   349
#define NOTE_FS4 370
#define NOTE_G4   392
#define NOTE_GS4 415
#define NOTE_A4   440
#define NOTE_AS4 466
#define NOTE_B4   494
#define NOTE_C5   523
```

```
#define NOTE_CS5 554
#define NOTE_D5   587
#define NOTE_DS5 622
#define NOTE_E5   659
#define NOTE_F5   698
#define NOTE_FS5 740
#define NOTE_G5   784
#define NOTE_GS5 831
#define NOTE_A5   880
#define NOTE_AS5 932
#define NOTE_B5   988
#define NOTE_C6   1047
#define NOTE_CS6 1109
#define NOTE_D6   1175
#define NOTE_DS6 1245
#define NOTE_E6   1319
#define NOTE_F6   1397
#define NOTE_FS6 1480
#define NOTE_G6   1568
#define NOTE_GS6 1661
#define NOTE_A6   1760
#define NOTE_AS6 1865
#define NOTE_B6   1976
#define NOTE_C7   2093
#define NOTE_CS7 2217
#define NOTE_D7   2349
#define NOTE_DS7 2489
#define NOTE_E7   2637
#define NOTE_F7   2794
#define NOTE_FS7 2960
#define NOTE_G7   3136
#define NOTE_GS7 3322
#define NOTE_A7   3520
#define NOTE_AS7 3729
#define NOTE_B7   3951
#define NOTE_C8   4186
#define NOTE_CS8 4435
#define NOTE_D8   4699
#define NOTE_DS8 4978
```

shiftOut(dataPin, clockPin, bitOrder, value)

把資料傳給用來延伸數位輸出的暫存器,函式使用一個腳位表示資料、一個腳位表示時脈。bitOrder 用來表示位元間移動的方式（LSBFIRST 最低有效位元或是 MSBFIRST 最高有效位元），最後 value 會以 byte 形式輸出。此函式通常使用在延伸數位的輸出。

範例：

```
#define dataPin 8
#define clockPin 7
void setup()
{
shiftOut(dataPin, clockPin, LSBFIRST, 255);
}
void loop()
{    }
```

unsigned long pulseIn(Pin, value)

設定讀取腳位狀態的持續時間,例如使用紅外線、加速度感測器測得某一項數值時,在時間單位內不會改變狀態。

範例：

```
#define dataPin 8
#define pulsein 7
void setup()
{
Int time ;
time = pulsein(pulsein,HIGH); // 設定腳位 7 的狀態在時間單位內保持為 HIGH
}
void loop()
{    }
```

時間函式

- ➢ millis()
- ➢ micros()
- ➢ delay()
- ➢ delayMicroseconds()

控制與計算晶片執行期間的時間

unsigned long millis()

回傳晶片開始執行到目前的毫秒

範例:

```
int   lastTime ,duration;
void setup()
{
   lastTime = millis() ;
}
void loop()
{
   duration = -lastTime; //  表示自"lastTime"至當下的時間
}
```

delay(ms)

暫停晶片執行多少毫秒

範例:

```
void setup()
```

```
{
  Serial.begin(9600);
}
void loop()
{
  Serial.print(millis()) ;
  delay(500); //暫停半秒（500 毫秒）
}
```

「毫」是 10 的負 3 次方的意思，所以「毫秒」就是 10 的負 3 次方秒，也就是 0.001 秒。

表 12 常用單位轉換表

符號	中文	英文	符號意義
p	微微	pico	10 的負 12 次方
n	奈	nano	10 的負 9 次方
u	微	micro	10 的負 6 次方
m	毫	milli	10 的負 3 次方
K	仟	kilo	10 的 3 次方
M	百萬	mega	10 的 6 次方
G	十億	giga	10 的 9 次方
T	兆	tera	10 的 12 次方

delay Microseconds(us)

暫停晶片執行多少微秒

範例:

```
void setup()
{
  Serial.begin(9600);
}
void loop()
{
  Serial.print(millis()) ;
```

```
    delayMicroseconds (1000); //暫停半秒（500 毫秒）
  }
```

數學函式

- ➢ min()
- ➢ max()
- ➢ abs()
- ➢ constrain()
- ➢ map()
- ➢ pow()
- ➢ sqrt()

三角函式以及基本的數學運算

min(x, y)

回傳兩數之間較小者

範例：

```
#define sensorPin1 7
#define sensorPin2 8
void setup()
{
  int val;
    PinMode(sensorPin1,INPUT); // 將腳位 sensorPin1 (7) 定為輸入模式
    PinMode(sensorPin2,INPUT); // 將腳位 sensorPin2 (8) 定為輸入模式
    val = min(analogRead (sensorPin1), analogRead (sensorPin2)) ;
}
void loop()
{    }
```

max(x, y)

回傳兩數之間較大者

範例：

```
#define sensorPin1 7
#define sensorPin2 8
void setup()
{
   int val;
   PinMode(sensorPin1,INPUT); // 將腳位 sensorPin1 (7) 定為輸入模式
   PinMode(sensorPin2,INPUT); // 將腳位 sensorPin2 (8) 定為輸入模式
   val = max (analogRead (sensorPin1), analogRead (sensorPin2)) ;
}
void loop()
{     }
```

abs(x)

回傳該數的絕對值，可以將負數轉正數。

範例：

```
#define sensorPin1 7
void setup()
{
   int val;
   PinMode(sensorPin1,INPUT); // 將腳位 sensorPin (7) 定為輸入模式
      val = abs(analogRead (sensorPin1)-500);
         // 回傳讀值-500 的絕對值
}
void loop()
{     }
```

constrain(x, a, b)

判斷 x 變數位於 a 與 b 之間的狀態。x 若小於 a 回傳 a；介於 a 與 b 之間回傳 x 本身；大於 b 回傳 b

範例：

```
#define sensorPin1 7
#define sensorPin2 8
#define sensorPin 12
void setup()
{
  int val;
  PinMode(sensorPin1,INPUT); // 將腳位 sensorPin1 (7) 定為輸入模式
  PinMode(sensorPin2,INPUT); // 將腳位 sensorPin2 (8) 定為輸入模式
  PinMode(sensorPin,INPUT); // 將腳位 sensorPin (12) 定為輸入模式
  val = constrain(analogRead(sensorPin), analogRead (sensorPin1), analogRead
(sensorPin2)) ;
  // 忽略大於 255 的數
}
void loop()
{
}
```

map(value, fromLow, fromHigh, toLow, toHigh)

將 value 變數依照 fromLow 與 fromHigh 範圍，對等轉換至 toLow 與 toHigh 範圍。時常使用於讀取類比訊號，轉換至程式所需要的範圍值。

例如：

```
#define sensorPin1 7
#define sensorPin2 8
#define sensorPin 12
void setup()
{
  int val;
  PinMode(sensorPin1,INPUT); // 將腳位 sensorPin1 (7) 定為輸入模式
```

```
PinMode(sensorPin2,INPUT); // 將腳位 sensorPin2 (8) 定為輸入模式
PinMode(sensorPin,INPUT); // 將腳位 sensorPin (12) 定為輸入模式
val = map(analogRead(sensorPin), analogRead (sensorPin1), analogRead
(sensorPin2),0,100) ;
// 將 analog0 所讀取到的訊號對等轉換至 100 – 200 之間的數值
}
void loop()
{      }
```

double pow(base, exponent)

回傳一個數(base)的指數(exponent)值。

範例：

```
int y=2;
double x = pow(y, 32); // 設定 x 為 y 的 32 次方
```

double sqrt(x)

回傳 double 型態的取平方根值。

範例：

```
int y=2123;
double x = sqrt (y);   // 回傳 2123 平方根的近似值
```

三角函式

  ➢   sin()
  ➢   cos()
  ➢   tan()

double sin(rad)

回傳角度（radians）的三角函式 sine 值。

範例：

```
int y=45;
double sine = sin (y);   // 近似值  0.70710678118654
```


double cos(rad)

回傳角度（radians）的三角函式 cosine 值。

範例：

```
int y=45;
double cosine = cos (y);   // 近似值  0.70710678118654
```


double tan(rad)

回傳角度（radians）的三角函式 tangent 值。

範例：

```
int y=45;
double tangent = tan (y);   // 近似值  1
```


亂數函式

➢ randomSeed()
➢ random()

本函數是用來產生亂數用途：

randomSeed(seed)

事實上在 Arduino 裡的亂數是可以被預知的。所以如果需要一個真正的亂數，可以呼叫此函式重新設定產生亂數種子。你可以使用亂數當作亂數的種子，以確保數字以隨機的方式出現，通常會使用類比輸入當作亂數種子，藉此可以產生與環境有關的亂數。

範例：

```
#define sensorPin 7
void setup()
{
randomSeed(analogRead(sensorPin)); // 使用類比輸入當作亂數種子
}
void loop()
{
}
```

long random(min, max)

回傳指定區間的亂數，型態為 long。如果沒有指定最小值，預設為 0。

範例：

```
#define sensorPin 7
long randNumber;
void setup(){
    Serial.begin(9600);
    // if analog input Pin sensorPin(7) is unconnected, random analog
    // noise will cause the call to randomSeed() to generate
    // different seed numbers each time the sketch runs.
    // randomSeed() will then shuffle the random function.
    randomSeed(analogRead(sensorPin));
}
void loop() {
```

```
// print a random number from 0 to 299
randNumber = random(300);
Serial.println(randNumber);

// print a random number from    0 to 100
randNumber = random(0, 100);    // 回傳 0 - 99 之間的數字
Serial.println(randNumber);
delay(50);
}
```

通訊函式

你可以在許多例子中，看見一些使用序列埠與電腦交換資訊的範例，以下是函式解釋。

Serial.begin(speed)

你可以指定 Arduino 從電腦交換資訊的速率，通常我們使用 9600 bps。當然也可以使用其他的速度，但是通常不會超過 115,200 bps（每秒位元組）。

範例：

```
void setup() {
    Serial.begin(9600);           // open the serial port at 9600 bps:
}
void loop() {
  }
```

Serial.print(data)

Serial.print(data, 格式字串(encoding))

經序列埠傳送資料，提供編碼方式的選項。如果沒有指定，預設以一般文字傳送。

範例：

```
int x = 0;      // variable

void setup() {
  Serial.begin(9600);        // open the serial port at 9600 bps:
}

void loop() {
  // print labels
  Serial.print("NO FORMAT");         // prints a label
  Serial.print("\t");                // prints a tab
  Serial.print("DEC");
  Serial.print("\t");
  Serial.print("HEX");
  Serial.print("\t");
  Serial.print("OCT");
  Serial.print("\t");
  Serial.print("BIN");
  Serial.print("\t");
}
```

Serial.println(data)

Serial.println(data, ,格式字串(encoding))

與 Serial.print()相同，但會在資料尾端加上換行字元（ ）。意思如同你在鍵盤上打了一些資料後按下 Enter。

範例：

```
int x = 0;      // variable
void setup() {
```

```
    Serial.begin(9600);              // open the serial port at 9600 bps:
}
void loop() {
  // print labels
  Serial.print("NO FORMAT");          // prints a label
  Serial.print("\t");                 // prints a tab
  Serial.print("DEC");
  Serial.print("\t");
  Serial.print("HEX");
  Serial.print("\t");
  Serial.print("OCT");
  Serial.print("\t");
  Serial.print("BIN");
  Serial.print("\t");

  for(x=0; x< 64; x++){      // only part of the ASCII chart, change to suit
    // print it out in many formats:
    Serial.print(x);            // print as an ASCII-encoded decimal - same as "DEC"
    Serial.print("\t");     // prints a tab
    Serial.print(x, DEC);   // print as an ASCII-encoded decimal
    Serial.print("\t");     // prints a tab
    Serial.print(x, HEX);   // print as an ASCII-encoded hexadecimal
    Serial.print("\t");     // prints a tab
    Serial.print(x, OCT);   // print as an ASCII-encoded octal
    Serial.print("\t");     // prints a tab
    Serial.println(x, BIN);   // print as an ASCII-encoded binary
    //                  then adds the carriage return with "println"
    delay(200);              // delay 200 milliseconds
  }
  Serial.println("");          // prints another carriage return
}
```

格式字串(encoding)

　　Arduino 的 print()和 println()，在列印內容時，可以指定列印內容使用哪一種格式列印，若不指定，則以原有內容列印。

列印格式如下：

1. BIN(二進位，或以 2 為基數)，

2. OCT(八進制，或以 8 為基數)，

3. DEC(十進位，或以 10 為基數)，

4. HEX(十六進位，或以 16 為基數)。

使用範例如下：

- Serial.print(78,BIN)輸出為 "1001110"

- Serial.print(78,OCT)輸出為 "116"

- Serial.print(78,DEC)輸出為 "78"

- Serial.print(78,HEX)輸出為 "4E"

對於浮點型數位，可以指定輸出的小數數位。例如

- Serial.println(1.23456,0)輸出為 "1"

- Serial.println(1.23456,2)輸出為 "1.23"

- Serial.println(1.23456,4)輸出為 "1.2346"

Print & Println 列印格式(printformat01)

```
/*
使用 for 迴圈列印一個數字的各種格式。
*/
int x = 0;      // 定義一個變數並賦值

void setup() {
  Serial.begin(9600);        // 打開串口傳輸，並設置串列傳輸速率為 9600
}
```

```
void loop() {
  ///列印標籤
  Serial.print("NO FORMAT");        // 列印一個標籤
  Serial.print("\t");               // 列印一個轉義字元

  Serial.print("DEC");
  Serial.print("\t");

  Serial.print("HEX");
  Serial.print("\t");

  Serial.print("OCT");
  Serial.print("\t");

  Serial.print("BIN");
  Serial.print("\t");

  for(x=0; x< 64; x++){    // 列印 ASCII 碼表的一部分, 修改它的格式得到需要
的內容

    // 列印多種格式:
    Serial.print(x);          // 以十進位格式將 x 列印輸出 - 與 "DEC"相同
    Serial.print("\t");       // 橫向跳格

    Serial.print(x, DEC);    // 以十進位格式將 x 列印輸出
    Serial.print("\t");       // 橫向跳格

    Serial.print(x, HEX);    // 以十六進位格式列印輸出
    Serial.print("\t");       // 橫向跳格

    Serial.print(x, OCT);    // 以八進制格式列印輸出
    Serial.print("\t");       // 橫向跳格

    Serial.println(x, BIN);  // 以二進位格式列印輸出
    //                                然後用 "println"列印一個回車
    delay(200);              // 延時 200ms
  }
  Serial.println("");         // 列印一個空字元，並自動換行
}
```

int Serial.available()

回傳有多少位元組（bytes）的資料尚未被 read()函式讀取，如果回傳值是 0 代表所有序列埠上資料都已經被 read()函式讀取。

範例：

```
int incomingByte = 0;     // for incoming serial data
 void setup() {
          Serial.begin(9600);          // opens serial port, sets data rate to 9600 bps
 }
 void loop() {
          // send data only when you receive data:
          if (Serial.available() > 0) {
                    // read the incoming byte:
                    incomingByte = Serial.read();
                    // say what you got:
                    Serial.print("I received: ");
                    Serial.println(incomingByte, DEC);
          }
 }
```

int Serial.read()

以 byte 方式讀取 1byte 的序列資料

範例：

```
int incomingByte = 0;     // for incoming serial data
void setup() {
    Serial.begin(9600);          // opens serial port, sets data rate to 9600 bps
}
void loop() {
    // send data only when you receive data:
    if (Serial.available() > 0) {
```

```
    // read the incoming byte:
    incomingByte = Serial.read();
    // say what you got:
    Serial.print("I received: ");
    Serial.println(incomingByte, DEC);
  }
}
```

int Serial.write()

以 byte 方式寫入資料到序列

範例：

```
void setup(){
   Serial.begin(9600);
}
void loop(){
   Serial.write(45); // send a byte with the value 45
     int bytesSent = Serial.write("hello Arduino , I am a beginner in the Arduino
world");
}
```

Serial.flush()

有時候因為資料速度太快，超過程式處理資料的速度，你可以使用此函式清除緩衝區內的資料。經過此函式可以確保緩衝區(buffer)內的資料都是最新的。

範例：

```
void setup(){
   Serial.begin(9600);
}
void loop(){
   Serial.write(45); // send a byte with the value 45
     int bytesSent = Serial.write("hello Arduino , I am a beginner in the Arduino
```

```
world");
     Serial.flush();
  }
```

章節小結

本章節概略的介紹 Arduino 程式攢寫的語法、函式等介紹，接下來就是介紹本書主要的內容，讓我們視目以待。

CHAPTER

基礎實驗

Hello World

首先先來練習一個不需要其他輔助元件，只需要一塊 Arduino 開發板與 USB 下載線的簡單實驗。

首先，我要讓 Arduino 說出 "Hello World！"，這是一個讓 Arduino 開發板印出資訊在開發所用的個人電腦上的實驗，這也是一個入門試驗，希望可以帶領大家進入 Arduino 的世界。

如圖 110 所示，這個實驗我們需要用到的實驗硬體有圖 110.(a)的 Arduino Mega 2560 與圖 110.(b) USB 下載線：

(a).Arduino Mega 2560   (b). USB 下載線

圖 110 Hello World 所需材料表

我們遵照前幾章所述，將 Arduino 開發板的驅動程式安裝好之後，我們打開 Arduino 開發板的開發工具：Sketch IDE 整合開發軟體，攥寫一段程式，如表 13 所示之"Hello World！"程式，讓 Arduino 顯示 "Hello World！"

表 13 Hello World 程式

```
Hello World 程式(Hello_World)
int val;//定義變數 val
int ledPin=13;//定義 Led Pin13
void setup()
{
Serial.begin(9600);

//設置串列傳輸速率為 9600 bps，這裏要跟 Sketch IDE 整合開發軟體設置一

致。當使用特定設備（如：藍牙）時，我們也要跟其他設備的串列傳輸速率達到
一致。
PinMode(ledPin,OUTPUT);
//設置數位接腳 13 為輸出接腳，Arduino 上我們用到的 I/O 口都要進行類似這樣
的定義。
}
void loop()
{
Serial.println("Hello World!");//顯示 "Hello World！" 字串
delay(500);
}
}
```

　　如圖 111 所示，我們可以看到 Hello World 程式結果畫面。

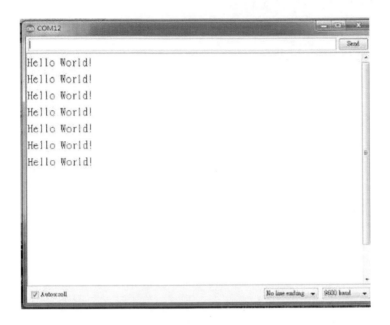

圖 111 Hello World 程式結果畫面

讀取使用者文字顯示於 USB 通訊監控畫面

如果使用者想要輸入一段字，讓 Arduino 開發板顯示這段字，本實驗仍只需要一塊 Arduino 開發板與 USB 下載線的簡單實驗。

首先，我要讓 Arduino 開發板讀取 USB 下載線，在開發所用的個人電腦上使用 Arduino 開發板的開發工具：Sketch IDE 整合開發軟體，在圖 112 之顯示於 USB 通訊監控畫面印出使用者輸入的資料，這也是一個入門試驗，希望可以帶領大家進入與 Arduino 開發板溝通的世界。

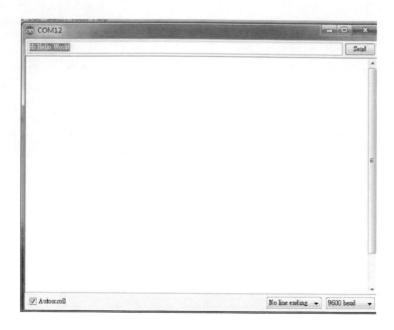

圖 112 USB 通訊監控畫面

如圖 113 所示，這個實驗我們需要用到的實驗硬體有圖 113.(a)的 Arduino Mega 2560 與圖 113.(b) USB 下載線：

(a).Arduino Mega 2560   (b). USB 下載線

圖 113 讀取 Serial Port 所需材料表

我們遵照前幾章所述，將Arduino 開發板的驅動程式安裝好之後，

我們打開Arduino 開發板的開發工具：Sketch IDE整合開發軟體，攥寫

一段程式，如表 14所示之讀取使用者文字顯示於USB通訊監控畫面得程式，

讓Arduino顯示 "This is a Book"

表 14 讀取使用者文字顯示於 USB 通訊監控畫面

```
讀取使用者文字顯示於 USB 通訊監控畫面(Read_String)
int val;//定義變數 val
int ledPin=13;//定義 Led Pin13
int incomingByte = 0;     // for incoming serial data

void setup()
{
Serial.begin(9600);
//設置串列傳輸速率為 9600 bps，這裏要跟 Sketch IDE 整合開發軟體設置一致。當
使用特定設備（如：藍牙）時，我們也要跟其他設備的串列傳輸速率達到一致。
PinMode(ledPin,OUTPUT);
//設置數位接腳 13 為輸出接腳，Arduino 上我們用到的 I/O 口都要進行類似這樣
的定義。
}
void loop()
{

        if (Serial.available() > 0) {
            // read the incoming byte:
            while (Serial.available() > 0)
              {
                  incomingByte = Serial.read();
                  Serial.println((char)incomingByte);
              }
        }


}
```

如圖 114所示，我們可以看到讀取使用者文字顯示於USB通訊監控畫面結果畫面。

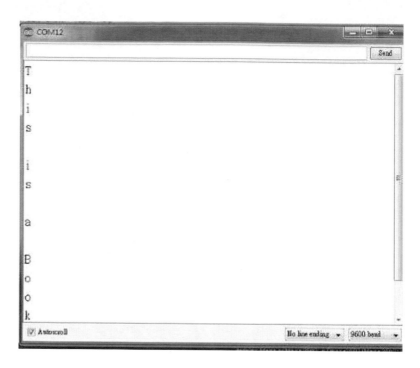

圖 114 讀取使用者文字顯示於 USB 通訊監控畫面結果畫面

讀取使用者文字顯示十進位值於 USB 通訊監控畫面

如果使用者想要輸入一段字，讓 Arduino 開發板顯示這些字的 ASC II 十進位值，本實驗仍只需要一塊 Arduino 開發板與 USB 下載線的簡單實驗。

首先，我要讓 Arduino 開發板讀取 USB 下載線，在開發所用的個人電腦上使用 Arduino 開發板的開發工具：Sketch IDE 整合開發軟體，如圖 115 所示，我們可以看到 USB 通訊監控畫面，在圖 115 之顯示於 USB 通訊監控畫面印出使用者輸入的資料，這也是一個入門試驗，希望可以帶領大家進入與 Arduino 開發板溝通的世界。

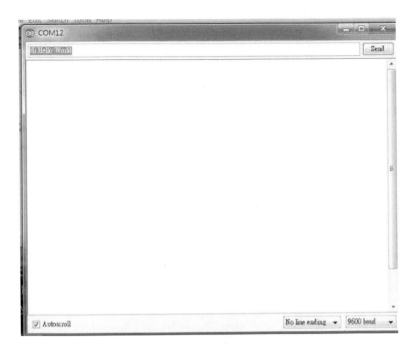

圖 115 USB 通訊監控畫面

如圖 116.所示，這個實驗我們需要用到的實驗硬體有圖 116.(a)的 Arduino Mega 2560 與圖 116..(b) USB 下載線：

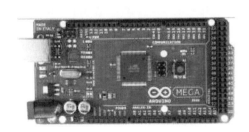

(a).Arduino Mega 2560

(b). USB 下載線

圖 116 讀取 Serial Port 所需材料表

我們遵照前幾章所述,將 Arduino 開發板的驅動程式安裝好之後,我們打開 Arduino 開發板的開發工具:Sketch IDE 整合開發軟體,攥寫一段程式,如表 15 所示之讀取使用者文字顯示十進位值於 USB 通訊監控畫面程式,讓 Arduino 以十進位內容方式,顯示 "This is a Book" 的 ASC II 內碼值。

表 15 讀取使用者文字顯示十進位值於 USB 通訊監控畫面

讀取使用者文字顯示十進位值於 USB 通訊監控畫面(Read_String2Dec)

```
int val;//定義變數 val
int ledPin=13;//定義 Led Pin13
int incomingByte = 0;      // for incoming serial data

void setup()
{
Serial.begin(9600);
//設置串列傳輸速率為 9600 bps,這裏要跟 Sketch IDE 整合開發軟體設置一致。當
使用特定設備(如:藍牙)時,我們也要跟其他設備的串列傳輸速率達到一致。
PinMode(ledPin,OUTPUT);
//設置數位接腳 13 為輸出接腳,Arduino 上我們用到的 I/O 口都要進行類似這樣
的定義。
}
void loop()
{

        if (Serial.available() > 0) {
            // read the incoming byte:
            while (Serial.available() > 0)
            {
                    incomingByte = Serial.read();
                Serial.println(incomingByte,DEC);
                    //DEC    for arduino display data in Decimal format
            }
        }
```

```
}
```

如圖 117所示，我們可以看到讀取使用者文字顯示十進位值於USB

通訊監控畫面結果畫面。

圖 117 讀取使用者文字顯示十進位值於 USB 通訊監控畫面結果畫面

讀取使用者文字顯示十六進位值於 USB 通訊監控畫面

如果使用者想要輸入一段字，讓 Arduino 開發板顯示這些字的 ASC II 十六進

位值，本實驗仍只需要一塊 Arduino 開發板與 USB 下載線的簡單實驗。

首先，我要讓 Arduino 開發板讀取 USB 下載線，在開發所用的個人電腦上使用

Arduino 開發板的開發工具：Sketch IDE 整合開發軟體，如圖 118 所示，我們可以看到 USB 通訊監控畫面，在圖 118 之顯示於 USB 通訊監控畫面印出使用者輸入的資料，這也是一個入門試驗，希望可以帶領大家進入與 Arduino 開發板溝通的世界。

圖 118 USB 通訊監控畫面

如圖 119.所示，這個實驗我們需要用到的實驗硬體有圖 119.(a)的 Arduino Mega 2560 與圖 119..(b) USB 下載線：

(a).Arduino Mega 2560   (b). USB 下載線

圖 119 讀取 Serial Port 所需材料表

我們遵照前幾章所述，將 Arduino 開發板的驅動程式安裝好之後，我們打開 Arduino 開發板的開發工具：Sketch IDE 整合開發軟體，攥寫一段程式，如表 16 所示之讀取使用者文字顯示十六進位值於 USB 通訊監控畫面程式，讓 Arduino 以十六進位內容方式，顯示 "This is a Book" 的 ASC II 內碼值。

表 16 讀取使用者文字顯示十六進位值於 USB 通訊監控畫面

讀取使用者文字顯示十六進位值於 USB 通訊監控畫面(Read_String2Hex)
int val;//定義變數 val

```
int val;//定義變數 val
int ledPin=13;//定義 Led Pin13
int incomingByte = 0;     // for incoming serial data

void setup()
{
Serial.begin(9600);
//設置串列傳輸速率為 9600 bps，這裏要跟 Sketch IDE 整合開發軟體設置一致。當
使用特定設備（如：藍牙）時，我們也要跟其他設備的串列傳輸速率達到一致。
PinMode(ledPin,OUTPUT);
//設置數位接腳 13 為輸出接腳，Arduino 上我們用到的 I/O 口都要進行類似這樣
的定義。
}
void loop()
{

        if (Serial.available() > 0) {
                // read the incoming byte:
                while (Serial.available() > 0)
                  {
                        incomingByte = Serial.read();
                        Serial.println(incomingByte,HEX);
                            //HEXfor arduino display data in Hexicimal format
```

```
                }
            }

}
```

　　如圖 120 所示，我們可以看到讀取使用者文字顯示十六進位值於 USB 通訊監控畫面結果畫面。

圖 120 讀取使用者文字顯示十六進位值於 USB 通訊監控畫面結果畫面

讀取使用者文字顯示八進位值於 USB 通訊監控畫面

　　如果使用者想要輸入一段字，讓 Arduino 開發板顯示這些字的 ASC II 八進位值，本實驗仍只需要一塊 Arduino 開發板與 USB 下載線的簡單實驗。

　　首先，我要讓 Arduino 開發板讀取 USB 下載線，在開發所用的個人電腦上使用 Arduino 開發板的開發工具：Sketch IDE 整合開發軟體，在圖 121 USB 通訊監控畫面之顯示於 USB 通訊監控畫面印出使用者輸入的資料，這也是一個入門試驗，希望可以帶領大家進入與 Arduino 開發板溝通的世界。

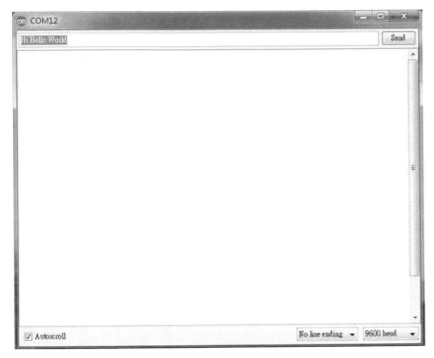

圖 121 USB 通訊監控畫面

如圖 122.所示，這個實驗我們需要用到的實驗硬體有圖 122.(a)的 Arduino Mega 2560 與圖 122.(b) USB 下載線：

(a).Arduino Mega 2560

(b). USB 下載線

圖 122 讀取 Serial Port 所需材料表

我們遵照前幾章所述，將 Arduino 開發板的驅動程式安裝好之後，我們打開 Arduino 開發板的開發工具：Sketch IDE 整合開發軟體，攥寫一段程式，如表 17 所示之讀取使用者文字顯示八進位值於 USB 通訊監控畫面程式，讓 Arduino 以八進位內容方式，顯示 "This is a Book" 的 ASC II 內碼值。

表 17 讀取使用者文字顯示八進位值於 USB 通訊監控畫面

讀取使用者文字顯示八進位值於 USB 通訊監控畫面(Read_String2OCT)

```
int val;//定義變數 val
int ledPin=13;//定義 Led Pin13
int incomingByte = 0;     // for incoming serial data

void setup()
{
Serial.begin(9600);
//設置串列傳輸速率為 9600 bps，這裏要跟 Sketch IDE 整合開發軟體設置一致。當
使用特定設備（如：藍牙）時，我們也要跟其他設備的串列傳輸速率達到一致。
PinMode(ledPin,OUTPUT);
//設置數位接腳 13 為輸出接腳，Arduino 上我們用到的 I/O 口都要進行類似這樣
的定義。
}
void loop()
{

         if (Serial.available() > 0) {
             // read the incoming byte:
             while (Serial.available() > 0)
             {
                  incomingByte = Serial.read();
                 Serial.println(incomingByte,OCT);
                    //OCT for arduino display data in OCT format
             }
         }
```

```
}
```

如圖 123 所示，我們可以看到讀取使用者文字顯示八進位值於 USB 通訊監控畫面結果畫面。

圖 123 讀取使用者文字顯示八進位值於 USB 通訊監控畫面結果畫面

讓 Led 燈亮起來

Arduino 最入門的實驗，莫過於讓 LED 燈亮起來，本實驗除了一塊 Arduino 開發板與 USB 下載線之外，我們加入 LED 發光二極體與限流電阻的元件。

如圖 124 所示，這個實驗我們需要用到的實驗硬體有圖 124.(a)的 Arduino Mega 2560、圖 124.(b) USB 下載線、圖 124.(c) LED 發光二極體、圖 124.(d) 4.7k 歐姆電

阻來限流電阻，避免電流太大，燒壞 LED 發光二極體。

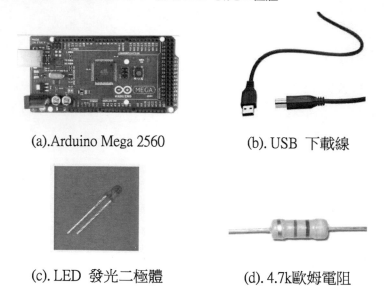

(a).Arduino Mega 2560   (b). USB 下載線

(c). LED 發光二極體   (d). 4.7k歐姆電阻

圖 124 讓 Led 燈亮起來所需材料表

我們遵照前幾章所述，將 Arduino 開發板的驅動程式安裝好之後，遵照圖 125 之電路圖進行組裝。

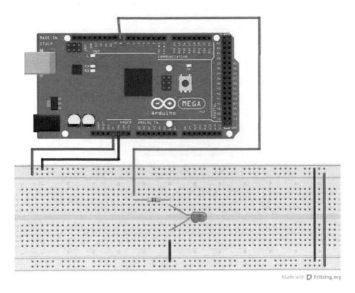

圖 125 讓 Led 燈亮起來線路圖

完成組裝後，我們打開 Arduino 開發板的開發工具：Sketch IDE 整合開發軟體，鍵入表 18 程式，讓 Arduino 開發板點亮 Led 燈 0.2 秒後，在熄滅 Led 燈 0.4 秒，如此重覆執行。

表 18 讓 Led 燈亮起來程式

讓 Led 燈亮起來程式(LedLight)

int val;//定義變數 val
int ledPin=8 ;//定義 Led Pin8
 	
void setup()
{
PinMode(ledPin,OUTPUT);
//設置數位接腳 13 為輸出接腳，Arduino 上我們用到的 I/O 口都要進行類似這樣的定義。
}
void loop()
{

```
digitalWrite( ledPin,HIGH) ;
delay(200);
digitalWrite( ledPin,LOW) ;
delay(400);


}
```

讀者也可以在作者 YouTube 頻道(https://www.youtube.com/user/UltimaBruce)中，在網址 https://www.youtube.com/watch?v=a1z-mgCUWVk&feature=youtu.be ，看到本次實驗-讓 Led 燈亮起來執行情形。

當然、如圖 126 所示，我們可以看到組立好的實驗圖，Arduino 開發板可以簡單控制 Led 發光二極體明滅。

圖 126 讓 Led 燈亮起來程式結果畫面

調整 Led 燈亮度

上章節中，Arduino 已經讓 LED 燈亮起來，我們還希望讓 LED 發光二極體的亮度依照我們的要求發亮，所以我們加入可變電阻(電位器)的零件與 PWM[10]的概念。

如圖 127 所示，這個實驗我們需要用到的實驗硬體有圖 127.(a)的 Arduino Mega 2560、圖 127.(b) USB 下載線、圖 127.(c) LED 發光二極體、圖 127.(d) 4.7k 歐姆電阻來限流電阻，避免電流太大，燒壞 LED 發光二極體、圖 127.(e) 可變電阻器。

(a).Arduino Mega 2560

(b). USB 下載線

(c). LED 發光二極體

(d). 4.7k 歐姆電阻*2

---

[10] 脈衝寬度調變（英語：Pulse Width Modulation，縮寫：PWM），簡稱脈寬調製，是將類比信號轉換為脈波的一種技術，一般轉換後脈波的週期固定，但脈波的占空比會依類比信號的大小而改變。(資料來源：
http://zh.wikipedia.org/wiki/%E8%84%88%E8%A1%9D%E5%AF%AC%E5%BA%A6%E8%AA%BF%E8%AE%8A)

(e). 可變電阻器

圖 127 調整 Led 燈亮度所需材料表

我們遵照前幾章所述,將 Arduino 開發板的驅動程式安裝好之後,遵照圖 128 之電路圖進行組裝。

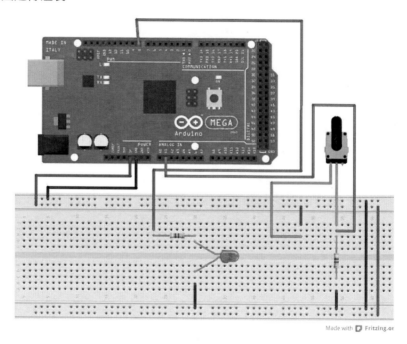

圖 128 調整 Led 燈亮度線路圖

完成組裝後,我們打開 Arduino 開發板的開發工具:Sketch IDE 整合開發軟體,鍵入表 19 程式,我們就可以轉動可變電阻來讓 Arduino 開發板控制發光二極體的亮度。

表 19 調整 Led 燈亮度程式

調整 Led 燈亮度程式(pwmLight)

int val;//定義變數 val
int ledPin=8 ;//定義 Led Pin8
int potPin=1;//定義可便電組類比接腳 0
 	
void setup()
{
  Serial.begin(9600);//設置串列傳輸速率為 9600
 	
PinMode(ledPin,OUTPUT);
//設置數位接腳 13 為輸出接腳，Arduino 上我們用到的 I/O 口都要進行類似這樣
的定義。
}
void loop()
{
  val=analogRead(potPin);// 讀取感測器的模擬值並賦值給 val
  Serial.println(val);//顯示 val 變數
  analogWrite(ledPin,map(val,0,1023,0,255));// 打開 LED 並設置亮度（PWM 輸
          出最大值 255）
  delay(10);//延時 0.01 秒
 	
}

讀者也可以在作者 YouTube 頻道(https://www.youtube.com/user/UltimaBruce)中，在網址 https://www.youtube.com/watch?v=T-FgN-98QjA&feature=youtu.be ，看到本次實驗-讓 Led 燈亮起來執行情形。

當然、如圖 129 所示，我們可以看到組立好的實驗圖，我們已經可以使用可變電阻來讓 Arduino 開發板控制 Led 發光二極體明暗程度了。

圖 129 調整 Led 燈亮度結果畫面

章節小結

本章主要介紹如何將程式偵錯的資料，透過 Arduino 開發板來顯示與回饋等基礎實驗。

5

CHAPTER

基本實驗

Arduino 開發板最強大的不只是它的簡單易學的開發工具，最強大的是它豐富的周邊模組與簡單易學的模組函式庫，幾乎 Maker 想到的東西，都有廠商或 Maker 開發它的周邊模組，透過這些周邊模組，Maker 可以輕易的將想要完成的東西用堆積木的方式快速建立，而且最強大的是這些周邊模組都有對應的函式庫，讓 Maker 不需要具有深厚的電子、電機與電路能力，就可以輕易駕御這些模組。

所以本書要介紹市面上最受歡迎的 RFID 學習實驗套件 (如圖 130 所示)，讓讀者可以輕鬆學會這些常用模組的使用方法，進而提升各位 Maker 的實力。

讀者可以在網路賣家買到本書 RFID 學習實驗套件(如圖 130 所示)，作者列舉一些網路上的賣家：【德源科技】Arduino 套件 入門套件 RFID 門禁系統 (http://goods.ruten.com.tw/item/show?21308133399103)、【微控制器科技】Arduino UNO R3 RFID 學習實驗套件(http://goods.ruten.com.tw/item/show?21407071727097)、【BuyIC】Arduino RFID 門禁系統套件(http://goods.ruten.com.tw/item/show?21449910484747)、【方塊奇品】Arduino 入門套件(http://goods.ruten.com.tw/item/show?21405213280794) 、【天瓏網路書店】Arduino RFID 套件 (http://www.tenlong.com.tw/items/10247875944?item_id=718301) 、【良興 EcLife 購物網】電子積塊模組專題(http://www.eclife.com.tw/led/0703300039/1401100002/1502170001/)... 等等，讀者可以在實體店面或網路賣家逐一比價後，自行購買之。

圖 130 RFID 學習實驗套件模組

　　由於本書直接進入 Arduino RFID 學習實驗套件模組的介紹與使用，對於基本電路與用法，讀者可以參閱拙作『Arduino 程式教學(入門篇):Arduino Programming (Basic Skills & Tricks)』(曹永忠, 許智誠, & 蔡英德, 2015a)、『Arduino 編程教學(入门篇):Arduino Programming (Basic Skills & Tricks)』(曹永忠, 許智誠, & 蔡英德, 2015c)、『Arduino 程式教學(常用模組篇):Arduino Programming (37 Sensor Modules)』(曹永忠, 許智誠, & 蔡英德, 2015b)、『Arduino 编程教学(常用模块篇):Arduino Programming (37 Sensor Modules)』(曹永忠, 許智誠, & 蔡英德, 2015d)、『Arduino RFID 門禁管制機設計: The Design of an Entry Access Control Device based on RFID Technology』(曹永忠, 許智誠, & 蔡英德, 2014d)、『Arduino RFID 门禁管制机设计: Using Arduino to Develop an Entry Access Control Device with RFID Tags』(曹永忠, 許智誠, & 蔡英德, 2014c)、『Arduino EM-RFID 門禁管制機設計:The Design of an Entry Access Control Device based on EM-RFID Card』(曹永忠, 許智誠, & 蔡英德, 2014b)、『Arduino EM-RFID 门禁管制机设计:Using Arduino to Develop an Entry Access Control Device with EM-RFID Tags』(曹永忠, 許智誠, & 蔡英德, 2014a)來學習基礎 Arduino 的寫作能力。有興趣讀者可到 Google Books (https://play.google.com/store/books/author?id=曹永忠)　&

Google Play (https://play.google.com/store/books/author?id=曹永忠) 或 Pubu 電子書城 (http://www.pubu.com.tw/store/ultima) 購買該書閱讀之。

HelloWorld

首先，先來練習一個不需要其他輔助元件，只需要一塊 Arduino 和一根下載線的簡單實驗，讓我們的 Arduino 說出 "HelloWorld！"，這是一個讓 Arduino 和 PC 通信的實驗，這也是一個入門試驗，希望可以帶領大家進入 Arduino 的世界。

居家最需要就是光線，所以如果能夠使用 Arduino 開發板來做一個光開關最入門的實驗，本實驗除了一塊 Arduino 開發板與 USB 下載線之外，我們加入光敏電阻與限流電阻的元件。

如圖 131 所示，這個實驗我們需要用到的實驗硬體有圖 131.(a)的 Arduino Mega 2560、圖 131.(b) USB 下載線。

(a).Arduino Mega 2560　　　　(b). USB 下載線

圖 131 HelloWorld 材料表

我們按照上面所講的將 Arduino 的驅動安裝好後，我們打開 Arduino 的軟體，攥寫一段程式讓 Arduino 接受到我們發的指令就顯示 "HelloWorld！" 字串，當然您也可以讓 Arduino 不用接受任何指令就直接不斷回顯 "HelloWorld！"，其實很簡單，一條 if( )語句就可以讓你的 Arduino 聽從你的指令了，我們再借用一下 Arduino digital Pin 13，讓 Arduino 接受到指令時 LED 閃爍一下，再顯示 "HelloWorld！"。

表 20 HelloWorld 程式

HelloWorld 程式(HelloWorld)

```
int val;//定義變數 val
int ledPin=13;//定義 digital Pin 13
void setup()
{
  Serial.begin(9600);//設置傳輸率為 9600，這裡要跟軟體設置相一致。當接入特定
設備（如：藍牙）時，我們也要跟其他設備的傳輸率達到一致。
  PinMode(ledPin,OUTPUT);//設置 digital Pin 13 口為輸出接口，Arduino 上我們用
到的 I/O 口都要進行類似這樣的定義。
}
void loop()
{
  val=Serial.read();//讀取 PC 機發送給 Arduino 的指令或字元，並將該指令或字元
賦給 val
  if(val=='R')//判斷接收到的指令或字元是否是「R」。
  {  //如果接收到的是「R」字元
    digitalWrite(ledPin,HIGH);//點亮 digital Pin 13 LED。
    delay(500);
    digitalWrite(ledPin,LOW);//熄滅 digital Pin 13 LED
    delay(500);
    Serial.println("Hello World!");//顯示「Hello World！」字元串
  }
}
```

　　讀者也可以在作者 YouTube 頻道(https://www.youtube.com/user/UltimaBruce)中，

在網址 https://www.youtube.com/watch?v=NZqRYj8iwGI，看到本次實驗- HelloWorld

程式執行情形。

圖 132 HelloWorld 程式結果畫面

LED 閃爍實驗

LED 燈實驗是比較基礎的實驗之一，上一個 "HelloWorld！" 實驗裡已經利用到了 Arduino 自帶的 LED，這次我們利用其他 I/O 口和外接直插 LED 燈來完成這個實驗，我們需要的實驗器材除了每個實驗都必須的 Arduino 開發板和 USB 下載線以外的

如圖 133 所示，這個實驗我們需要用到的實驗硬體有圖 133.(a)的 Arduino Mega 2560、圖 133.(b) USB 下載線、圖 133.(c) 紅色 M5 直插 LED、圖 133.(d) 220Ω 電阻來限流電阻。

(a).Arduino Mega 2560

(b). USB 下載線

(c). 紅色M5直插LED

(d). 220Ω 電阻

圖 133 LED 閃爍實驗材料表

下一步我們按照下面的 LED 閃爍實驗連結實物圖，這裡我們使用 digital Pin 10。使用發光二極體 LED 時，要連接限流電阻，這裡為 220Ω 電阻，否則電流過大會燒毀發光二極體。

LED 燈實驗原理圖

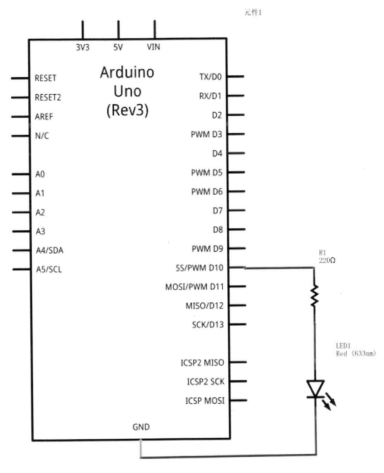

圖 134 LED 閃爍實驗線路圖

實物圖連接圖：

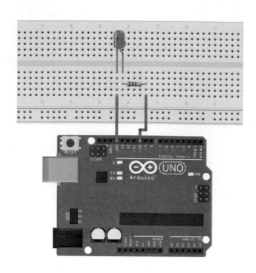

圖 135 LED 閃爍實驗接線圖

按照圖 134 & 圖 135 連結好電路後，就可以開始攥寫程式了，我們還是讓 LED 燈閃爍，點亮 1 秒熄滅 1 秒。這個程式很簡單與 Arduino 自帶的常式裡的 Blink 相似只是將 digital Pin 13 換做 digital Pin 13。

完成組裝後，我們打開 Arduino 開發板的開發工具：Sketch IDE 整合開發軟體，鍵入表 35 之 LED 閃爍實驗程式。

表 21 LED 閃爍實驗程式

LED 閃爍實驗程式(LedBlink)

int ledPin = 10; //定義 digital Pin 10
void setup()
{
PinMode(ledPin, OUTPUT);//定義 LED 燈接口為輸出接口
}
void loop()
{
digitalWrite(ledPin, HIGH); //點亮 LED 燈
delay(1000); //延時 1 秒
digitalWrite(ledPin, LOW); //熄滅 LED 燈
delay(1000); // 延時 1 秒
}

讀者也可以在作者 YouTube 頻道(https://www.youtube.com/user/UltimaBruce)中，在網址 https://www.youtube.com/channel/UCcYG2yY_u0m1aotcA4hrRgQ ，看到本次實驗- LED 閃爍實驗程式執行情形。

圖 136 LED 閃爍實驗程式結果畫面

流水燈效果實驗

按照二極體的接線方法，將六個 LED 燈依次接到數字 1~6 引腳上。

如圖 137 所示，這個實驗我們需要用到的實驗硬體有圖 137.(a)的 Arduino Mega 2560、圖 137.(b) USB 下載線、圖 137.(c) 紅色 M5 直插 LED、圖 137.(d) 220Ω 電阻來限流電阻。

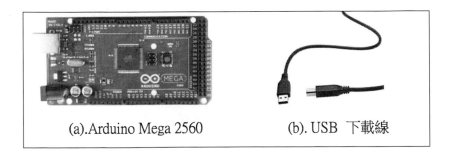

(a).Arduino Mega 2560　　　　(b). USB 下載線

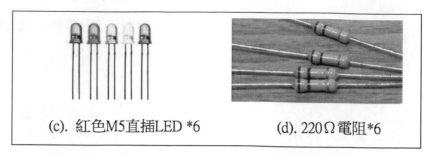

(c). 紅色M5直插LED *6   (d). 220Ω電阻*6

圖 137 流水燈效果實驗材料表

我們遵照前幾章所述，將 Arduino 開發板的驅動程式安裝好之後，遵照表 34 之電路圖進行組裝。

連線原理圖：

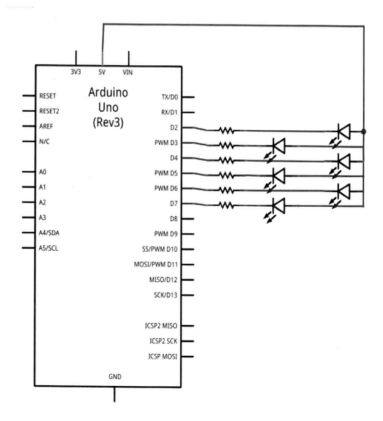

圖 138 流水燈效果實驗線路圖

實物連接效果圖：

圖 139 流水燈效果實驗接腳圖

實驗原理

在生活中我們經常會看到一些由各種顏色的 led 燈組成的看板,看板上各個位置上的 led 燈不斷的變化,形成各種效果。本節實驗就是利用 led 燈程式設計模擬廣告燈效果。

表 22 流水燈效果實驗測試程式

```
流水燈效果實驗測試程式(SixLedBlink)

int BASE = 2 ;    //第一顆 LED 接的 I/O 腳
int NUM = 6;      //LED 的總數

void setup()
{
    for (int i = BASE; i < BASE + NUM; i ++)
    {
        PinMode(i, OUTPUT);     //設定數字 I/O 腳為輸出
    }
}

void loop()
{
    for (int i = BASE; i < BASE + NUM; i ++)
    {
```

```
    digitalWrite(i, LOW);        //設定數字 I/O 腳輸出為"低",即逐漸關燈
    delay(200);              //延遲
  }
  for (int i = BASE; i < BASE + NUM; i ++)
  {
    digitalWrite(i, HIGH);        //設定數字 I/O 腳輸出為"低",即逐漸開燈
    delay(200);              //延遲
  }
}
```

讀者也可以在作者 YouTube 頻道(https://www.youtube.com/user/UltimaBruce)中,
在網址 https://www.youtube.com/watch?v=yS-hCEIs_zQ&feature=youtu.be ,看到本次實
驗-流水燈效果實驗執行情形。

圖 140 流水燈效果實驗結果畫面

交通燈設計實驗

我們已經完成了單個 LED 燈的控制實驗,接下來我們就來做一個稍微複雜一
點的交通燈實驗,其實聰明的朋友們可以看出來這個實驗就是將上面單個 Led 的實
驗擴展成 3 個顏色的 Led,就可以實現我們模擬交通燈的實驗了。我們完成這個實
驗所需的元件除了 Arduino 控制器和下載線還需要的硬體如下:

如圖 141 所示,這個實驗我們需要用到的實驗硬體有圖 141.(a)的 Arduino Mega
2560、圖 141.(b) USB 下載線、圖 141.(c) 紅色、黃色、綠色直插 LED 各一、圖 141.(d)

220Ω 電阻來限流電阻。

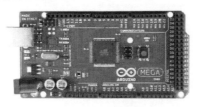
(a).Arduino Mega 2560

(b). USB 下載線

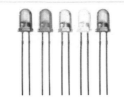
(c). 紅色、黃色、綠色直插LED各一

(d). 220Ω電阻*3

圖 141 交通燈設計實驗材料表

　　準備好圖 141 元件我們就可以開始實驗，我們可以按照上面 Led 閃爍的實驗舉一反三，參考圖 142 & 圖 143 的接線圖進行電路組立，我們使用的分別是 digital Pin 10、7、4 的接腳。.

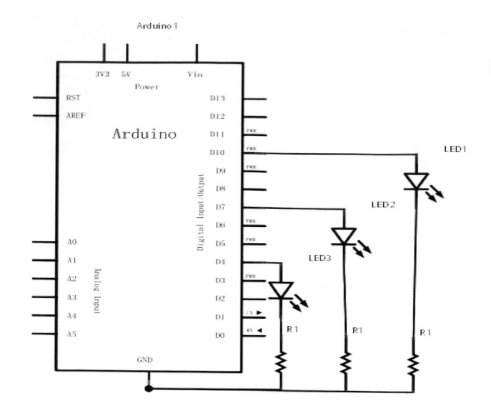

圖 142 交通燈設計實驗線路圖

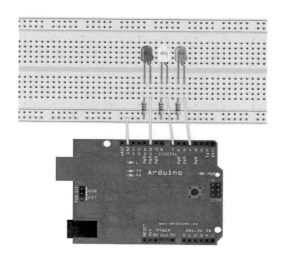

圖 143 交通燈設計實驗接線圖

既然是交通燈模擬實驗，紅黃綠三色 LED 燈閃爍時間就要模擬真實的交通燈，我們使用 Arduino 的 delay（）函數來控制延時時間，相對於 C 語言就要簡單許多了。

我們遵照前幾章所述，將 Arduino 開發板的驅動程式安裝好之後，我們打開 Arduino 開發板的開發工具：Sketch IDE 整合開發軟體，撰寫一段程式，如表 23 所示之交通燈設計實驗測試程式，我們就做出交通燈一樣的效果。

表 23 交通燈設計實驗測試程式

```
交通燈設計實驗測試程式(TrafficLeds)
int redled =10; //定義數字 10 接口
int yellowled =7; //定義數字 7 接口
int greenled =4; //定義數字 4 接口
void setup()
{
PinMode(redled, OUTPUT);//定義紅色 Led 接口為輸出接口
PinMode(yellowled, OUTPUT); //定義黃色 Led 接口為輸出接口
PinMode(greenled, OUTPUT); //定義綠色 Led 接口為輸出接口
}
void loop()
{
digitalWrite(greenled, HIGH);////點亮 綠燈
delay(5000);//延時 5 秒
digitalWrite(greenled, LOW); //熄滅 綠燈
for(int i=0;i<3;i++)//閃爍交替三次，黃燈閃爍效果
{
delay(500);//延時 0.5 秒
digitalWrite(yellowled, HIGH);//點亮　黃燈
delay(500);//延時 0.5 秒
digitalWrite(yellowled, LOW);//熄滅　黃燈
}
delay(500);//延時 0.5 秒
digitalWrite(redled, HIGH);//點亮 紅燈
delay(5000);//延時 5 秒
digitalWrite(redled, LOW);//熄滅 紅燈
}
```

讀者也可以在作者 YouTube 頻道(https://www.youtube.com/user/UltimaBruce)中，在網址：https://www.youtube.com/watch?v=4qn6fr429DQ&feature=youtu.be，看到本次實驗-交通燈設計實驗測試程式執行情形。

圖 144 流水燈效果實驗結果畫面

按鍵控制 LED 實驗

I/O 口的意思即為 INPUT 接腳和 OUTPUT 接腳，到目前為止我們設計的 LED 燈實驗都還只是應用到 Arduino 的 I/O 口的輸出功能，這個實驗我們來嘗試一下使用 Arduino 的 I/O 口的輸入功能即為讀取外接設備的輸出值，我們用一個按鍵和一個 LED 燈完成一個輸入輸出結合使用的實驗，讓大家能簡單瞭解 I/O 的作用。按鍵開關大家都應該比較瞭解，屬於開關元件，按下時為閉合（導通）狀態。完成本實驗要用到的元件如圖 145 所示：

如圖 145 所示，這個實驗我們需要用到的實驗硬體有圖 145 .(a)的 Arduino Mega 2560、圖 145.(b) USB 下載線、圖 145.(c) 紅色 M5 直插 LED、圖 145.(d) 220Ω 電阻來限流電阻、圖 145.(e) mini Button、圖 145.(f) 10kΩ 電阻來限流電阻。

(a).Arduino Mega 2560

(b). USB 下載線

(c). 紅色M5直插LED

(d). 220Ω電阻

(e).mini Button

(f). 10KΩ電阻

圖 145 按鍵控制 LED 實驗材料表

　　我們將按鍵接到 digital Pin 7，紅色 Led 接到 digital Pin 11 接腳（Arduino 開發板 0-13 數位 I/O 接腳都可以用來接按鍵和 LED 燈，但是儘量不選擇 0 和 1 接腳，0 和 1 接腳為接腳功能並用，除 I/O 口功能外也是串列通訊接腳，下載程式時屬於與 PC 通訊故應保持 0 和 1 接腳懸空，所以為避免插拔線的麻煩儘量不選用 0 和 1 接腳），按下面的原理圖連接好電路。

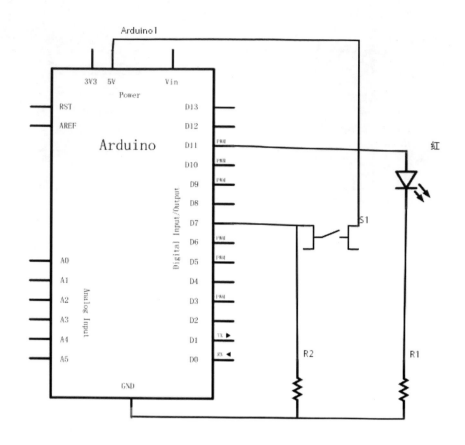

圖 146 按鍵控制 LED 實驗線路圖

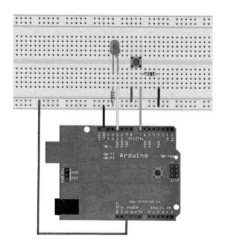

圖 147 按鍵控制 LED 實驗接線圖

圖148按鍵控制LED實驗實物連接圖

　　下面開始攢寫程式，我們就讓按鍵按下時 LED 燈亮起，根據前面的學習相信這個程式很容易就能攢寫出來，相對於前面幾個實驗這個實驗的程式中多加了一條條件判斷語句，這裡我們使用 if 語句，Arduino的程式便寫語句是基於 C 語言的，所以 C 的條件判斷語句自然也適用於 Arduino，像 while、swich 等等。這裡根據個人喜好我們習慣於使用簡單易於理解的 if 語句給大家做演示常式。

　　我們分析電路可知當按鍵按下時，digital Pin 7 可讀出為高電位，這時我們使 digital Pin 11 口輸出高電位可使 LED 燈亮起；程式中，我們判斷 digital Pin 7 口是否為低電位，如果是低電位，則使 digital Pin 11 輸出也為低電位，則 LED 燈不亮，其它原理亦相同。

表 24 按鍵控制 LED 實驗測試程式

按鍵控制 LED 實驗測試程式(ButtonLed)

int ledPin=11;//定義數字 11 接口
int inPin=7;//定義數字 7 接口
int val;//定義變量 val
void setup()
{
PinMode(ledPin,OUTPUT);//定義 LED 燈接口為輸出接口
PinMode(inPin,INPUT);//定義按鍵接口為輸入接口
}
void loop()
{
val=digitalRead(inPin);//讀取數字 7 口電平值賦給 val
if(val==LOW)//檢測按鍵是否按下，按鍵按下時 LED 燈亮起
{ digitalWrite(ledPin,LOW);}
else
{ digitalWrite(ledPin,HIGH);}
}

本次的 LED 燈配合按鍵的實驗就完成了，本實驗的原理很簡單，廣泛被用於各種電路和電器中，實際生活中大家也不難在各種設備上發現，例如大家的手機當按下任一按鍵時背光燈就會亮起，這就是典型應用了。你可以把 LED 當成繼電器，就可以控制 110V、220V(伏特)電燈啦！

讀者也可以在作者 YouTube 頻道(https://www.youtube.com/user/UltimaBruce)中，在網址 https://www.youtube.com/watch?v=k7BR-vAluTI&feature=youtu.be ，看到本次實驗-按鍵控制 LED 實驗測試程式執行情形。

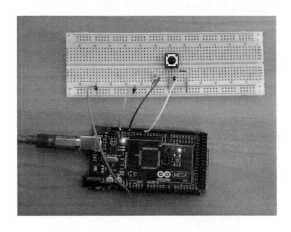

圖 149 按鍵控制 LED 實驗測試程式結果畫面

搶答器設計實驗

完成上面的實驗以後相信已經有很多朋友可以獨立完成這個實驗了,本實驗就是將上面的按鍵控制 LED 燈的實驗擴展成 3 個按鍵對應 3 個 LED 燈,佔用 6 個數位 I/O 接腳。

如圖 150 所示,這個實驗我們需要用到的實驗硬體有圖 150 .(a)的 Arduino Mega 2560、圖 150.(b) USB 下載線、圖 150.(c) 紅色、黃色、綠色 M5 直插 LED 各一、圖 150.(d) 220Ω 電阻來限流電阻*3、圖 150.(e) mini Button*4、圖 150.(f) 10kΩ 電阻來限流電阻*4。

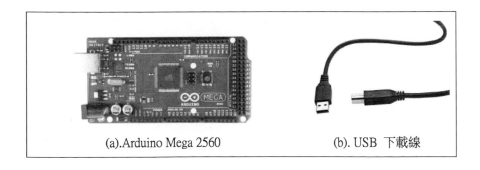

(a).Arduino Mega 2560   (b). USB 下載線

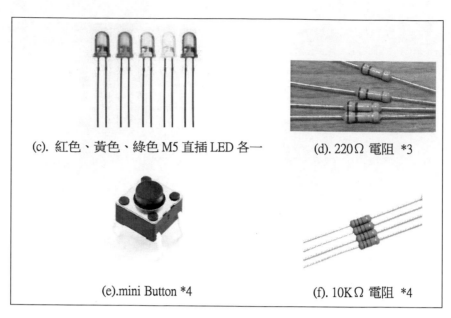

(c). 紅色、黃色、綠色 M5 直插 LED 各一　　　(d). 220Ω 電阻 *3

(e).mini Button *4　　　　　　　　(f). 10KΩ 電阻 *4

圖 150 搶答器設計實驗材料表

電路連接圖

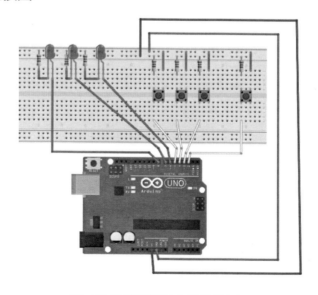

圖 151 搶答器設計實驗接線圖

原理這裡就不多說了同上面實驗，下面附上參考原理圖和實物連接圖。

圖 152 搶答器設計實驗接線一覽圖

表 25 搶答器實驗測試程式

搶答器實驗測試程式(LockButtonLed)
| ```
int redled=8;        //紅色 LED 輸出
int yellowled=7;    //黃色 LED 輸出
int greenled=6;      //綠色 LED 輸出
int redPin=5;        //紅色按鍵引腳
int yellowPin=4;    //黃色按鍵引腳
int greenPin=3;      //綠色按鍵引腳
int restPin=2;      //復位按鍵引腳定義
int red;
int yellow;
int green;
void setup()
{
PinMode(redled,OUTPUT);
PinMode(yellowled,OUTPUT);
PinMode(greenled,OUTPUT);
PinMode(redPin,INPUT);
PinMode(yellowPin,INPUT);
PinMode(greenPin,INPUT);
}
void loop()    //按鍵循環掃瞄。
{
``` |
```

```
red=digitalRead(redPin);
yellow=digitalRead(yellowPin);
green=digitalRead(greenPin);
if(red==LOW)RED_YES();
if(yellow==LOW)YELLOW_YES();
if(green==LOW)GREEN_YES();
}

void RED_YES()//一直執行紅燈亮，直到復位鍵按下，結束循環
{
    while(digitalRead(restPin)==1)
    {
      digitalWrite(redled,HIGH);
      digitalWrite(greenled,LOW);
      digitalWrite(yellowled,LOW);
    }
    clear_led();
}
void YELLOW_YES()//一直執行黃燈亮，直到復位鍵按下，結束循環
{
    while(digitalRead(restPin)==1)
    {
    digitalWrite(redled,LOW);
    digitalWrite(greenled,LOW);
    digitalWrite(yellowled,HIGH);
    }
    clear_led();
}
void GREEN_YES()//一直執行綠燈亮，直到復位鍵按下，結束循環
{
    while(digitalRead(restPin)==1)
    {
    digitalWrite(redled,LOW);
    digitalWrite(greenled,HIGH);
    digitalWrite(yellowled,LOW);
    }
    clear_led();
}
void clear_led()//清除 LED
```

```
{
    digitalWrite(redled,LOW);
    digitalWrite(greenled,LOW);
    digitalWrite(yellowled,LOW);
}
```

讀者也可以在作者 YouTube 頻道(https://www.youtube.com/user/UltimaBruce)中，在 網 址 ： https://www.youtube.com/watch?v=LNuwOJauQlI&feature=youtu.be https://www.youtube.com/watch?v=k7BR-vAluTI&feature=youtu.be ，看到本次實驗-搶答器實作。

圖 153 搶答器設計實驗結果畫面

蜂鳴器發聲實驗

用 Arduino 可以完成的互動作品有很多，最常見也最常用的就是聲光展示了，前面一直都是在用 LEDLED 燈在做實驗，本個實驗就讓大家的電路發出聲音，能夠發出聲音的最常見的元器件就是蜂鳴器和喇叭了，兩者相比較蜂鳴器更簡單和易用所以我們本實驗採用蜂鳴器。

如圖 154 所示，這個實驗我們需要用到的實驗硬體有圖 154.(a)的 Arduino Mega 2560、圖 154.(b) USB 下載線、圖 154.(c) 蜂鳴器、圖 154.(d) mini 按鈕、圖 154.(e) 220Ω 電阻來限流電阻。

(a).Arduino Mega 2560

(b). USB 下載線

(c). 蜂鳴器

(d). mini 按鈕

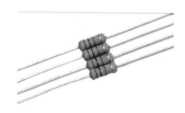

(e). 10kΩ電阻

圖 154 蜂鳴器發聲實驗材料表

　　我們遵照前幾章所述，將 Arduino 開發板的驅動程式安裝好之後，遵照圖 155 之電路圖進行組裝。

　　實物連接效果圖：

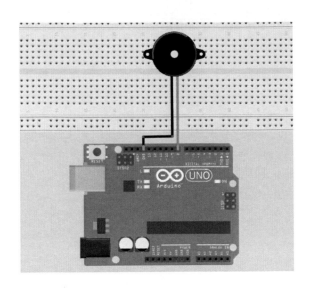

圖 155 蜂鳴器發聲實驗接腳圖

連接電路時要注意一點就是**蜂鳴器有正負極之分**，下面右側實物圖可看到蜂鳴器有紅黑兩種接線。連接好電路程式這方面就很簡單了，與前面按鍵控制 LED 燈是實驗程式類似，因為蜂鳴器的控制接腳也是數位接腳輸出高低電平就可以控制蜂鳴器的鳴響。

表 26 蜂鳴器發聲實驗測試程式

```
蜂鳴器發聲實驗測試程式(BuzzerBIBiBi)
int buzzer=8;//設置控制蜂鳴器的數位 IO 腳
void setup()
{
   PinMode(buzzer,OUTPUT);//設置數位 IO 腳模式，OUTPUT 為輸出
}
void loop()
{
   unsigned char i,j;//定義變數
   while(1)
   {
      for(i=0;i<80;i++)//輸出一個頻率的聲音
      {
```

```
    digitalWrite(buzzer,HIGH);//發聲音
    delay(1);//延時 1ms
    digitalWrite(buzzer,LOW);//不發聲音
    delay(1);//延時 1ms
  }
  for(i=0;i<100;i++)//輸出另一個頻率的聲音
  {
    digitalWrite(buzzer,HIGH);//發聲音
    delay(2);//延時 2ms
    digitalWrite(buzzer,LOW);//不發聲音
    delay(2);//延時 2ms
  }
 }
}
```

讀者也可以在作者 YouTube 頻道(https://www.youtube.com/user/UltimaBruce)中，在網址：https://www.youtube.com/watch?v=7kCCDQSqr_k&feature=youtu.be ，看到本次實驗-蜂鳴器發聲實驗執行情形。

圖 156 蜂鳴器發聲實驗結果畫面

類比接腳讀取實驗

本個實驗我們就來開始學習一下類比 I/O 讀取的使用，Arduino 有類比接腳 0—類比接腳 5 共計 6 個類比接腳，這 6 個類比接腳也可以算作為類比接腳功能並用，除類比接腳功能以外，這 6 個接腳可作為數位接腳使用，編號為數位 14—數位 19，簡單瞭解以後，下面就來開始我們的實驗。電位計是大家比較熟悉的典型的模擬值輸出元件，本實驗就用它來完成。

如圖 137 所示，這個實驗我們需要用到的實驗硬體有圖 137.(a)的 Arduino Mega 2560、圖 137.(b) USB 下載線、圖 137.(c) 可變電阻器。

(a).Arduino Mega 2560

(b). USB 下載線

(c). 可變電阻器

圖 157 類比接腳讀取實驗材料表

本實驗我們將可變電阻器的阻值轉化為模擬值讀取出來，然後顯示到螢幕上，這也是我們以後完成自己所需的實驗功能所必須掌握的實例應用。我們先要按照以下電路圖連接實物圖

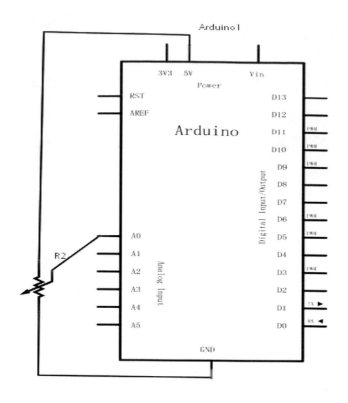

圖 158 類比接腳讀取實驗線路圖

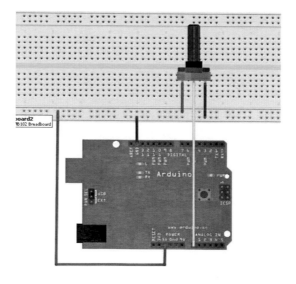

圖 159 類比接腳讀取實驗接腳圖

程式的攥寫也很簡單，我們使用的是類比接腳 0 接腳，透過 analogRead();語句就可以讀出模擬口的值，Arduino328 是 10 位的 A/D 採集，所以讀取的模擬值範圍是 0-1023。

本個實驗的程式裡還有一個難點就是顯示數值在螢幕這一問題，學習起來也是很簡單的。首先我們要在 void setup()裡面設置串列傳輸速率，顯示數值屬於 Arduino 與 PC 通訊，所以 Arduino 的串列傳輸速率應與 PC 軟體設置的相同傳輸速率才能顯示出正確的數值，否則將會顯示亂碼或是不顯示，如圖 160 所示，在 Arduino 軟體的監看視窗右下角有一個可以設置串列傳輸速率的按鈕，這裡設置的串列傳輸速率需要跟程式裡 void setup()裡面設置串列傳輸速率相同，程式設置串列傳輸速率的語句為 Serial.begin(傳輸速率); 括號中為串列傳輸速率的值。其次就是顯示數值的語句了，如 Serial.begin(9600);代表設定 9600 bps 的傳輸速率。

圖 160 Arduino Sketch 監看畫面

當您使用 Serial.begin(9600);設定完成後，之後就可以用 Serial.print();或者 Serial.println();都可以，不同的是『Serial.println()』顯示完數值後自動送換行鍵，『Serial.print()』不會送出換行鍵，而是直接繼續傳送資料。

表 27 類比接腳讀取實驗測試程式

```
類比接腳讀取實驗測試程式(ReadAnanlogPin)
int potPin=0;    //定義模擬接口 0
int ledPin=13;   //定義數字接口 13
int val=0;        //將定義變量 val,並賦初值 0
void setup()
{
PinMode(ledPin,OUTPUT);  //定義數字接口為輸出接口
Serial.begin(9600);      //設置波特率為 9600
}
void loop()
{
digitalWrite(ledPin,HIGH);//點亮數字接口 13 的 LED
delay(50);               //延時 0.05 秒
digitalWrite(ledPin,LOW);//熄滅數字接口 13 的 LED
delay(50);               //延時 0.05 秒

val=analogRead(potPin);  //讀取模擬接口 0 的值,並將其賦給 val
Serial.println(val);     //顯示出 val 的值
}
```

　　當您旋轉可變電阻器旋鈕的時候就可以看到螢幕上數值的變化了,讀取類比接腳這個方法往後我們會常常使用到。類比接腳讀取是我們很常用的功能,因為很多感測器都是類比輸出,我們讀出類比值後再進行相應的演算法處理,就可以應用到我們需要實現的功能裡了。

　　讀者也可以看到本次實驗-當您旋轉可變電阻器旋鈕的時候就可以看到螢幕上數值的變化了。

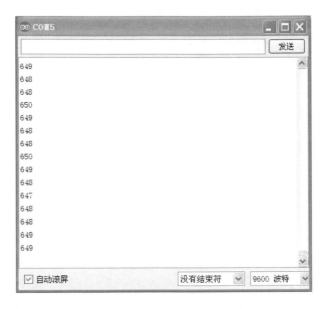

圖 161 類比接腳讀取實驗結果畫面

數位電壓表實驗

本個實驗我們就來開始學習一下類比 I/O 讀取的使用，Arduino 有類比接腳 0—類比接腳 5 共計 6 個類比接腳接腳，這 6 個類比接腳也可以算作為類比接腳功能並用，除類比接腳功能以外，這 6 個接腳可作為數位接腳使用，編號為數位 14—數位 19，簡單瞭解以後，下面就來開始我們的實驗。可變電阻器是大家比較熟悉的典型的模擬值輸出元件，本實驗就用它來完成。

如圖 162 所示，這個實驗我們需要用到的實驗硬體有圖 162.(a)的 Arduino Mega 2560、圖 162.(b) USB 下載線、圖 162.(c) 可變電阻器。

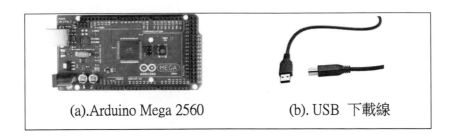

(a).Arduino Mega 2560   (b). USB 下載線

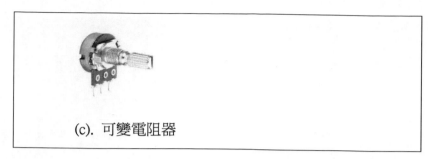

(c). 可變電阻器

圖 162 數位電壓表實驗材料表

本實驗我們將可變電阻器的阻值轉化為模擬值讀取出來，然後顯示到螢幕上，這也是我們以後完成自己所需的實驗功能所必須掌握的實例應用。我們先要按照以下電路圖連接實物圖。

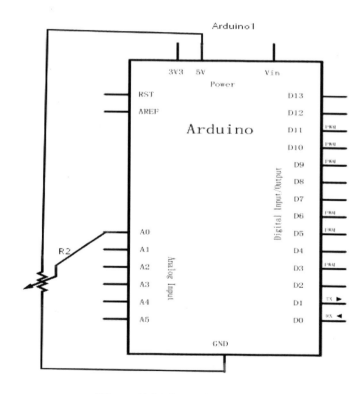

圖 163 數位電壓表實驗線路圖

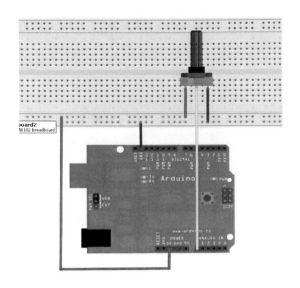

圖 164 數位電壓表實驗接腳圖

圖 165 數位電壓表實驗實作圖

我們使用的是類比接腳 0 接腳，程式的攥寫也很簡單，透過 analogRead();語句就可以讀出類比接腳的值，Arduino328 是 10 位的 A/D 解析度，所以讀取的類比接腳範圍是 0-1023，本個實驗的程式裡還有一個難點就是顯示數值在螢幕這一問題，學習起來也是很簡單的。

首先我們要在 void setup()裡面設置串列傳輸速率，顯示數值屬於 Arduino 與 PC

通訊，所以 Arduino 的串列傳輸速率應與 PC 軟體設置傳輸速率的相同才能顯示出正確的數值，否則將會顯示亂碼或是不顯示。

如圖 160 所示，在 Arduino 軟體的監看視窗右下角有一個可以設置串列傳輸速率的按鈕，這裡設置的串列傳輸速率需要跟程式裡 void setup()裡面設置串列傳輸速率相同，程式設置串列傳輸速率的語句為 Serial.begin(傳輸速率); 括號中為串列傳輸速率的值。其次就是顯示數值的語句了，如 Serial.begin(9600);代表設定 9600 bps 的傳輸速率。

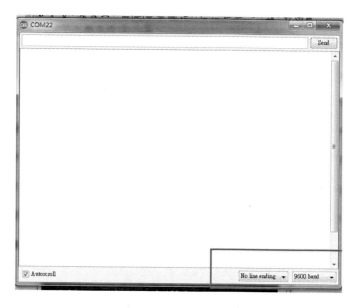

圖 166 Arduino Sketch 監看畫面

當您使用 Serial.begin(9600);設定完成後，之後就可以用 Serial.print();或者 Serial.println();都可以，不同的是『Serial.println()』顯示完數值後自動送換行鍵，『Serial.print()』不會送出換行鍵，而是直接繼續傳送資料。

表 28 數位電壓表實驗測試程式

數位電壓表實驗測試程式(ReadAnanlogVolt)
int potPin=0;　　//定義類比接腳 0

```
int ledPin=13;    //定義數位接腳 13
int val=0;         //將定義變數 val,並賦初值 0
int v;
void setup()
{
    PinMode(ledPin,OUTPUT);    //定義數位接腳為輸出接腳
    Serial.begin(9600);          //設置串列傳輸速率為 9600
}
void loop()
{
    digitalWrite(ledPin,HIGH);//點亮數位接腳 13 的 LED
    delay(50);                      //延時 0.05 秒
    digitalWrite(ledPin,LOW);//熄滅數位接腳 13 的 LED
    delay(50);                      //延時 0.05 秒

    val=analogRead(potPin);    //讀取類比接腳 0 的值,並將其賦給 val
    v=map(val,0,1023,0,500);
//函數說明 map(x,Amin,Amax,Bmin,Bmax)
//   返回值 long 型
//把 0-1023 區間的數映射到 0-500 的數,其實可以理解成比例關係。

    Serial.println((float)v/100.00);      //顯示出 v 的值
}
```

　　當您旋轉可變電阻器旋鈕的時候就可以看到螢幕上數值的變化了,讀取類比接腳這個方法將一直陪伴我們,類比接腳讀取是我們很常用的功能,因為很多感測器都是類比輸出,我們讀出類比值後再進行 map(val,0,1023,0,500)處理,就可以應用到我們需要實現的功能裡了。

　　讀者也可以看到本次實驗-當您旋轉可變電阻器旋鈕的時候就可以看到螢幕上 Volt 數值的變化了。

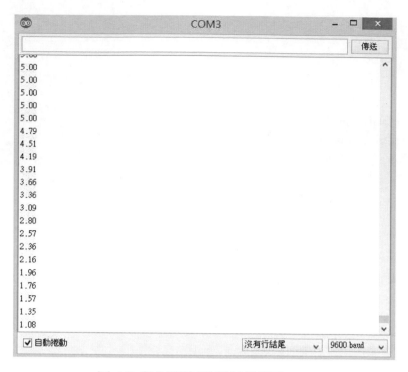

圖 167 數位電壓表實驗結果畫面

光控聲音實驗

這個實驗雖然很簡單,可是用處非常大,也很有趣。這樣的電路很常用,希望讀者要記住這種用法,舉一反三,這才是目的。根據光的強度,控制蜂鳴器發聲的頻率,光強越大,聲音越急促,效果很明顯。

如圖 168 所示,這個實驗我們需要用到的實驗硬體有圖 168.(a)的 Arduino Mega 2560、圖 168.(b) USB 下載線、圖 168.(c) 光敏電阻、圖 168.(d) 10KΩ 電阻來限流電阻、圖 168.(e) 蜂鳴器。

(a).Arduino Mega 2560

(b). USB 下載線

(c). 光敏電阻

(d). 10KΩ電阻

(e). 蜂鳴器

圖 168 光控聲音實驗材料表

實驗原理

本程式應用前面前面所述,讀取類比接腳讀取電壓值的方法,直接將光敏電阻接在類比接腳A0,讀出類比接腳A0的數值。在用這個數值去控制蜂鳴器發聲的頻率,光照越強,蜂鳴器頻率越高。。

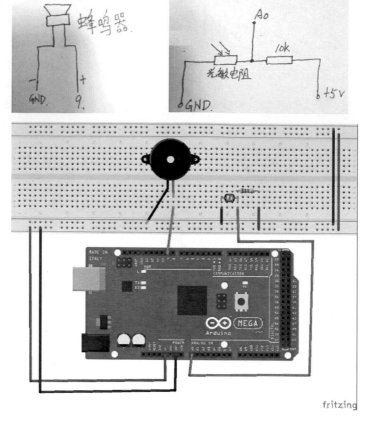

圖 169 光控聲音實驗接腳表

圖 170 光控聲音實驗電路連接實物圖

　　我們遵照前幾章所述，將 Arduino 開發板的驅動程式安裝好之後，我們打開 Arduino 開發板的開發工具：Sketch IDE 整合開發軟體，攥寫一段程式，如表 29 所示之光控聲音實驗測試程式，我們就可以透過光敏電阻來控制聲音大小。

表 29 光控聲音實驗測試程式

光控聲音實驗測試程式(Photoresistance_Led)
int buzzer = 9; //定義蜂鳴器的輸出引腳為 9
int R_guangming = 0;//定義光敏電阻的輸入引腳
int val;
void setup()
{
PinMode(buzzer,OUTPUT);//設置連接蜂鳴器的引腳為輸出
}
void voice_out(int del)//聲音的頻率控制函數
{
delay(del);//通過改變延時來改變頻率，很簡單
digitalWrite(buzzer,HIGH);
delay(del);
digitalWrite(buzzer,LOW);
}
void loop()
{

```
val=analogRead(R_guangming);    //讀取模擬接口 0 的值,並將其賦給 val
if(val<700)
  {
    voice_out(val); //把讀到的 val 值傳給頻率控制函數
  }
}
```

讀者也可以在作者 YouTube 頻道(https://www.youtube.com/user/UltimaBruce)中,在網址:https://www.youtube.com/watch?v=EgN9A_H3SVU&feature=youtu.be,看到本次實驗-流水燈效果實驗執行情形。

圖 171 光控聲音實驗結果畫面

PWM 調控燈光亮度實驗

Pulse Width Modulation 就是通常所說的 PWM,譯為脈衝寬度調變。脈衝寬度調變(PWM)是一種對類比信號進行數位編碼的方法,由於電腦不能輸出類比電壓,只能輸出 0 或 5V 的數位電壓值,我們就通過使用高解析度計數器,利用方波的高低電位比被調變的方法來對一個具體類比信號的進行編碼。

PWM 信號仍然是數位的,因為在給定的任何時刻,直流供電仍是 5V(ON),要麼是 0V(OFF)。電壓或電流源是以一種通(ON)或斷(OFF)的重複脈衝序列被加到類比負載上去的。通的時候即是直流供電被加到負載上的時候，斷的時候即是供電被斷開的時候。只要頻寬足夠，任何模擬值都可以使用脈衝寬度調變(PWM) 進行編碼。輸出的電壓值是通過高電位和低電位的時間進行計算的。

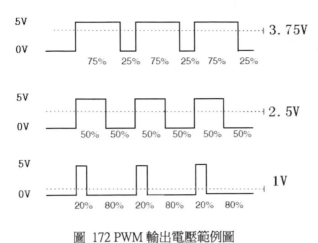

圖 172 PWM 輸出電壓範例圖

脈衝寬度調變(PWM) 被用在許多地方，調光燈具、電機調速、聲音的製作等等。

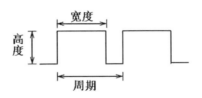

圖 173 PWM 參數簡圖

下面介紹一下 PWM 的三個基本參數：

1、脈衝寬度變化幅度（最小值/最大值）

2、脈衝週期（1 秒內脈衝頻率個數的倒數）

3、電壓高度（例如：0V-5V）

Arduino 開發板有 6 個 PWM 介面分別是 digital Pin 3、5、6、9、10、11，前面我們已經做了按鍵控制 Led 的實驗，這次我們就來完成一個可變電阻器控制 Led 的實驗。

如圖 174 所示，這個實驗我們需要用到的實驗硬體有圖 174.(a)的 Arduino Mega 2560、圖 174.(b) USB 下載線、圖 174.(c) 紅色 M5 直插 LED、圖 174.(d) 220Ω 電阻來限流電阻、圖 174.(e) 可變電阻器、圖 174.(f) 10KΩ 電阻來限流電阻。

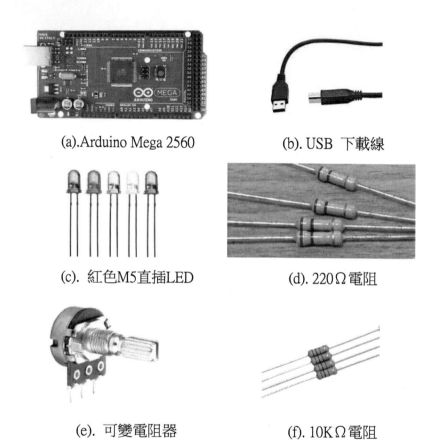

(a).Arduino Mega 2560   (b). USB 下載線

(c). 紅色M5直插LED   (d). 220Ω 電阻

(e). 可變電阻器   (f). 10KΩ電阻

圖 174 PWM 調控燈光亮度實驗材料表

可變電阻器即為模擬值輸入我們接到類比輸入接腳 A0，Led 我們接到 PWM Pin 11 上，這樣通過產生不同的 PWM 信號就可以讓 LED 燈有亮度不同的變化。

我們先按照圖 175 & 圖 176 的進行電路組立。

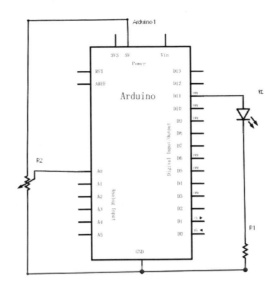

圖 175 PWM 調控燈光亮度實驗線路圖

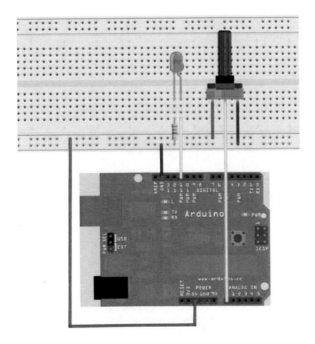

圖 176 PWM 調控燈光亮度實驗接腳圖

在攥寫程式的過程中，我們會用到類比寫入 analogWrite(PWM 介面，類比值)函數，對於類比寫入 analogWrite()函數，此函數用法也很簡單，我們在本實驗中讀取可變電阻器的類比值並將其賦給 PWM Pin 11 使 Led 產生相應的亮度變化，再在螢幕上顯示出讀取的類比值，大家可以理解為此程式是在類比值讀取的實驗程式中多加了將類比值給 PWM Pin 11 這一部分。

表 30　PWM 調控燈光亮度實驗測試程式

PWM 調控燈光亮度實驗測試程式(PWMLed)

int potPin=0;//定義類比介面 0
 int ledPin=11;//定義數位介面 11（PWM 輸出）
 int val=0;// 暫存來自感測器的變數數值
 void setup()
 {
 PinMode(ledPin,OUTPUT);//定義數位介面 11 為輸出
 Serial.begin(9600);//設置串列傳輸速率為 9600
 //注意：類比介面自動設置為輸入
 }
 void loop()
 {
 val=analogRead(potPin);// 讀取感測器的模擬值並賦值給 val
 Serial.println(val);//顯示 val 變數
 analogWrite(ledPin,val/4);// 打開 LED 並設置亮度（PWM 輸出最大值 255）
 delay(10);//延時 0.01 秒
 }

讀者也可以在作者 YouTube 頻道(https://www.youtube.com/user/UltimaBruce)中，在網址：https://www.youtube.com/watch?v=iLdZjgLdGlo&feature=youtu.be ，看到本次實驗- PWM 調控燈光亮度實驗執行情形。

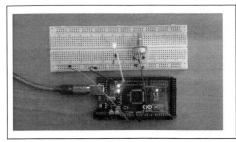

圖 177 PWM 調控燈光亮度實驗結果畫面

感光燈實驗

完成以上的各種實驗後，我們對 Arduino 的應用也應該有一些認識和瞭解了，在基本的數位量輸入輸出和類比量輸入以及 PWM 的產生都掌握以後，我們就可以開始進行一些感測器的應用了。

光敏電阻器（photovaristor）又叫光感電阻，是利用半導體的光電效應製成的一種電阻值隨入射光的強弱而改變的電阻器；入射光強，電阻減小，入射光弱，電阻增大。光敏電阻器一般用於光的測量、光的控制和光電轉換（將光的變化轉換為電的變化）。

光敏電阻可廣泛應用於各種光控電路，如對燈光的控制、調節等場合，也可用於光控開關。

如圖 178 所示，這個實驗我們需要用到的實驗硬體有圖 178.(a)的 Arduino Mega 2560、圖 178.(b) USB 下載線、圖 178 (c) 紅色 M5 直插 LED、圖 178 (d) 220Ω 電阻來限流電阻、圖 178 (e) 光敏電阻、圖 178 (f) 10KΩ 電阻來限流電阻。

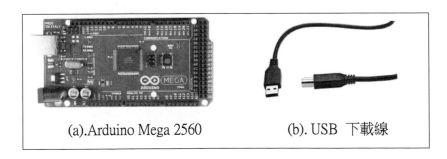

(a).Arduino Mega 2560   (b). USB 下載線

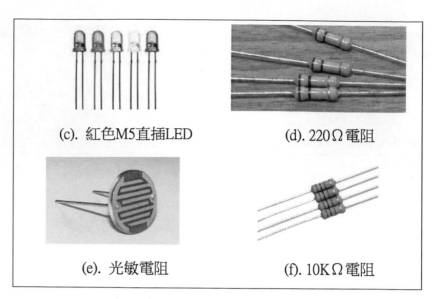

(c). 紅色M5直插LED　　　　(d). 220Ω電阻

(e). 光敏電阻　　　　(f). 10KΩ電阻

圖 178 感光燈實驗材料表

按照以下原理圖連接電路。

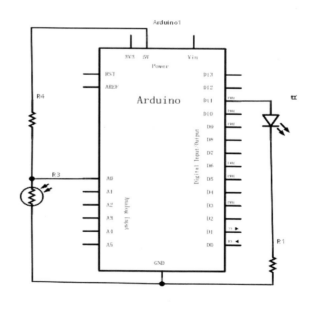

圖 179 感光燈實驗線路圖

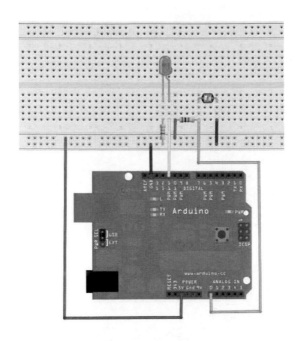

圖 180 感光燈實驗接腳圖

我們遵照前幾章所述，將 Arduino 開發板的驅動程式安裝好之後，我們打開 Arduino 開發板的開發工具：Sketch IDE 整合開發軟體，攥寫一段程式，如表 31 所示之感光燈實驗測試程式。

表 31 感光燈實驗測試程式

感光燈實驗測試程式(PhotoresistorLed)

int potPin=0;//定義模擬接口 0 連接光敏電阻
int ledPin=11;//定義數字接口 11 輸出 PWM 調節 LED 亮度
int val=0;//定義變量 val
void setup()
{
PinMode(ledPin,OUTPUT);//定義數字接口 11 為輸出
Serial.begin(9600);//設置波特率為 9600
}
void loop()
{
val=analogRead(potPin);//讀取傳感器的模擬值並賦值給 val

```
Serial.println(val);//顯示 val 變量數值
analogWrite(ledPin,val);// 打開 LED 並設置亮度（PWM 輸出最大值 255）
delay(10);//延時 0.01 秒
}
```

讀者可看到本次實驗-感光燈實驗執行情形。

圖 181 感光燈實驗結果畫面

章節小結

本章主要介紹如何使用簡單的電路、零件，透過 Arduino 開發板來顯示與回饋
等基礎實驗。

6

CHAPTER

基本模組

Arduino 開發板最強大的不只是它的簡單易學的開發工具，最強大的是它豐富的周邊模組與簡單易學的模組函式庫，幾乎 Maker 想到的東西，都有廠商或 Maker 開發它的周邊模組，透過這些周邊模組，Maker 可以輕易的將想要完成的東西用堆積木的方式快速建立，而且最強大的是這些周邊模組都有對應的函式庫，讓 Maker 不需要具有深厚的電子、電機與電路能力，就可以輕易駕御這些模組。

所以本書要介紹市面上最受歡迎的 RFID 學習實驗套件 (如圖 182 所示)，讓讀者可以輕鬆學會這些常用模組的使用方法，進而提升各位 Maker 的實力。

讀者可以在網路賣家買到本書 RFID 學習實驗套件(如圖 182 所示)，作者列舉一些網路上的賣家：【德源科技】Arduino 套件 入門套件 RFID 門禁系統 (http://goods.ruten.com.tw/item/show?21308133399103)、【微控制器科技】Arduino UNO R3 RFID 學習實驗套件(http://goods.ruten.com.tw/item/show?21407071727097)、【BuyIC】Arduino RFID 門禁系統套件(http://goods.ruten.com.tw/item/show?21449910484747)、【方塊奇品】Arduino 入門套件(http://goods.ruten.com.tw/item/show?21405213280794) 、【天瓏網路書店】Arduino RFID 套件 (http://www.tenlong.com.tw/items/10247875944?item_id=718301) 、【良興 EcLife 購物網】電子積塊模組專題(http://www.eclife.com.tw/led/0703300039/1401100002/1502170001/)...等等，讀者可以在實體店面或網路賣家逐一比價後，自行購買之。

圖 182 RFID 學習實驗套件模組

　　由於本書直接進入 Arduino RFID 學習實驗套件模組的介紹與使用，對於基本電路與用法，讀者可以參閱拙作『Arduino 程式教學(入門篇):Arduino Programming (Basic Skills & Tricks)』(曹永忠 et al., 2015a)、『Arduino 編程教学(入门篇):Arduino Programming (Basic Skills & Tricks)』(曹永忠 et al., 2015c)、『Arduino 程式教學(常用模組篇):Arduino Programming (37 Sensor Modules)』(曹永忠 et al., 2015b)、『Arduino 编程教学(常用模块篇):Arduino Programming (37 Sensor Modules)』(曹永忠 et al., 2015d)、『Arduino RFID 門禁管制機設計: The Design of an Entry Access Control Device based on RFID Technology』(曹永忠, 許智誠, et al., 2014d)、『Arduino RFID 门禁管制机设计: Using Arduino to Develop an Entry Access Control Device with RFID Tags』(曹永忠, 許智誠, et al., 2014c)、『Arduino EM-RFID 門禁管制機設計:The Design of an Entry Access Control Device based on EM-RFID Card』(曹永忠, 許智誠, et al., 2014b)、『Arduino EM-RFID 门禁管制机设计:Using Arduino to Develop an Entry Access Control Device with EM-RFID Tags』(曹永忠, 許智誠, et al., 2014a)來學習基礎 Arduino 的寫作能力。有興趣讀者可到 Google Books (https://play.google.com/store/books/author?id=曹永忠) & Google Play (https://play.google.com/store/books/author?id=曹永忠) 或

Pubu 電子書城(http://www.pubu.com.tw/store/ultima) 購買該書閱讀之。

全彩 LED 模組

使用 Led 發光二極體是最普通不過的事，我們本節介紹全彩 RGB LED 模組(如圖 183 所示)，它主要是使用全彩 RGB LED 發光二極體，RGB Led 發光二極體有兩種，一種是共陽極、另一種是共陰極。

圖 183 全彩 RGB LED 模組

本實驗是共陰極的 RGB Led 發光二極體，如圖 184 所示，先參考全彩 RGB LED 模組的腳位接法，在遵照表 32 之雙色 LED 模組接腳表進行電路組裝。

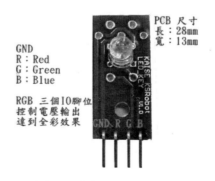

圖 184 全彩 LED 模組腳位圖

資料來源：凱斯電子(http://goods.ruten.com.tw/item/show?21439325895023)

表 32 全彩 RGB LED 模組接腳表

接腳	接腳說明	Arduino 開發板接腳

接腳	接腳說明	Arduino 開發板接腳
S	共陰極	共地 Arduino GND
2	第一種顏色陽極(Red)	Arduino digital output Pin 7
3	第二種顏色陽極(Green)	Arduino digital output Pin 6
4	第三種顏色陽極(Blue)	Arduino digital output Pin 5

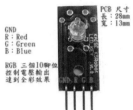

資料來源：凱斯電子(http://goods.ruten.com.tw/item/show?21439325895023)

我們遵照前幾章所述，將 Arduino 開發板的驅動程式安裝好之後，我們打開 Arduino 開發板的開發工具：Sketch IDE 整合開發軟體，攥寫一段程式，如表 33 所示之雙色 LED 模組測試程式，我們就可以讓 RGB LED 各自變換顏色，甚至用混色的效果達到全彩的效果。

表 33 全彩 RGB LED 模組測試程式

雙色 LED 模組測試程式(RGB_Led)

```
int LedRPin = 7;      // dual Led Color1 Pin
int LedGPin =6;       // dual Led Color2 Pin
int LedBPin =5;       // dual Led Color3 Pin
int i,j,k;

void setup() {
  PinMode(LedRPin, OUTPUT);
  PinMode(LedGPin, OUTPUT);
  PinMode(LedBPin, OUTPUT);
  Serial.begin(9600);
}

void loop()
{
for(i=0; i<255; i++)
```

```
{
   for(j=0; j<255; j++)
     {
        for(k=0; k<255; k++)
          {
           analogWrite(LedRPin, i);
           analogWrite(LedGPin, j);
           analogWrite(LedBPin, k);
          }
     }

   }

}
```

讀者也可以在作者 YouTube 頻道

(https://www.youtube.com/user/UltimaBruce)中，在網址

https://www.youtube.com/watch?v=uVNTI_CmgQA&feature=youtu.be，看到本

次實驗-全彩 RGB LED 模組測試程式結果畫面。

當然、如圖 185 所示，我們可以看到全彩 RGB LED 模組測試程式結果畫面。

圖 185 全彩 RGB LED 模組測試程式結果畫面

光敏電阻

居家最需要就是光線，所以如果能夠使用 Arduino 開發板來做一個光開關最入門的實驗，本實驗除了一塊 Arduino 開發板與 USB 下載線之外，我們加入光敏電阻與限流電阻的元件。

如圖 186 所示，這個實驗我們需要用到的實驗硬體有圖 186.(a)的 Arduino Mega 2560、圖 186.(b) USB 下載線、圖 186.(c) 光敏電阻、圖 186.(d) 4.7k 歐姆電阻來限流電阻。

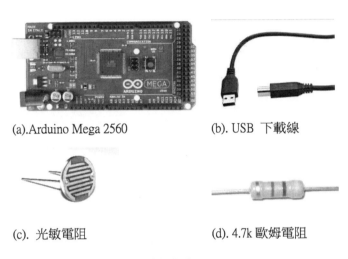

(a).Arduino Mega 2560　　　　　(b). USB 下載線

(c). 光敏電阻　　　　　　　(d). 4.7k 歐姆電阻

圖 186 光開關所需材料表

我們遵照前幾章所述，將 Arduino 開發板的驅動程式安裝好之後，遵照表 34 之電路圖進行組裝。

表 34 光開關接腳表

接腳	接腳說明	接腳名稱
1	Ground (0V)	接地 (0V) Arduino GND
2	Supply voltage; 5V (4.7V – 5.3V)	電源 (+5V) Arduino +5V
3	Contrast adjustment; through a variable re-	螢幕對比(0-5V), 可接一顆 1k

接腳	接腳說明	接腳名稱
	sistor	電阻，或使用可變電阻調整適當的對比(請參考分壓線路)
4	Selects command register when low; and data register when high	Arduino digital output Pin 8
5	Low to write to the register; High to read from the register	Arduino digital output Pin 9
6	Sends data to data Pins when a high to low pulse is given	Arduino digital output Pin 10
7	Data D0	Arduino digital output Pin 45
8	Data D1	Arduino digital output Pin 43
9	Data D2	Arduino digital output Pin 41
10	Data D3	Arduino digital output Pin 39
11	Data D4	Arduino digital output Pin 37
12	Data D5	Arduino digital output Pin 35
13	Data D6	Arduino digital output Pin 33
14	Data D7	Arduino digital output Pin 31
15	Backlight Vcc (5V)	背光(串接 330 R 電阻到電源)
16	Backlight Ground (0V)	背光(GND)

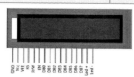

序	光敏電阻	Arduino 接腳
1	GND	Arduino GND
光敏電阻	光敏電阻 A 端	Arduino +5V
	光敏電阻 B 端	4.7K 電阻 A 端
	光敏電阻 B 端	Arduino analog Pin A0
4.7K 電阻	4.7K 電阻 A 端	光敏電阻 B 端
	4.7K 電阻 B 端	Arduino GND
	4.7K 電阻 A 端	Arduino analog Pin A0

接腳	喇叭	Arduino 接腳
1	Speaker -	Arduino GND
2	Speaker _	Arduino PWM Pin 11

資料來源：Arduino 程式教學(常用模組篇):Arduino Programming (37 Sensor

Modules)(曹永忠 et al., 2015b)

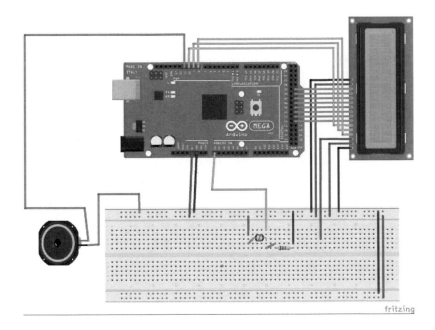

圖 187 光開關線路圖

完成組裝後，我們打開 Arduino 開發板的開發工具：Sketch IDE 整合開發軟體，

鍵入表 35 之光開關程式。

實驗原理

在強光靠近光敏電阻和沒有光種情況下，Arduino 開發板的類比接腳 A0，讀到

的電壓值是有變化的。

作者用實際用三用電表測量時，在沒有光靠近時，類比接腳 A0 讀到的電壓值為 0.3V 左右；當有強光時，類比接腳 A0 讀到的電壓值為 4.5V 左右，光線越強則電壓值越大。

表 35 光開關程式

光開關程式(light_sensor)

```
#include "pitches.h"
#include <LiquidCrystal.h>
#define DPin 12
#define APin A0
int melodyPin=11;//設置控制蜂鳴器的數位 IO 腳
int melody[] = {
  NOTE_E7, NOTE_E7, 0, NOTE_E7,
  0, NOTE_C7, NOTE_E7, 0,
  NOTE_G7, 0, 0,    0,
  NOTE_G6, 0, 0, 0,

  NOTE_C7, 0, 0, NOTE_G6,
  0, 0, NOTE_E6, 0,
  0, NOTE_A6, 0, NOTE_B6,
  0, NOTE_AS6, NOTE_A6, 0,

  NOTE_G6, NOTE_E7, NOTE_G7,
  NOTE_A7, 0, NOTE_F7, NOTE_G7,
  0, NOTE_E7, 0,NOTE_C7,
  NOTE_D7, NOTE_B6, 0, 0,

  NOTE_C7, 0, 0, NOTE_G6,
  0, 0, NOTE_E6, 0,
  0, NOTE_A6, 0, NOTE_B6,
  0, NOTE_AS6, NOTE_A6, 0,

  NOTE_G6, NOTE_E7, NOTE_G7,
  NOTE_A7, 0, NOTE_F7, NOTE_G7,
  0, NOTE_E7, 0,NOTE_C7,
```

```
    NOTE_D7, NOTE_B6, 0, 0
};

//Mario main them tempo
int tempo[] = {
    12, 12, 12, 12,
    12, 12, 12, 12,
    12, 12, 12, 12,
    12, 12, 12, 12,

    12, 12, 12, 12,
    12, 12, 12, 12,
    12, 12, 12, 12,
    12, 12, 12, 12,

    9, 9, 9,
    12, 12, 12, 12,
    12, 12, 12, 12,
    12, 12, 12, 12,

    12, 12, 12, 12,
    12, 12, 12, 12,
    12, 12, 12, 12,
    12, 12, 12, 12,

    9, 9, 9,
    12, 12, 12, 12,
    12, 12, 12, 12,
    12, 12, 12, 12,
};

    int mariolen = sizeof(melody) / sizeof(int) ;
    LiquidCrystal lcd(8, 9, 10, 45, 43, 41,39,37,35,33,31);

void setup()
{
PinMode(melodyPin,OUTPUT);//設置數位 IO 腳模式，OUTPUT 為輸出
```

```
   PinMode(DPin,INPUT);//定義 digital 為輸入介面
   //PinMode(APin,INPUT);//定義為類比輸入介面


     Serial.begin(9600);//設定串列傳輸速率為 9600 }

  // set up the LCD's number of columns and rows:
   lcd.begin(16, 2);
   // Print a message to the LCD.
   lcd.print("Now Detect Light");
}
void loop() {
   int val ;
   // set the cursor to column 0, line 1
   // (note: line 1 is the second row, since counting begins with 0):
   lcd.setCursor(0, 1);
   lcd.print("                    ") ;

     val=analogRead(APin);//讀取 Light 感測器的模擬值
     Serial.println(val);//輸出模擬值，並將其列印出來

     if (val <300)
     {
            lcd.setCursor(0, 1);
            lcd.print("Turn on Light");
            playMario() ;
     }
     else
     {
            lcd.setCursor(0, 1);
            lcd.print("Ready");
       }

   delay(200);
}


void playMario()
{
```

```
   int noteDuration ;
 for(int mariopos=0; mariopos <mariolen; mariopos++)
   {
         noteDuration = 1000/tempo[mariopos];
       tone(melodyPin, melody[mariopos],noteDuration);
       delay(noteDuration*1.3);
   }
}
```

光開關程式 include 檔(pitches.h)

```
/***********************************************
 * Public Constants
 *********************************************/

#define NOTE_B0   31
#define NOTE_C1   33
#define NOTE_CS1 35
#define NOTE_D1   37
#define NOTE_DS1 39
#define NOTE_E1   41
#define NOTE_F1   44
#define NOTE_FS1 46
#define NOTE_G1   49
#define NOTE_GS1 52
#define NOTE_A1   55
#define NOTE_AS1 58
#define NOTE_B1   62
#define NOTE_C2   65
#define NOTE_CS2 69
#define NOTE_D2   73
#define NOTE_DS2 78
#define NOTE_E2   82
#define NOTE_F2   87
#define NOTE_FS2 93
#define NOTE_G2   98
#define NOTE_GS2 104
#define NOTE_A2   110
```

```c
#define NOTE_AS2 117
#define NOTE_B2   123
#define NOTE_C3   131
#define NOTE_CS3 139
#define NOTE_D3   147
#define NOTE_DS3 156
#define NOTE_E3   165
#define NOTE_F3   175
#define NOTE_FS3 185
#define NOTE_G3   196
#define NOTE_GS3 208
#define NOTE_A3   220
#define NOTE_AS3 233
#define NOTE_B3   247
#define NOTE_C4   262
#define NOTE_CS4 277
#define NOTE_D4   294
#define NOTE_DS4 311
#define NOTE_E4   330
#define NOTE_F4   349
#define NOTE_FS4 370
#define NOTE_G4   392
#define NOTE_GS4 415
#define NOTE_A4   440
#define NOTE_AS4 466
#define NOTE_B4   494
#define NOTE_C5   523
#define NOTE_CS5 554
#define NOTE_D5   587
#define NOTE_DS5 622
#define NOTE_E5   659
#define NOTE_F5   698
#define NOTE_FS5 740
#define NOTE_G5   784
#define NOTE_GS5 831
#define NOTE_A5   880
#define NOTE_AS5 932
#define NOTE_B5   988
#define NOTE_C6   1047
```

```
#define NOTE_CS6 1109
#define NOTE_D6   1175
#define NOTE_DS6 1245
#define NOTE_E6   1319
#define NOTE_F6   1397
#define NOTE_FS6 1480
#define NOTE_G6   1568
#define NOTE_GS6 1661
#define NOTE_A6   1760
#define NOTE_AS6 1865
#define NOTE_B6   1976
#define NOTE_C7   2093
#define NOTE_CS7 2217
#define NOTE_D7   2349
#define NOTE_DS7 2489
#define NOTE_E7   2637
#define NOTE_F7   2794
#define NOTE_FS7 2960
#define NOTE_G7   3136
#define NOTE_GS7 3322
#define NOTE_A7   3520
#define NOTE_AS7 3729
#define NOTE_B7   3951
#define NOTE_C8   4186
#define NOTE_CS8 4435
#define NOTE_D8   4699
#define NOTE_DS8 4978
```

　　讀者也可以在作者 YouTube 頻道(https://www.youtube.com/user/UltimaBruce)中，在網址 https://www.youtube.com/watch?v=a1z-mgCUWVk&feature=youtu.be ，看到本次實驗-光開關執行情形。

　　當然、如圖 188 所示，我們可以看到組立好的實驗圖，Arduino 開發板可以實現光開關，當亮度不夠時，驅動揚聲器來唱歌告訴使用者該開啟燈光了。

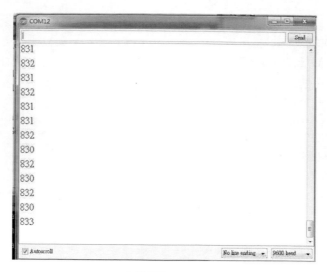

圖 188 光開關結果畫面

滾珠振動開關

居家最需要就是安全，所以如果能夠使用 Arduino 開發板來做一個防盜開關的實驗，那是再好也不過的事了，本實驗除了一塊 Arduino 開發板與 USB 下載線之外，我們加入滾珠振動開關與限流電阻的元件。

如圖 189 所示，這個實驗我們需要用到的實驗硬體有圖 189.(a)的 Arduino Mega 2560、圖 189.(b) USB 下載線、圖 189.(c) 滾珠振動開關、圖 189.(d) 4.7k 歐姆電阻來限流電阻。

(a).Arduino Mega 2560

(b). USB 下載線

(c). 滾珠振動開關　　　　　　　　(d). 4.7k 歐姆電阻

圖 189 滾珠振動開關所需材料表

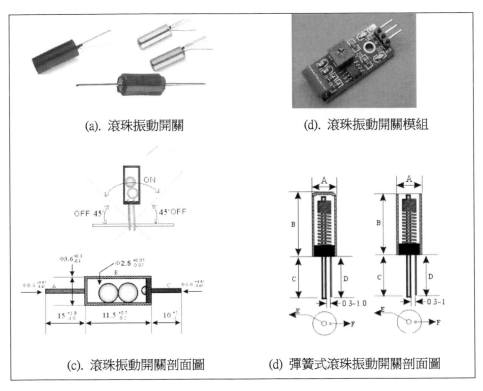

(a). 滾珠振動開關　　　　　　(d). 滾珠振動開關模組

(c). 滾珠振動開關剖面圖　　　(d) 彈簧式滾珠振動開關剖面圖

圖 190 滾珠振動開關介紹圖

資料來源：Arduino 程式教學(常用模組篇):Arduino Programming (37 Sensor
Modules)(曹永忠 et al., 2015b)

　　作者為了多加介紹滾珠振動開關，參考圖 190 所示，讀者可以了解其滾珠振
動開關的機構與相關模組。

我們遵照前幾章所述，將 Arduino 開發板的驅動程式安裝好之後，遵照表 36 之電路圖進行組裝。

表 36 滾珠振動開關接腳表

接腳	接腳說明	接腳名稱
1	Ground (0V)	接地 (0V) Arduino GND
2	Supply voltage; 5V (4.7V – 5.3V)	電源 (+5V) Arduino +5V
3	Contrast adjustment; through a variable resistor	螢幕對比(0-5V), 可接一顆 1k 電阻，或使用可變電阻調整適當的對比**(請參考圖 200分壓線路)**
4	Selects command register when low; and data register when high	Arduino digital output Pin 8
5	Low to write to the register; High to read from the register	Arduino digital output Pin 9
6	Sends data to data Pins when a high to low pulse is given	Arduino digital output Pin 10
7	Data D0	Arduino digital output Pin 45
8	Data D1	Arduino digital output Pin 43
9	Data D2	Arduino digital output Pin 41
10	Data D3	Arduino digital output Pin 39
11	Data D4	Arduino digital output Pin 37
12	Data D5	Arduino digital output Pin 35
13	Data D6	Arduino digital output Pin 33
14	Data D7	Arduino digital output Pin 31
15	Backlight V_{cc} (5V)	背光(串接 330 R 電阻到電源)
16	Backlight Ground (0V)	背光(GND)

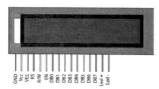

序	火燄感測器	Arduino 接腳
1	GND	Arduino GND
滾珠振	滾珠振動開關 A 端	Arduino +5V
	滾珠振動開關 B 端	4.7K 電阻 A 端
	滾珠振動開關 B 端	Arduino digital Pin 12

接腳	接腳說明	接腳名稱
4.7K 電阻	4.7K 電阻 A 端	滾珠振動開關 B 端
	4.7K 電阻 B 端	Arduino GND
	4.7K 電阻 A 端	Arduino digital Pin 12

接腳	喇叭	Arduino 接腳
1	Speaker -	Arduino GND
2	Speaker _	Arduino PWM Pin 11

資料來源：Arduino 程式教學(常用模組篇):Arduino Programming (37 Sensor

Modules)(曹永忠 et al., 2015b)

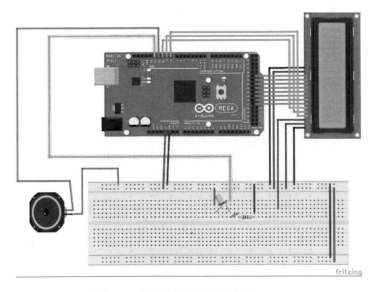

圖 191 滾珠振動開關線路圖

完成組裝後，我們打開 Arduino 開發板的開發工具：Sketch IDE 整合開發軟體，鍵入表 37 之滾珠振動開關程式。

表 37 滾珠振動開關程式

滾珠振動開關(ball_sensor)

```
#include "pitches.h"
#include <LiquidCrystal.h>
#define DPin 12
#define APin A0
int melodyPin=11;//設置控制蜂鳴器的數位 IO 腳
int melody[] = {
  NOTE_E7, NOTE_E7, 0, NOTE_E7,
  0, NOTE_C7, NOTE_E7, 0,
  NOTE_G7, 0, 0,   0,
  NOTE_G6, 0, 0, 0,

  NOTE_C7, 0, 0, NOTE_G6,
  0, 0, NOTE_E6, 0,
  0, NOTE_A6, 0, NOTE_B6,
  0, NOTE_AS6, NOTE_A6, 0,

  NOTE_G6, NOTE_E7, NOTE_G7,
  NOTE_A7, 0, NOTE_F7, NOTE_G7,
  0, NOTE_E7, 0,NOTE_C7,
  NOTE_D7, NOTE_B6, 0, 0,

  NOTE_C7, 0, 0, NOTE_G6,
  0, 0, NOTE_E6, 0,
  0, NOTE_A6, 0, NOTE_B6,
  0, NOTE_AS6, NOTE_A6, 0,

  NOTE_G6, NOTE_E7, NOTE_G7,
  NOTE_A7, 0, NOTE_F7, NOTE_G7,
  0, NOTE_E7, 0,NOTE_C7,
  NOTE_D7, NOTE_B6, 0, 0
};

//Mario main them tempo
```

- 274 -

```
int tempo[] = {
  12, 12, 12, 12,
  12, 12, 12, 12,
  12, 12, 12, 12,
  12, 12, 12, 12,

  12, 12, 12, 12,
  12, 12, 12, 12,
  12, 12, 12, 12,
  12, 12, 12, 12,

  9, 9, 9,
  12, 12, 12, 12,
  12, 12, 12, 12,
  12, 12, 12, 12,

  12, 12, 12, 12,
  12, 12, 12, 12,
  12, 12, 12, 12,
  12, 12, 12, 12,

  9, 9, 9,
  12, 12, 12, 12,
  12, 12, 12, 12,
  12, 12, 12, 12,
};


  int mariolen = sizeof(melody) / sizeof(int) ;
  LiquidCrystal lcd(8, 9, 10, 45, 43, 41,39,37,35,33,31);


void setup()
{
PinMode(melodyPin,OUTPUT);//設置數位 IO 腳模式，OUTPUT 為輸出
  PinMode(DPin,INPUT);//定義 digital 為輸入介面
  //PinMode(APin,INPUT);//定義為類比輸入介面
```

```
    Serial.begin(9600);//設定串列傳輸速率為 9600 }

  // set up the LCD's number of columns and rows:
    lcd.begin(16, 2);
    // Print a message to the LCD.
    lcd.print("Guarding");
 }
void loop() {
    int val ;
    // set the cursor to column 0, line 1
    // (note: line 1 is the second row, since counting begins with 0):
    lcd.setCursor(0, 1);
    lcd.print("                    ") ;

       val=digitalRead(DPin);//讀取 Light 感測器的模擬值
       Serial.println(val);//輸出模擬值,並將其列印出來

       if (val ==1)
       {
                lcd.setCursor(0, 1);
             lcd.print("SomeBody Coming");
                playMario() ;
       }
       else
       {
                lcd.setCursor(0, 1);
             lcd.print("Ready");
          }

    delay(200);
 }


void playMario()
{
    int noteDuration ;
    for(int mariopos=0; mariopos <mariolen; mariopos++)
       {
             noteDuration = 1000/tempo[mariopos];
```

```
            tone(melodyPin, melody[mariopos],noteDuration);
            delay(noteDuration*1.3);
      }




}
```

滾珠振動開關程式 include 檔(pitches.h)

```
/**********************************************
 * Public Constants
 **********************************************/

#define NOTE_B0   31
#define NOTE_C1   33
#define NOTE_CS1 35
#define NOTE_D1   37
#define NOTE_DS1 39
#define NOTE_E1   41
#define NOTE_F1   44
#define NOTE_FS1 46
#define NOTE_G1   49
#define NOTE_GS1 52
#define NOTE_A1   55
#define NOTE_AS1 58
#define NOTE_B1   62
#define NOTE_C2   65
#define NOTE_CS2 69
#define NOTE_D2   73
#define NOTE_DS2 78
#define NOTE_E2   82
#define NOTE_F2   87
#define NOTE_FS2 93
#define NOTE_G2   98
#define NOTE_GS2 104
#define NOTE_A2   110
#define NOTE_AS2 117
#define NOTE_B2   123
```

```
#define NOTE_C3    131
#define NOTE_CS3 139
#define NOTE_D3    147
#define NOTE_DS3 156
#define NOTE_E3    165
#define NOTE_F3    175
#define NOTE_FS3 185
#define NOTE_G3    196
#define NOTE_GS3 208
#define NOTE_A3    220
#define NOTE_AS3 233
#define NOTE_B3    247
#define NOTE_C4    262
#define NOTE_CS4 277
#define NOTE_D4    294
#define NOTE_DS4 311
#define NOTE_E4    330
#define NOTE_F4    349
#define NOTE_FS4 370
#define NOTE_G4    392
#define NOTE_GS4 415
#define NOTE_A4    440
#define NOTE_AS4 466
#define NOTE_B4    494
#define NOTE_C5    523
#define NOTE_CS5 554
#define NOTE_D5    587
#define NOTE_DS5 622
#define NOTE_E5    659
#define NOTE_F5    698
#define NOTE_FS5 740
#define NOTE_G5    784
#define NOTE_GS5 831
#define NOTE_A5    880
#define NOTE_AS5 932
#define NOTE_B5    988
#define NOTE_C6    1047
#define NOTE_CS6 1109
#define NOTE_D6    1175
```

```
#define NOTE_DS6 1245
#define NOTE_E6   1319
#define NOTE_F6   1397
#define NOTE_FS6 1480
#define NOTE_G6   1568
#define NOTE_GS6 1661
#define NOTE_A6   1760
#define NOTE_AS6 1865
#define NOTE_B6   1976
#define NOTE_C7   2093
#define NOTE_CS7 2217
#define NOTE_D7   2349
#define NOTE_DS7 2489
#define NOTE_E7   2637
#define NOTE_F7   2794
#define NOTE_FS7 2960
#define NOTE_G7   3136
#define NOTE_GS7 3322
#define NOTE_A7   3520
#define NOTE_AS7 3729
#define NOTE_B7   3951
#define NOTE_C8   4186
#define NOTE_CS8 4435
#define NOTE_D8   4699
#define NOTE_DS8 4978
```

　　當然、如圖 188 所示，我們可以看到組立好的實驗圖，Arduino 開發板可以實現滾珠振動開關來當為防盜器，當有小偷或外人進入時，觸動滾珠振動開關，則 Arduino 開發板驅動揚聲器來唱歌告訴使用者有小偷或外人進入房間了。

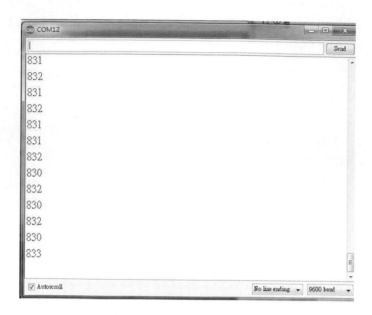

圖 192 滾珠振動開關程式結果畫面

按壓開關模組

使用按壓開關模組是最普通不過的事，我們本節介紹按壓開關模組(如圖 193 所示)，它主要是使用 Mini Switch 作成按壓開關模組。

圖 193 按壓開關模組

本實驗是採用按壓開關模組，如圖 193 所示，由於按壓開關關需要搭配基本量測電路，所以我們使用按壓開關模組來當實驗主體，並不另外組立基本量測電路。

如圖 194 所示，先參考按壓開關的腳位接法，在遵照表 38 之按壓開關模組接腳表進行電路組裝。

圖 194 按壓開關模組腳位圖

表 38 按壓開關模組接腳表

接腳	接腳說明	Arduino 開發板接腳
S	Vcc	電源（+5V）Arduino +5V
2	GND	Arduino GND
3	Signal	Arduino digital Pin 7

S	Led +	Arduino digital Pin 6
2	Led -	Arduino GND

接腳	接腳說明	Arduino 開發板接腳
	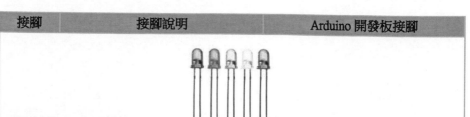	

接腳	接腳說明	接腳名稱
1	Ground (0V)	接地 (0V) Arduino GND
2	Supply voltage; 5V (4.7V－5.3V)	電源 (+5V) Arduino +5V
3	Contrast adjustment; through a variable resistor	螢幕對比(0-5V)，可接一顆 1k 電阻，或使用可變電阻調整適當的對比
4	Selects command register when low; and data register when high	Arduino digital output Pin 8
5	Low to write to the register; High to read from the register	Arduino digital output Pin 9
6	Sends data to data Pins when a high to low pulse is given	Arduino digital output Pin 10
7	Data D0	Arduino digital output Pin 45
8	Data D1	Arduino digital output Pin 43
9	Data D2	Arduino digital output Pin 41
10	Data D3	Arduino digital output Pin 39
11	Data D4	Arduino digital output Pin 37
12	Data D5	Arduino digital output Pin 35
13	Data D6	Arduino digital output Pin 33
14	Data D7	Arduino digital output Pin 31
15	Backlight V_{cc} (5V)	背光(串接 330 R 電阻到電源)
16	Backlight Ground (0V)	背光(GND)

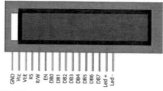

資料來源：Arduino 程式教學(入門篇):Arduino Programming (Basic Skills & Tricks)

(曹永忠 et al., 2015a)

我們遵照前幾章所述，將 Arduino 開發板的驅動程式安裝好之後，我們打開 Arduino 開發板的開發工具：Sketch IDE 整合開發軟體，攥寫一段程式，如表 39 所示之按壓開關模組測試程式，我們就可以透過按鈕開關來控制任何電路的開啟與關閉。

表 39 按壓開關模組測試程式

按壓開關模組測試程式(Button_sensor)

```
#include <LiquidCrystal.h>
#define DPin 7
#define LedPin 6
#define APin A0


 LiquidCrystal lcd(8, 9, 10, 45, 43, 41,39,37,35,33,31);



void setup()
{
PinMode(LedPin,OUTPUT);//設置數位 IO 腳模式，OUTPUT 為 Output
 PinMode(DPin,INPUT);//定義 digital 為輸入介面
 //PinMode(APin,INPUT);//定義為類比輸入介面



 Serial.begin(9600);//設定串列傳輸速率為 9600 }

// set up the LCD's number of columns and rows:
 lcd.begin(16, 2);
 // Print a message to the LCD.
 lcd.print("Button Test");
}
void loop() {
 int val ;
 // set the cursor to column 0, line 1
 // (note: line 1 is the second row, since counting begins with 0):
 lcd.setCursor(0, 1);
 lcd.print("                    ") ;
```

```
    val=digitalRead(DPin);//讀取感測器的值
    Serial.println(val);//輸出模擬值,並將其列印出來

    if (val ==0)
    {
            lcd.setCursor(0, 1);
        lcd.print("Button Pressed");
            digitalWrite(LedPin,HIGH)    ;
    }
    else
    {
            lcd.setCursor(0, 1);
        lcd.print("Ready             ");
            digitalWrite(LedPin,LOW)    ;
      }

  delay(200);
}
```

　　　讀者也可以在作者 YouTube 頻道

(https://www.youtube.com/user/UltimaBruce)中,在網址

https://www.youtube.com/watch?v=-tNR3PxAlG0&feature=youtu.be,看到本

次實驗-按壓開關模組結果畫面。

　　　當然、如圖 195 所示,我們可以看到雙按壓開關模組結果畫面。

圖 195 按壓開關模組結果畫面

按鈕開關模組

使用按鈕開關模組組是最普通不過的事，我們本節介紹按鈕開關模組(如圖 196 所示)，它主要是使用 Button Switch 作成按鈕開關模組。

圖 196 按鈕開關模組

本實驗是採用按鈕開關模組，如圖 196 所示，由於 Button Switch 需要搭配基本量測電路，所以我們使用按鈕開關模組來當實驗主體，並不另外組立基本量測電路。

如圖 197 所示，先參考按壓開關的腳位接法，在遵照表 40 之按鈕開關模組接腳表進行電路組裝。

圖 197 按鈕開關模組腳位圖

表 40 按鈕開關模組接腳表

接腳	接腳說明	Arduino 開發板接腳
S	Vcc	電源 (+5V) Arduino +5V
2	GND	Arduino GND
3	Signal	Arduino digital Pin 7

S	Led +	Arduino digital Pin 6
2	Led -	Arduino GND

接腳	接腳說明	接腳名稱
1	Ground (0V)	接地 (0V) Arduino GND
2	Supply voltage; 5V (4.7V – 5.3V)	電源 (+5V) Arduino +5V
3	Contrast adjustment; through a variable resistor	螢幕對比(0-5V), 可接一顆 1k 電阻，或使用可變電阻調整適當的對比
4	Selects command register when low; and data register when high	Arduino digital output Pin 8
5	Low to write to the register; High to read from the register	Arduino digital output Pin 9
6	Sends data to data Pins when a high to low pulse is given	Arduino digital output Pin 10
7	Data D0	Arduino digital output Pin 45

接腳	接腳說明	Arduino 開發板接腳
8	Data D1	Arduino digital output Pin 43
9	Data D2	Arduino digital output Pin 41
10	Data D3	Arduino digital output Pin 39
11	Data D4	Arduino digital output Pin 37
12	Data D5	Arduino digital output Pin 35
13	Data D6	Arduino digital output Pin 33
14	Data D7	Arduino digital output Pin 31
15	Backlight V$_{cc}$ (5V)	背光(串接 330 R 電阻到電源)
16	Backlight Ground (0V)	背光(GND)

資料來源：Arduino 程式教學(入門篇):Arduino Programming (Basic Skills & Tricks)

(曹永忠 et al., 2015a)

我們遵照前幾章所述，將 Arduino 開發板的驅動程式安裝好之後，我們打開 Arduino 開發板的開發工具：Sketch IDE 整合開發軟體，攥寫一段程式，如表 41 所示之按鈕開關模組測試程式，我們就可以透過按鈕開關模組來控制任何電路的開啟與關閉。

表 41 按鈕開關模組測試程式

按鈕開關模組測試程式(BigButton_sensor)

```
#include <LiquidCrystal.h>
#define DPin 7
#define LedPin 6
#define APin A0

 LiquidCrystal lcd(8, 9, 10, 45, 43, 41,39,37,35,33,31);
```

```
void setup()
{
PinMode(LedPin,OUTPUT);//設置數位 IO 腳模式，OUTPUT 為 Output
 PinMode(DPin,INPUT);//定義 digital 為輸入接腳
 //PinMode(APin,INPUT);//定義為類比輸入接腳


  Serial.begin(9600);//設定串列傳輸速率為 9600 }

 // set up the LCD's number of columns and rows:
 lcd.begin(16, 2);
 // Print a message to the LCD.
 lcd.print("Big Button Test");
}
void loop() {
 int val ;
 // set the cursor to column 0, line 1
 // (note: line 1 is the second row, since counting begins with 0):
 lcd.setCursor(0, 1);
 lcd.print("                  ") ;

  val=digitalRead(DPin);//讀取感測器的值
   Serial.println(val);//輸出模擬值，並將其列印出來

   if (val ==0)
   {
        lcd.setCursor(0, 1);
        lcd.print("Big Button Pressed    ");
        digitalWrite(LedPin,HIGH)   ;
   }
   else
   {
        lcd.setCursor(0, 1);
        lcd.print("Ready             ");
        digitalWrite(LedPin,LOW)    ;
     }

 delay(200);
```

```
}
```

　　讀　者　也　可　以　在　作　者　YouTube　頻　道
(https://www.youtube.com/user/UltimaBruce　)　中　，　在　網　址　：
https://www.youtube.com/watch?v=0YfBYdI-riE&feature=youtu.be，看到本次
實驗-按鈕開關模組測試程式結果畫面。

　　當然、如圖 195 所示，我們可以看到按鈕開關模組測試程式結果畫面。

圖 198 按鈕開關模組測試程式結果畫面

LCD 1602

　　Arduino 開發板最常用顯示介面莫過於 LCD 1602 ，常見的 LCD 1602 是和日立
的 HD44780[11] 相容的 2x16 LCD ，可以顯示兩行資訊，每行 16 個字元，它可以顯

---

[11] **Hitachi HD44780 LCD controller** is one of the most common dot matrix liquid crystal display (LCD)
display controllers available. Hitachi developed the microcontroller specifically to drive alphanumeric

示英文字母、希臘字母、標點符號以及數學符號。

除了顯示資訊外，它還有其它功能，包括資訊捲動(往左和往右捲動)、顯示游標和 LED 背光的功能，但是有一些廠商為了降低售價，取消其 LED 背光的功能。

如圖 199 所示，大部分的 LCD 1602 都配備有背光裝置，所以大部份具有 16 個腳位，可以參考表 42，可以更深入了解其接腳功能與定義：

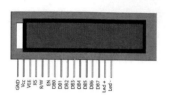

圖 199 LCD1602 接腳

表 42 LCD1602 接腳說明表

接腳	接腳說明	接腳名稱
1	Ground (0V)	接地 (0V)
2	Supply voltage; 5V (4.7V － 5.3V)	電源 (+5V)
3	Contrast adjustment; through a variable resistor	螢幕對比(0-5V), 可接一顆 1k 電阻到地線, 或使用可變電阻調整適當的對比(請參考分壓線路) ***此腳位需用分壓線路,請參考圖 200
4	Selects command register when low; and data register when high	Register Select: 1: D0 － D7 當作資料解釋 0: D0 － D7 當作指令解釋
5	Low to write to the register; High to read from the register	Read/Write mode: 1: 從 LCD 讀取資料 0: 寫資料到 LCD

LCD display with a simple interface that could be connected to a general purpose microcontroller or microprocessor

接腳	接腳說明	接腳名稱
		因為很少從 LCD 這端讀取資料,可將此腳位接地以節省 I/O 腳位。 ***若不使用此腳位,請接地
6	Sends data to data Pins when a high to low pulse is given	Enable
7	8-bit data Pins	Bit 0 LSB
8		Bit 1
9		Bit 2
10		Bit 3
11		Bit 4
12		Bit 5
13		Bit 6
14		Bit 7 MSB
15	Backlight V$_{cc}$ (5V)	背光(串接 330 R 電阻到電源)
16	Backlight Ground (0V)	背光(GND)

資料來源：(Guangzhou_Tinsharp_Industrial_Corp._Ltd., 2013)

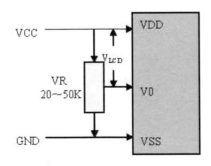

圖 200 LCD1602 對比線路(分壓線路)

若讀者要調整 LCD 1602 顯示文字的對比,請參考圖 200 的分壓線路,不可以直接連接+5V 或接地,避免 LCD 1602 或 Arduino 開發板燒毀。

為了讓實驗更順暢進行，先行介紹 LCD1602
(Guangzhou_Tinsharp_Industrial_Corp._Ltd., 2013)，我們參考圖 201 所示，如何將 LCD
1602 與 Arduino 開發板連接起來，將 LCD 1602 與 Arduino 開發板進行實體線路連
接，參考附錄中，LCD 1602 函式庫 單元，可以見到 LCD 1602 常用的函式庫
(LiquidCrystal Library,參考網址：http://arduino.cc/en/Reference/LiquidCrystal)，若讀者
希望對 LCD 1602 有更深入的了解，可以參考附錄中 LCD 1602 原廠資料
(Guangzhou_Tinsharp_Industrial_Corp._Ltd., 2013)，相信會有更詳細的資料介紹。

LCD 1602 有 4-bit 和 8-bit 兩種使用模式，使用 4-bit 模式主要的好處是節省
I/O 腳位，通訊的時候只會用到 4 個高位元 (D4-D7)，D0-D3 這四支腳位可以不
用接。每個送到 LCD 1602 的資料會被分成兩次傳送 – 先送 4 個高位元資料，
然後才送 4 個低位元資料。

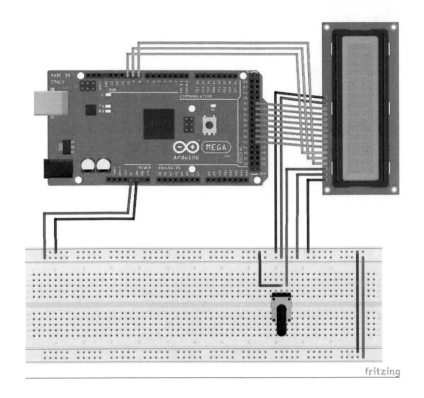

圖 201 LCD 1602 接線線路圖

我們參考 Arduino 官方網站 http://arduino.cc/en/Reference/LiquidCrystal　，其連接 LCD 1602 範例程式，可以了解 Arduino 如何驅動 LCD 1602 顯示器：

表 43 LCD 1602 接腳說明

接腳	接腳說明	接腳名稱
1	Ground (0V)	接地 (0V) Arduino GND
2	Supply voltage; 5V (4.7V – 5.3V)	電源 (+5V) Arduino +5V
3	Contrast adjustment; through a variable resistor	螢幕對比(0-5V), 可接一顆 1k 電阻，或使用可變電阻調整適當的對比**(請參考圖 200 分壓線路)**
4	Selects command register when low; and data register when high	Arduino digital output Pin 8
5	Low to write to the register; High to read	Arduino digital output Pin 9

接腳	接腳說明	接腳名稱
	from the register	
6	Sends data to data Pins when a high to low pulse is given	Arduino digital output Pin 10
7	Data D0	Arduino digital output Pin 45
8	Data D1	Arduino digital output Pin 43
9	Data D2	Arduino digital output Pin 41
10	Data D3	Arduino digital output Pin 39
11	Data D4	Arduino digital output Pin 37
12	Data D5	Arduino digital output Pin 35
13	Data D6	Arduino digital output Pin 33
14	Data D7	Arduino digital output Pin 31
15	Backlight Vcc (5V)	背光(串接 330 R 電阻到電源)
16	Backlight Ground (0V)	背光(GND)

表 44 LiquidCrystal LCD 1602 測試程式

LiquidCrystal LCD 1602 測試程式(lcd1602_hello)

```
/*
LiquidCrystal Library - Hello World

Use a 16x2 LCD display The LiquidCrystal
library works with all LCD displays that are compatible with the
Hitachi HD44780 driver.
This sketch prints "Hello World!" to the LCD
and shows the time.
*/
// include the library code:
#include <LiquidCrystal.h>
// initialize the library with the numbers of the interface Pins
LiquidCrystal lcd(5,6,7,38,40,42,44);     //ok
void setup() {
// set up the LCD's number of columns and rows:
lcd.begin(16, 2);
// Print a message to the LCD.
lcd.print("hello, world!");
```

```
        }
        void loop() {
        lcd.setCursor(0, 1);
        lcd.print(millis()/1000);    }
```

表 45 LiquidCrystal LCD 1602 測試程式二

```
    LiquidCrystal LCD 1602 測試程式(lcd1602_mills)

    #include <LiquidCrystal.h>

    /* LiquidCrystal display with:

    LiquidCrystal(rs, enable, d4, d5, d6, d7)
    LiquidCrystal(rs, rw, enable, d4, d5, d6, d7)
    LiquidCrystal(rs, enable, d0, d1, d2, d3, d4, d5, d6, d7)
    LiquidCrystal(rs, rw, enable, d0, d1, d2, d3, d4, d5, d6, d7)
    R/W Pin Read = LOW / Write = HIGH      // if No Pin connect RW , please leave
R/W Pin for Low State

    Parameters
    */
    LiquidCrystal lcd(5,6,7,38,40,42,44);      //ok

    void setup()
    {
       Serial.begin(9600);
       Serial.println("start LCM 1604");
       //   PinMode(11,OUTPUT);
       //   digitalWrite(11,LOW);
       lcd.begin(16, 2);
       // 設定 LCD 的行列數目 (16 x 2)  16  行 2  列
       lcd.setCursor(0,0);
       // 列印 "Hello World" 訊息到 LCD 上
       lcd.print("hello, world!");
       Serial.println("hello, world!");
    }
```

```
void loop()
{
  // 將游標設到   第一行,   第二列
  // (注意:    第二列第五行,因為是從 0 開始數起):
  lcd.setCursor(5, 2);
  // 列印 Arduino 重開之後經過的秒數
  lcd.print(millis()/1000);
  Serial.println(millis()/1000);
  delay(200);
}
```

讀者也可以在作者 YouTube 頻道

(https://www.youtube.com/user/UltimaBruce)中,在網址

https://www.youtube.com/watch?v=-tNR3PxAlG0&feature=youtu.be,看到本次

實驗-讓 Arduino 在 LCD 1602 畫面上顯示文字情形。

當然、如圖 202 所示,我們可以看到 Arduino 在 LCD 1602 畫面上顯示文字情形。

圖 202 LCD 1602 結果畫面

LCD 1602 I²C 版

由上節看到，LCD1602 顯示模組共有 16 個腳位，去掉背光電源，電力，對白訊號等五條線，還有 11 個腳位需要接，對於微小的開發板，如 Pro Mini(如圖 5 所示)、Arduino Atiny(如圖 6 所示)、Arduino LilyPads(如圖 7 所示)...等，這樣的腳位數，似乎太多了，所以作者介紹 LCD 1602 I²C 版(如圖 203 所示)。

(a). LCD1602 正面圖

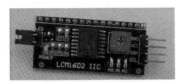

(b). LCD 1602 I²C 轉接板

(c).LCD 1602 I²C 板

圖 203 LCD 1602 I²C 板

由圖 204 所示，其實 LCD 1602 I2C 板是由標準 LCD 1602(如圖 203.(a)所示)，加上 LCD 1602 I2C 轉接板(如圖 203.(b)所示)，所組合出來的 LCD 1602 I2C 板(如圖 203.(c)所示)，讀者可以先買標準 LCD 1602(如圖 203.(a)所示)，有需要的時後在買轉接板(如圖 203.(b)所示)，就可以組合成如圖 205 所示的成品。

圖 204 LCD 1602 I2C 零件表

圖 205 LCD 1602 I2C 組合圖

為了讓實驗更順暢進行,先參考表 48 之 LCD 1602 I2C 接腳表,將 LCD 1602 I2C 板與 Arduino 開發板進行實體線路連接,參考附錄中,LCD 1602 函式庫 單元,可以見到 LCD 1602 I2C 常用的函式庫 (LiquidCrystal Library,參考網址:http://arduino.cc/en/Reference/LiquidCrystal , http://playground.arduino.cc/Code/LCDi2c)。

表 46 LiquidCrystal Library API 相容表

Library	Displays Supported	Verified API	Connection
LCDi2cR	Robot-Electronics	Y	i2c
LCDi2cW	web4robot.com	Y	i2c
LiquidCrystal	Generic HitachiHD44780	P	4, 8 bit
LiquidCrystal_I2C	PCF8574drivingHD44780	Y	I2C
LCDi2cNHD	NewHavenDisplayI2CMode	Y	i2c
ST7036 Lib	GenericST7036LCD controller	Y	i2c

資料來源：Arduino 官網：http://playground.arduino.cc/Code/LCDAPI

由於不同種類的 Arduino 開發板，其 I2C/ TWI 接腳也略有不同，所以讀者可以參考表 47 所示之 Arduino 開發板 I2C/ TWI 接腳表，在根據表 49 之 LCD 1602 I2C 測試程式的內容，進行硬體接腳的修正，至於軟體部份，Arduino 軟體原始碼的部份，則不需要修正。

表 47 Arduino 開發板 I2C/ TWI 接腳表

開發板種類	I2C/ TWI 接腳表
Uno, Ethernet	A4 (SDA), A5 (SCL)
Mega2560	20 (SDA), 21 (SCL)
Leonardo	2 (SDA), 3 (SCL)
Due	20 (SDA), 21 (SCL),SDA1,SCL1

我們參考 Arduino 官方網站 http://arduino.cc/en/Reference/LiquidCrystal ，其連接 LCD 1602 範例程式，可以了解 Arduino 如何驅動 LCD 1602 顯示器：

表 48 LCD 1602 I2C 接腳表

接腳	接腳說明	接腳名稱
1	Ground (0V)	接地 (0V) Arduino GND
2	Supply voltage; 5V (4.7V – 5.3V)	電源 (+5V) Arduino +5V
3	SDA	Arduino digital Pin20(SDA)
4	SCL	Arduino digital Pin21(SCL)

表 49 LCD 1602 I2C 測試程式

LCD 1602 I2C 測試程式(lcd1602_I2C_mill)

```
//Compatible with the Arduino IDE 1.0
//Library version:1.1
#include <Wire.h>
#include <LiquidCrystal_I2C.h>

LiquidCrystal_I2C lcd(0x27, 16, 2); // set the LCD address to 0x27 for a 16 chars and 2
line display

void setup()
{
  lcd.init();                              // initialize the lcd

  // Print a message to the LCD.
  lcd.backlight();
  lcd.print("Hello, world!");
}

void loop()
{
  // 將游標設到  第一行,  第二列
  // (注意:   第二列第五行,因為是從 0 開始數起):
```

```
lcd.setCursor(5, 1);
// 列印 Arduino 重開之後經過的秒數
lcd.print(millis() / 1000);
Serial.println(millis() / 1000);
delay(200);
}
```

讀者也可以在作者 YouTube 頻道

(https://www.youtube.com/user/UltimaBruce)中，在網址

https://www.youtube.com/watch?v=GXAplXXnVn8&feature=youtu.be，看到本次實驗-

LCD 1602 I2C 測試程式結果畫面。

當然、如圖 206 所示，我們可以看到 Arduino 在 LCD 1602 畫面上顯示文字情

形。

圖 206 LCD 1602 I2C 測試程式結果畫面

顯示七段顯示器

七段顯示器是 Arduino 開發板最常使用的數字顯示器，本實驗仍只需要一塊

Arduino 開發板、USB 下載線、單字元的七段顯示器。

如圖 207 所示，這個實驗我們需要用到的實驗硬體有圖 207.(a)的 Arduino Mega

2560 與圖 207.(b) USB 下載線、圖 207.(c)單位數七段顯示器：

(a).Arduino Mega 2560

(b). USB 下載線

(c). 單位數七段顯示器

圖 207 顯示七段顯示器所需材料表

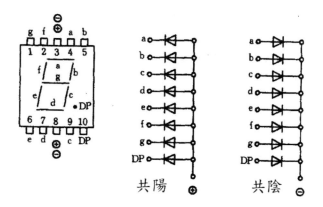

圖 208 七段顯示器接腳說明

　　我們遵照前幾章所述,將 Arduino 開發板的驅動程式安裝好之後,作者參考圖 208 來了解單位數的七段顯示器接腳說明後,本實驗使用共陽型七段顯示器,所以作者參考表 50 完成電路的連接,完成後如圖 209 所示。

表 50 七段顯示器接腳表

七段顯示器	Arduino 開發板接腳	解說
共陽(共陰)	Arduino Pin 5V	5V 陽極接點
七段顯示器.a	Arduino Pin 22	顯示 a 字形
七段顯示器.b	Arduino Pin 24	顯示 b 字形
七段顯示器.c	Arduino Pin 26	顯示 c 字形
七段顯示器.d	Arduino Pin 28	顯示 d 字形
七段顯示器.e	Arduino Pin 30	顯示 e 字形
七段顯示器.f	Arduino Pin 32	顯示 f 字形
七段顯示器.g	Arduino Pin 34	顯示 g 字形
七段顯示器.dot	Arduino Pin 36	顯示點 字形

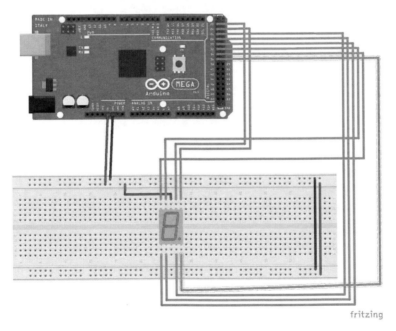

圖 209 單位七段顯示器接腳完成圖

我們遵照前幾章所述,將 Arduino 開發板的驅動程式安裝好之後,我們打開

Arduino 開發板的開發工具：Sketch IDE 整合開發軟體，攥寫一段程式，如表 51
所示之顯示七段顯示器測試程式，可以看到七段顯示器從 9、9、7、6、5、4、3、
2、1、0 循環顯示。

表 51 顯示七段顯示器測試程式

顯示七段顯示器測試程式(7Segment)

```
// 七段顯示器製作倒數功能  (vturnon)
#define aPin 22
#define bPin 24
#define cPin 26
#define dPin 28
#define ePin 30
#define fPin 32
#define gPin 34
#define dotPin 36
#define turnon LOW
#define turnoff HIGH


void setup() {
   PinMode(aPin, OUTPUT);
   PinMode(bPin, OUTPUT);
   PinMode(cPin, OUTPUT);
   PinMode(dPin, OUTPUT);
   PinMode(ePin, OUTPUT);
   PinMode(fPin, OUTPUT);
   PinMode(gPin, OUTPUT);
   PinMode(dotPin, OUTPUT);
   digitalWrite(dotPin, turnoff);   // 關閉小數點
}

void loop() {
   // 顯示數字 '9'
   digitalWrite(aPin, turnon);
   digitalWrite(bPin, turnon);
   digitalWrite(cPin, turnon);
```

```
digitalWrite(dPin, turnoff);
digitalWrite(ePin, turnoff);
digitalWrite(fPin, turnon);
digitalWrite(gPin, turnon);
delay(1000);
// 顯示數字 '8'
digitalWrite(aPin, turnon);
digitalWrite(bPin, turnon);
digitalWrite(cPin, turnon);
digitalWrite(dPin, turnon);
digitalWrite(ePin, turnon);
digitalWrite(fPin, turnon);
digitalWrite(gPin, turnon);
delay(1000);
// 顯示數字 '7'
digitalWrite(aPin, turnon);
digitalWrite(bPin, turnon);
digitalWrite(cPin, turnon);
digitalWrite(dPin, turnoff);
digitalWrite(ePin, turnoff);
digitalWrite(fPin, turnoff);
digitalWrite(gPin, turnoff);
delay(1000);
// 顯示數字 '6'
digitalWrite(aPin, turnon);
digitalWrite(bPin, turnoff);
digitalWrite(cPin, turnon);
digitalWrite(dPin, turnon);
digitalWrite(ePin, turnon);
digitalWrite(fPin, turnon);
digitalWrite(gPin, turnon);
delay(1000);
// 顯示數字 '5'
digitalWrite(aPin, turnon);
digitalWrite(bPin, turnoff);
digitalWrite(cPin, turnon);
digitalWrite(dPin, turnon);
digitalWrite(ePin, turnoff);
digitalWrite(fPin, turnon);
```

```
digitalWrite(gPin, turnon);
delay(1000);
// 顯示數字 '4'
digitalWrite(aPin, turnoff);
digitalWrite(bPin, turnon);
digitalWrite(cPin, turnon);
digitalWrite(dPin, turnoff);
digitalWrite(ePin, turnoff);
digitalWrite(fPin, turnon);
digitalWrite(gPin, turnon);
delay(1000);
// 顯示數字 '3'
digitalWrite(aPin, turnon);
digitalWrite(bPin, turnon);
digitalWrite(cPin, turnon);
digitalWrite(dPin, turnon);
digitalWrite(ePin, turnoff);
digitalWrite(fPin, turnoff);
digitalWrite(gPin, turnon);
delay(1000);
// 顯示數字 '2'
digitalWrite(aPin, turnon);
digitalWrite(bPin, turnon);
digitalWrite(cPin, turnoff);
digitalWrite(dPin, turnon);
digitalWrite(ePin, turnon);
digitalWrite(fPin, turnoff);
digitalWrite(gPin, turnon);
delay(1000);
// 顯示數字 '1'
digitalWrite(aPin, turnoff);
digitalWrite(bPin, turnon);
digitalWrite(cPin, turnon);
digitalWrite(dPin, turnoff);
digitalWrite(ePin, turnoff);
digitalWrite(fPin, turnoff);
digitalWrite(gPin, turnoff);
delay(1000);
// 顯示數字 '0'
```

```
digitalWrite(aPin, turnon);
digitalWrite(bPin, turnon);
digitalWrite(cPin, turnon);
digitalWrite(dPin, turnon);
digitalWrite(ePin, turnon);
digitalWrite(fPin, turnon);
digitalWrite(gPin, turnoff);
// 暫停 4 秒鐘
delay(4000);
}
```

資料來源：coopermaa(http://coopermaa2nd.blogspot.tw/2010/12/arduino-lab7.html)

讀者也可以在作者 YouTube 頻道(https://www.youtube.com/user/UltimaBruce)中，在網址 https://www.youtube.com/watch?v=YxMZvS8LWHA&feature=youtu.be ，看到本次實驗-顯示七段顯示器測試程式，可以看到七段顯示器從 9、9、7、6、5、4、3、2、1、0 循環顯示。

當然、如圖 210 所示， Arduino 開發板可以顯示七段顯示器測試程式，可以看到七段顯示器從 9、9、7、6、5、4、3、2、1、0 循環顯示。

圖 210 顯示七段顯示器結果畫面

顯示二位數七段顯示器

二位數七段顯示器是 Arduino 開發板最常使用的數字顯示器，本實驗仍只需要一塊 Arduino 開發板、USB 下載線、二位數七段顯示器。

如圖 211 所示，這個實驗我們需要用到的實驗硬體有圖 211.(a)的 Arduino Mega 2560 與圖 211.(b) USB 下載線、圖 211.(c) 二位數七段顯示器：

(a).Arduino Mega 2560

(b). USB 下載線

(c). 二位數七段顯示器

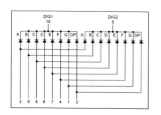

(d). 二位數七段顯示器接腳

圖 211 二位數七段顯示器所需材料表

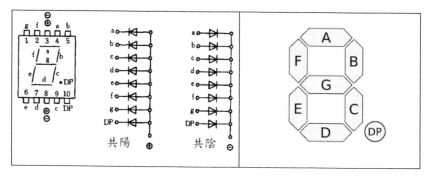

圖 212 七段顯示器接腳說明

我們遵照前幾章所述，將 Arduino 開發板的驅動程式安裝好之後，作者參考圖 211、圖 212 來了解二位七段顯示器接腳說明後，本實驗使用共陽型二位七段顯示器，所以作者參考表 52 完成電路的連接，完成後如圖 213 所示。

表 52　二位七段顯示器接腳表

二位七段顯示器	Arduino 開發板接腳	解說
第一位數(共陽)(1)	Arduino Pin 7	控制第一位數顯示
第二位數(共陽)(10)	Arduino Pin 8	控制第二位數顯示
七段顯示器.a(4)	Arduino Pin 22	顯示 a 字形
七段顯示器.b(5)	Arduino Pin 24	顯示 b 字形
七段顯示器.c(9)	Arduino Pin 26	顯示 c 字形
七段顯示器.d(6)	Arduino Pin 28	顯示 d 字形
七段顯示器.e(8)	Arduino Pin 30	顯示 e 字形
七段顯示器.f(3)	Arduino Pin 32	顯示 f 字形
七段顯示器.g(2)	Arduino Pin 34	顯示 g 字形
七段顯示器.dot(7)	Arduino Pin 36	顯示點 字形

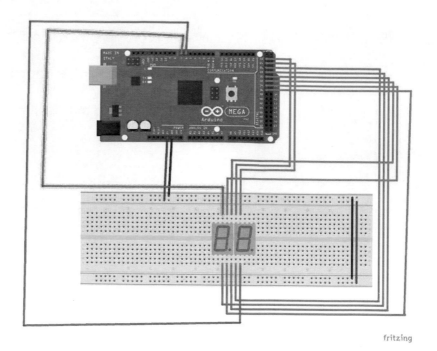

圖 213 二位數七段顯示器完成圖

　　我們遵照前幾章所述，將 Arduino 開發板的驅動程式安裝好之後，

我們打開 Arduino 開發板的開發工具：Sketch IDE 整合開發軟體，攥寫

一段程式，如表 53 所示之二位數七段顯示器試程式，可以看到二位數七段顯

示器從 99、98、97、96、95、......、3、2、1、0 循環顯示。

表 53 二位數七段顯示器測試程式

二位數七段顯示器測試程式(2DSegment)
// 七段顯示器製作倒數功能（vturnon） #define ctlD1 7 #define ctlD2 6 #define aPin 22 #define bPin 24

```
#define cPin 26
#define dPin 28
#define ePin 30
#define fPin 32
#define gPin 34
#define dotPin 36
#define turnon LOW
#define turnoff HIGH
#define digitalon HIGH
#define digitaloff LOW

void setup() {
    PinMode(ctlD1, OUTPUT);
    PinMode(ctlD2, OUTPUT);
    PinMode(aPin, OUTPUT);
    PinMode(bPin, OUTPUT);
    PinMode(cPin, OUTPUT);
    PinMode(dPin, OUTPUT);
    PinMode(ePin, OUTPUT);
    PinMode(fPin, OUTPUT);
    PinMode(gPin, OUTPUT);
    PinMode(dotPin, OUTPUT);
    digitalWrite(dotPin, turnoff);   // 關閉小數點
}

void loop() {
      int i ;
    for (i=0 ; i<99; i++)
            {
              showNumber(i) ;
            delay(50) ;
            showNumber(-1) ;


          }
}

  void showNumber(int no)
  {
      if (no == -1)
```

```
    {
        ShowSegment(1, -1) ;
    }
    else
    {
        ShowSegment(1, (no/10)) ;
        delayMicroseconds(3000) ;
        ShowSegment(2, (no%10)) ;
        delayMicroseconds(3000) ;
    }
}
void ShowSegment(int digital, int number)
{
    if (digital == 1)
        {
            digitalWrite(ctlD1, digitalon);
            digitalWrite(ctlD2, digitaloff);
        }
        else
        {
            digitalWrite(ctlD1, digitaloff);
            digitalWrite(ctlD2, digitalon);
        }


    switch (number)
     {
        case 9:
                    // 顯示數字 '9'
            digitalWrite(aPin, turnon);
            digitalWrite(bPin, turnon);
            digitalWrite(cPin, turnon);
            digitalWrite(dPin, turnoff);
            digitalWrite(ePin, turnoff);
            digitalWrite(fPin, turnon);
            digitalWrite(gPin, turnon);
             break ;

        case 8:
```

```
// 顯示數字 '8'
digitalWrite(aPin, turnon);
digitalWrite(bPin, turnon);
digitalWrite(cPin, turnon);
digitalWrite(dPin, turnon);
digitalWrite(ePin, turnon);
digitalWrite(fPin, turnon);
digitalWrite(gPin, turnon);
break ;

case 7:
// 顯示數字 '7'
digitalWrite(aPin, turnon);
digitalWrite(bPin, turnon);
digitalWrite(cPin, turnon);
digitalWrite(dPin, turnoff);
digitalWrite(ePin, turnoff);
digitalWrite(fPin, turnoff);
digitalWrite(gPin, turnoff);
break ;

case 6:
// 顯示數字 '6'
digitalWrite(aPin, turnon);
digitalWrite(bPin, turnoff);
digitalWrite(cPin, turnon);
digitalWrite(dPin, turnon);
digitalWrite(ePin, turnon);
digitalWrite(fPin, turnon);
digitalWrite(gPin, turnon);
break ;

case 5:
// 顯示數字 '5'
digitalWrite(aPin, turnon);
digitalWrite(bPin, turnoff);
digitalWrite(cPin, turnon);
digitalWrite(dPin, turnon);
digitalWrite(ePin, turnoff);
```

```
digitalWrite(fPin, turnon);
digitalWrite(gPin, turnon);
break ;

case 4:
// 顯示數字 '4'
digitalWrite(aPin, turnoff);
digitalWrite(bPin, turnon);
digitalWrite(cPin, turnon);
digitalWrite(dPin, turnoff);
digitalWrite(ePin, turnoff);
digitalWrite(fPin, turnon);
digitalWrite(gPin, turnon);
break ;

case 3:
// 顯示數字 '3'
digitalWrite(aPin, turnon);
digitalWrite(bPin, turnon);
digitalWrite(cPin, turnon);
digitalWrite(dPin, turnon);
digitalWrite(ePin, turnoff);
digitalWrite(fPin, turnoff);
digitalWrite(gPin, turnon);
break ;

case 2:
// 顯示數字 '2'
digitalWrite(aPin, turnon);
digitalWrite(bPin, turnon);
digitalWrite(cPin, turnoff);
digitalWrite(dPin, turnon);
digitalWrite(ePin, turnon);
digitalWrite(fPin, turnoff);
digitalWrite(gPin, turnon);
break ;

case 1:
// 顯示數字 '1'
```

```
            digitalWrite(aPin, turnoff);
            digitalWrite(bPin, turnon);
            digitalWrite(cPin, turnon);
            digitalWrite(dPin, turnoff);
            digitalWrite(ePin, turnoff);
            digitalWrite(fPin, turnoff);
            digitalWrite(gPin, turnoff);
            break ;

        case 0:
        // 顯示數字 '0'
            digitalWrite(aPin, turnon);
            digitalWrite(bPin, turnon);
            digitalWrite(cPin, turnon);
            digitalWrite(dPin, turnon);
            digitalWrite(ePin, turnon);
            digitalWrite(fPin, turnon);
            digitalWrite(gPin, turnoff);
             break ;

        case -1:
        // all Off
            digitalWrite(aPin, turnoff);
            digitalWrite(bPin, turnoff);
            digitalWrite(cPin, turnoff);
            digitalWrite(dPin, turnoff);
            digitalWrite(ePin, turnoff);
            digitalWrite(fPin, turnoff);
            digitalWrite(gPin, turnoff);
             break ;

        }
}
```

資料來源：Modifed from coopermaa(http://coopermaa2nd.blogspot.tw/2010/12/arduino-lab7.html)

讀者也可以在作者 YouTube 頻道(https://www.youtube.com/user/UltimaBruce)中，
在網址 https://www.youtube.com/watch?v=Gu81t8U8XNA&feature=youtu.be ，看到本次

實驗-顯示二位數七段顯示器測試程式，可以看到二位數七段顯示器從 99、98、97、96、95、......、3、2、1、0 循環顯示。

當然、如圖 214 所示， Arduino 開發板可以顯示二位數七段顯示器測試程式，可以看到七段顯示器從 99、98、97、96、95、......、3、2、1、0 循環顯示。

圖 214 二位數七段顯示器結果畫面

顯示四位數七段顯示器

四位七段顯示器是 Arduino 開發板最常使用的多數字顯示器，本實驗仍只需要一塊 Arduino 開發板、USB 下載線、四位數七段顯示器。

如圖 215 所示，這個實驗我們需要用到的實驗硬體有圖 215.(a)的 Arduino Mega 2560 與圖 215.(b) USB 下載線、圖 215.(c) 四位數七段顯示器：

(a).Arduino Mega 2560   (b). USB 下載線

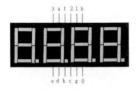

(c).四位數七段顯示器   (d). 四位數七段顯示器接腳圖

圖 215 四位數七段顯示器所需零件表

圖 216 四位數七段顯示器接腳說明

我們遵照前幾章所述，將 Arduino 開發板的驅動程式安裝好之後，作者參考圖 215、圖 216 來了解四位數七段顯示器接腳說明後，本實驗使用共陰型四位數七段顯示器，所以作者參考表 54 完成電路的連接，完成後如圖 217 所示。。

表 54 四位數七段顯示器接腳表

七段顯示器	Arduino 開發板接腳	解說
第四位數字控制 (共陰)	Arduino Pin 7	第四位數字控制
第三位數字控制 (共陰)	Arduino Pin 6	第三位數字控制
第二位數字控制 (共陰)	Arduino Pin 5	第二位數字控制
第一位數字控制 (共陰)	Arduino Pin 4	第一位數字控制
七段顯示器.a	Arduino Pin 22	顯示 a 字形
七段顯示器.b	Arduino Pin 24	顯示 b 字形
七段顯示器.c	Arduino Pin 26	顯示 c 字形

七段顯示器	Arduino 開發板接腳	解說
七段顯示器.d	Arduino Pin 28	顯示 d 字形
七段顯示器.e	Arduino Pin 30	顯示 e 字形
七段顯示器.f	Arduino Pin 32	顯示 f 字形
七段顯示器.g	Arduino Pin 34	顯示 g 字形
七段顯示器.dot	Arduino Pin 36	顯示點 字形

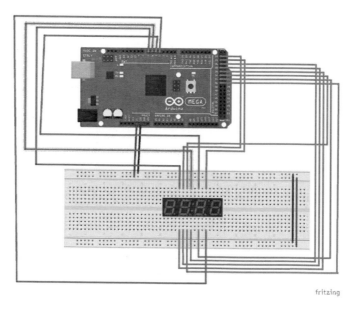

圖 217 四位數七段顯示器接腳完成圖

　　我們遵照前幾章所述，將 Arduino 開發板的驅動程式安裝好之後，我們打開 Arduino 開發板的開發工具：Sketch IDE 整合開發軟體，攥寫一段程式，如表 55 所示之顯示四位數七段顯示器測試程式，可以看到四位數七段顯示器從 0001、0002、....、9998、9999 循環顯示。

表 55 四位數七段顯示器測試程式

四位數七段顯示器測試程式(4DSegment)

```
// 七段顯示器製作倒數功能 (vturnon)
#define ctlD1 7
#define ctlD2 6
#define ctlD3 5
#define ctlD4 4

#define aPin 22
#define bPin 24
#define cPin 26
#define dPin 28
#define ePin 30
#define fPin 32
#define gPin 34
#define dotPin 36
#define turnon HIGH
#define turnoff LOW
#define digitalon LOW
#define digitaloff HIGH
int number = 0;

unsigned long time_previous;
void setup() {
    PinMode(ctlD1, OUTPUT);
    PinMode(ctlD2, OUTPUT);
    PinMode(ctlD3, OUTPUT);
    PinMode(ctlD4, OUTPUT);
    PinMode(aPin, OUTPUT);
    PinMode(bPin, OUTPUT);
    PinMode(cPin, OUTPUT);
    PinMode(dPin, OUTPUT);
    PinMode(ePin, OUTPUT);
    PinMode(fPin, OUTPUT);
    PinMode(gPin, OUTPUT);
    PinMode(dotPin, OUTPUT);
    digitalWrite(dotPin, turnoff);   // 關閉小數點
    Serial.begin(9600);
```

```
}

void loop() {
      int i ;
   // 經過一秒後就讓 number 加 1
   unsigned long time_now = millis();
   if(time_now - time_previous > 1000){
      number++;
      time_previous += 1000;
      Serial.println("number=%d\n", number);
   }

   // 不斷地寫入數字
   showNumber(number);
}

void showNumber(int no)
{
   if (no == -1)
   {
        ShowSegment(1, -1) ;
   }
   else
   {
        ShowSegment(1, (no/1000)) ;
        delay(5) ;
        ShowSegment(2, (no/100)) ;
        delay(5) ;
        ShowSegment(3, (no/10)) ;
      delay(5) ;
        ShowSegment(4, (no%10)) ;
      delay(5) ;
   }
}
void ShowSegment(int digital, int number)
{
      switch (digital)
          {
```

```
                case 1:
                digitalWrite(ctlD1, digitalon);
                digitalWrite(ctlD2, digitaloff);
                digitalWrite(ctlD3, digitaloff);
                digitalWrite(ctlD4, digitaloff);
                 break ;

                 case 2:
                digitalWrite(ctlD1, digitaloff);
                digitalWrite(ctlD2, digitalon);
                digitalWrite(ctlD3, digitaloff);
                digitalWrite(ctlD4, digitaloff);
                 break ;

                 case 3:
                digitalWrite(ctlD1, digitaloff);
                digitalWrite(ctlD2, digitaloff);
                digitalWrite(ctlD3, digitalon);
                digitalWrite(ctlD4, digitaloff);
                 break ;

                 case 4:
                digitalWrite(ctlD1, digitaloff);
                digitalWrite(ctlD2, digitaloff);
                digitalWrite(ctlD3, digitaloff);
                digitalWrite(ctlD4, digitalon);
                 break ;
            }

    switch (number)
      {
        case 9:
                // 顯示數字 '9'
            digitalWrite(aPin, turnon);
            digitalWrite(bPin, turnon);
            digitalWrite(cPin, turnon);
            digitalWrite(dPin, turnoff);
            digitalWrite(ePin, turnoff);
            digitalWrite(fPin, turnon);
```

```
          digitalWrite(gPin, turnon);
           break ;

           case 8:
          // 顯示數字 '8'
          digitalWrite(aPin, turnon);
          digitalWrite(bPin, turnon);
          digitalWrite(cPin, turnon);
          digitalWrite(dPin, turnon);
          digitalWrite(ePin, turnon);
          digitalWrite(fPin, turnon);
          digitalWrite(gPin, turnon);
          break ;

          case 7:
          // 顯示數字 '7'
          digitalWrite(aPin, turnon);
          digitalWrite(bPin, turnon);
          digitalWrite(cPin, turnon);
          digitalWrite(dPin, turnoff);
          digitalWrite(ePin, turnoff);
          digitalWrite(fPin, turnoff);
          digitalWrite(gPin, turnoff);
          break ;

          case 6:
          // 顯示數字 '6'
          digitalWrite(aPin, turnon);
          digitalWrite(bPin, turnoff);
          digitalWrite(cPin, turnon);
          digitalWrite(dPin, turnon);
          digitalWrite(ePin, turnon);
          digitalWrite(fPin, turnon);
          digitalWrite(gPin, turnon);
          break ;

          case 5:
          // 顯示數字 '5'
          digitalWrite(aPin, turnon);
```

```
digitalWrite(bPin, turnoff);
digitalWrite(cPin, turnon);
digitalWrite(dPin, turnon);
digitalWrite(ePin, turnoff);
digitalWrite(fPin, turnon);
digitalWrite(gPin, turnon);
break ;

case 4:
// 顯示數字 '4'
digitalWrite(aPin, turnoff);
digitalWrite(bPin, turnon);
digitalWrite(cPin, turnon);
digitalWrite(dPin, turnoff);
digitalWrite(ePin, turnoff);
digitalWrite(fPin, turnon);
digitalWrite(gPin, turnon);
break ;

case 3:
// 顯示數字 '3'
digitalWrite(aPin, turnon);
digitalWrite(bPin, turnon);
digitalWrite(cPin, turnon);
digitalWrite(dPin, turnon);
digitalWrite(ePin, turnoff);
digitalWrite(fPin, turnoff);
digitalWrite(gPin, turnon);
break ;

 case 2:
// 顯示數字 '2'
digitalWrite(aPin, turnon);
digitalWrite(bPin, turnon);
digitalWrite(cPin, turnoff);
digitalWrite(dPin, turnon);
digitalWrite(ePin, turnon);
digitalWrite(fPin, turnoff);
digitalWrite(gPin, turnon);
```

```
break ;

case 1:
// 顯示數字 '1'
digitalWrite(aPin, turnoff);
digitalWrite(bPin, turnon);
digitalWrite(cPin, turnon);
digitalWrite(dPin, turnoff);
digitalWrite(ePin, turnoff);
digitalWrite(fPin, turnoff);
digitalWrite(gPin, turnoff);
break ;

case 0:
// 顯示數字 '0'
digitalWrite(aPin, turnon);
digitalWrite(bPin, turnon);
digitalWrite(cPin, turnon);
digitalWrite(dPin, turnon);
digitalWrite(ePin, turnon);
digitalWrite(fPin, turnon);
digitalWrite(gPin, turnoff);
 break ;

case -1:
// all Off
digitalWrite(aPin, turnoff);
digitalWrite(bPin, turnoff);
digitalWrite(cPin, turnoff);
digitalWrite(dPin, turnoff);
digitalWrite(ePin, turnoff);
digitalWrite(fPin, turnoff);
digitalWrite(gPin, turnoff);
 break ;

    }
}
```

參考資料來源：coopermaa(http://yehnan.blogspot.tw/2013/08/arduino_26.html)

讀者也可以在作者 YouTube 頻道(https://www.youtube.com/user/UltimaBruce)中，在網址: https://www.youtube.com/watch?v=DDF_y0BumG0&feature=youtu.be ，看到本次實驗-顯示四位數七段顯示器測試程式，如圖 210 所示，可以看到四位數七段顯示器從 0001、0002、....、9998、9999 循環顯示。

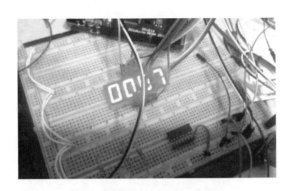

圖 218 顯示四位數七段顯示器結果畫面

顯示 8x8 Led 點陣顯示器

Led 點陣顯示器是 Arduino 開發板最常使用來顯室圖形、英文字、甚至中文字的顯示器，本實驗仍只需要一塊 Arduino 開發板、USB 下載線、四位數七段顯示器。

如圖 219 所示，這個實驗我們需要用到的實驗硬體有圖 219.(a)的 Arduino Mega 2560 與圖 219.(b) USB 下載線、圖 219.(c) 8x8 Led 點陣顯示器：

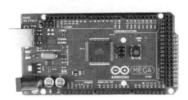

(a).Arduino Mega 2560   (b). USB 下載線

(c). 8x8 Led 點陣顯示器

圖 219 顯示 8x8 Led 點陣顯示器所需零件表

如圖 220 所示,我們可以知道 led 點陣 8x8 顯示器背面有接腳,可以見到『led 點陣 8x8 顯示器』下方有印字的為開始的腳位,由左到右共有 PIN1~PIN8,上面由右到左共有 PIN9~PIN16,讀者要仔細觀看,切勿弄混淆了。

圖 220 led 點陣 8x8 顯示器接腳圖

如圖 220 所示,我們可以知道接腳的腳位,但是那一個腳位是代表那一個 LED 燈,我們可以由圖 221 得知規納成為下列表 56 之 8x8 Led 點陣顯示器腳位、行列對照表,讀者可以透過此表得知如何驅動 8x8 Led 點陣顯示器。

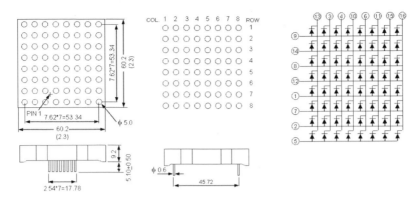

圖 221 8x8 Led 點陣顯示器接腳說明

表 56 8x8 Led 點陣顯示器腳位、行列對照表

8x8 Led 點陣顯示器	
8x8 Led 點陣顯示器腳位	驅動列行意義
8x8 Led 點陣顯示器 Pin1	8x8 Led 點陣顯示器 R5
8x8 Led 點陣顯示器 Pin2	8x8 Led 點陣顯示器 R7
8x8 Led 點陣顯示器 Pin3	8x8 Led 點陣顯示器 C2
8x8 Led 點陣顯示器 Pin4	8x8 Led 點陣顯示器 C3
8x8 Led 點陣顯示器 Pin5	8x8 Led 點陣顯示器 R8
8x8 Led 點陣顯示器 Pin6	8x8 Led 點陣顯示器 C5
8x8 Led 點陣顯示器 Pin7	8x8 Led 點陣顯示器 R6
8x8 Led 點陣顯示器 Pin8	8x8 Led 點陣顯示器 R3
8x8 Led 點陣顯示器 Pin9	8x8 Led 點陣顯示器 R1
8x8 Led 點陣顯示器 Pin10	8x8 Led 點陣顯示器 C4
8x8 Led 點陣顯示器 Pin11	8x8 Led 點陣顯示器 C6
8x8 Led 點陣顯示器 Pin12	8x8 Led 點陣顯示器 R4
8x8 Led 點陣顯示器 Pin13	8x8 Led 點陣顯示器 C1

8x8 Led 點陣顯示器	
8x8 Led 點陣顯示器腳位	驅動列行意義
8x8 Led 點陣顯示器 Pin14	8x8 Led 點陣顯示器 R2
8x8 Led 點陣顯示器 Pin15	8x8 Led 點陣顯示器 C7
8x8 Led 點陣顯示器 Pin16	8x8 Led 點陣顯示器 C8

我們遵照前面所述,將 Arduino 開發板的驅動程式安裝好之後,作者參考表 56、圖 220、圖 221 了解之後,轉成表 57 之 8x8 Led 點陣顯示器接腳表,本實驗使用共陽型 8x8 Led 點陣顯示器接腳表,所以作者參考表 57 完成電路的連接,完成後如圖 222 所示之 8x8 Led 點陣顯示器實際組裝圖。

表 57　8x8 Led 點陣顯示器接腳表

8x8 Led 點陣顯示器	Arduino 開發板接腳	解說
8x8 Led 點陣顯示器 Pin1	Arduino Pin 22	8x8 Led 點陣顯示器 R5
8x8 Led 點陣顯示器 Pin2	Arduino Pin 24	8x8 Led 點陣顯示器 R7
8x8 Led 點陣顯示器 Pin3	Arduino Pin 26	8x8 Led 點陣顯示器 C2
8x8 Led 點陣顯示器 Pin4	Arduino Pin 28	8x8 Led 點陣顯示器 C3
8x8 Led 點陣顯示器 Pin5	Arduino Pin 30	8x8 Led 點陣顯示器 R8
8x8 Led 點陣顯示器 Pin6	Arduino Pin 32	8x8 Led 點陣顯示器 C5
8x8 Led 點陣顯示器 Pin7	Arduino Pin 34	8x8 Led 點陣顯示器 R6

8x8 Led 點陣顯示器	Arduino 開發板接腳	解說
8x8 Led 點陣顯示器 Pin8	Arduino Pin 36	8x8 Led 點陣顯示器 R3
8x8 Led 點陣顯示器 Pin9	Arduino Pin 38	8x8 Led 點陣顯示器 R1
8x8 Led 點陣顯示器 Pin10	Arduino Pin 40	8x8 Led 點陣顯示器 C4
8x8 Led 點陣顯示器 Pin11	Arduino Pin 42	8x8 Led 點陣顯示器 C6
8x8 Led 點陣顯示器 Pin12	Arduino Pin 44	8x8 Led 點陣顯示器 R4
8x8 Led 點陣顯示器 Pin13	Arduino Pin 46	8x8 Led 點陣顯示器 C1
8x8 Led 點陣顯示器 Pin14	Arduino Pin 48	8x8 Led 點陣顯示器 R2
8x8 Led 點陣顯示器 Pin15	Arduino Pin 50	8x8 Led 點陣顯示器 C7
8x8 Led 點陣顯示器 Pin16	Arduino Pin 52	8x8 Led 點陣顯示器 C8

圖 222 8x8 Led 點陣顯示器實際組裝圖

我們遵照前幾章所述，將 Arduino 開發板的驅動程式安裝好之後，我們打開 Arduino 開發板的開發工具：Sketch IDE 整合開發軟體，攜寫一段程式，如表 58 所示之 8x8 Led 點陣顯示器測試程式一，可以看到 8x8 Led 點陣顯示器一列一列亮起來。

表 58 8x8 Led 點陣顯示器測試程式一

```
Led 點陣顯示器測試程式一(ledmatrix_LineUp)

#define turnon HIGH
#define turnoff LOW


byte rows[8] = {9, 14, 8, 12, 1, 7, 2, 5};
byte cols[8] = {13, 3, 4, 10, 6, 11, 15, 16};
//byte Pins[16] = {5, 4, 3, 2, 14, 15, 16, 17, 13, 12, 11, 10, 9, 8, 7, 6};
byte Pins[16] ={22,24, 26, 28, 30, 32,34,36,38,40,42,44,46,48,50,52};
byte screen[8] = {0, 0, 0, 0, 0, 0, 0, 0};

void setup() {
    for (int i = 0; i <= 15; i++)
        {
            PinMode(Pins[i], OUTPUT);
            digitalWrite(Pins[i],turnoff);
        }
        delay(1000);


        for (int i = 0; i <= 7; i++)
          {
              digitalWrite(Pins[rows[i]-1],turnon);
              delay(1000);
          }


    //for (i=1;i<=8, i++)
}
```

```
void loop() {
  // digitalWrite(4,HIGH);
}
```

　　讀者也可以在作者 YouTube 頻道(https://www.youtube.com/user/UltimaBruce)中，在網址：https://www.youtube.com/watch?v=JDgZxvtLkBY&feature=youtu.be，看到本次實驗- Led 點陣顯示器測試程式一結果畫面，如圖 223 所示，以看到 8x8 Led 點陣顯示器一列一列亮起來。

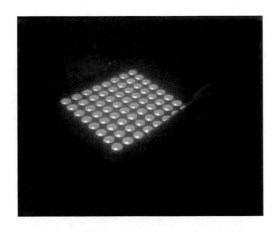

圖 223 Led 點陣顯示器測試程式一結果畫面

滑動顯示 8x8 Led 點陣顯示器

　　我們遵照前幾章所述，已將 8x8 Led 點陣顯示器顯示出來，但是只是點亮 8x8 Led 點陣顯示器，如果我們要顯示圖形或文字，由於『8x8 Led 點陣顯示器』需要許多時間顯示，在顯示 8x8 Led 點陣顯示器期間又不可以中斷，這樣會讓圖形不見或停窒，這是因為『8x8 Led 點陣顯示器』的內容是透過每一點點亮，熄滅，掃描每一點之後換列，在往下一列開始，如圖 224 所示，所以必須一點一點的點亮，由於人類視覺暫留的原理，人類的眼睛與頭腦會自動將之合成一幅完整的畫面。

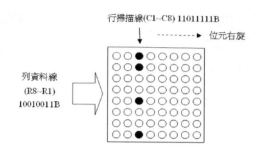

圖 224 Led 點陣顯示掃描方式

資料來源：亞洲大學資工系 陳瑞奇(Rikki Chen, CSIE, Asia

Univ.)(http://dns2.asia.edu.tw/~rikki/mps103/mcs-ch12.pdf)

由圖 226 之 Led 點陣顯示器掃描電路，由於 8 x 8 點的 Led 點陣顯示器，共有 8*8 點，必須將之分成八列八行，將 8 個行接點(C1~C8)與 8 個列接點(R1~R8)，規劃成 8 條資料線與 8 條掃描線。每次資料線送出 1 行編碼資料(1Bytes)，使用掃描線，選擇其中一行輸出，經短暫時間，送出下一行編碼資料，8 行輪流顯示，利用眼睛視覺暫留效應，看到整個編碼圖形的顯示。

如果我們要顯示一個『u』字元在 Led 點陣顯示器上，如表 59 所示，我們必須先將『u』字元的外形進行編碼，用 8 bit *8 列來進行編碼。

表 59 顯示 u 編碼表

掃瞄順序	顯示資料 (2 進位制)	顯示資料 (16 進位制)
第 1 行	00001000	0x08
第 2 行	00100100	0x24
第 3 行	01010010	0x52
第 4 行	01001000	0x48
第 5 行	01000001	0x41
第 6 行	00100010	0x22
第 7 行	01000100	0x44
第 8 行	00001000	0x08

然後再將表 59 所示之 8bits *8，如圖 225 所示，一列一點的顯示出來。們必

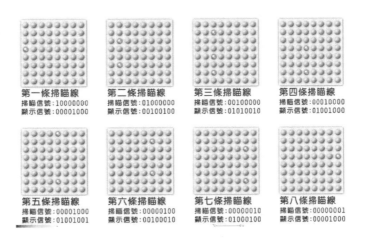

圖 225 顯示 u 之掃描方法

如此一來，Arduino 開發板就必須不中斷的顯示這些 Led 點陣顯示器的所有點，這樣 Arduino 開發板跟本就無力去做別的事，所以我們引入了 Timer 的方法，來重新改寫這個程式。

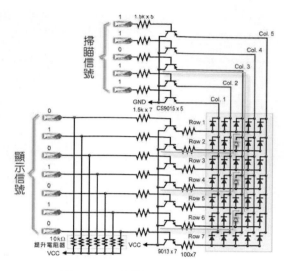

圖 226 Led 點陣顯示掃描電路

資料來源：亞洲大學資工系 陳瑞奇(Rikki Chen, CSIE, Asia

Univ.)(http://dns2.asia.edu.tw/~rikki/mps103/mcs-ch12.pdf)

　　在 Arduino 開發板的驅動程式安裝好之後，我們打開 Arduino 開發板的開發工具：Sketch IDE 整合開發軟體，攛寫一段程式，如表 60 所示之滑動顯示 8x8 Led 點陣顯示器測試程式，可以看到 8x8 Led 點陣顯示器滑動顯示『HELLO』。

表 60 滑動顯示 8x8 Led 點陣顯示器測試程式

滑動顯示 8x8 Led 點陣顯示器測試程式(ledmatrix_HELLO)
#include <FrequencyTimer2.h> #define turnon HIGH #define turnoff LOW   #define SPACE { \ 　　{0, 0, 0, 0, 0, 0, 0, 0},　\ 　　{0, 0, 0, 0, 0, 0, 0, 0}, \ 　　{0, 0, 0, 0, 0, 0, 0, 0}, \ 　　{0, 0, 0, 0, 0, 0, 0, 0}, \

```
      {0, 0, 0, 0, 0, 0, 0, 0}, \
      {0, 0, 0, 0, 0, 0, 0, 0}, \
      {0, 0, 0, 0, 0, 0, 0, 0}, \
      {0, 0, 0, 0, 0, 0, 0, 0} \
}

#define H { \
      {0, 1, 0, 0, 0, 0, 1, 0}, \
      {0, 1, 0, 0, 0, 0, 1, 0}, \
      {0, 1, 0, 0, 0, 0, 1, 0}, \
      {0, 1, 1, 1, 1, 1, 1, 0}, \
      {0, 1, 0, 0, 0, 0, 1, 0}, \
      {0, 1, 0, 0, 0, 0, 1, 0}, \
      {0, 1, 0, 0, 0, 0, 1, 0}, \
      {0, 1, 0, 0, 0, 0, 1, 0}   \
}

#define E   { \
      {0, 1, 1, 1, 1, 1, 1, 0}, \
      {0, 1, 0, 0, 0, 0, 0, 0}, \
      {0, 1, 0, 0, 0, 0, 0, 0}, \
      {0, 1, 1, 1, 1, 1, 1, 0}, \
      {0, 1, 0, 0, 0, 0, 0, 0}, \
      {0, 1, 0, 0, 0, 0, 0, 0}, \
      {0, 1, 0, 0, 0, 0, 0, 0}, \
      {0, 1, 1, 1, 1, 1, 1, 0}   \
}

#define L { \
      {0, 1, 0, 0, 0, 0, 0, 0}, \
      {0, 1, 0, 0, 0, 0, 0, 0}, \
      {0, 1, 0, 0, 0, 0, 0, 0}, \
      {0, 1, 0, 0, 0, 0, 0, 0}, \
      {0, 1, 0, 0, 0, 0, 0, 0}, \
      {0, 1, 0, 0, 0, 0, 0, 0}, \
      {0, 1, 0, 0, 0, 0, 0, 0}, \
      {0, 1, 1, 1, 1, 1, 1, 0}   \
}
```

```
#define O { \
    {0, 0, 0, 1, 1, 0, 0, 0}, \
    {0, 0, 1, 0, 0, 1, 0, 0}, \
    {0, 1, 0, 0, 0, 0, 1, 0}, \
    {0, 1, 0, 0, 0, 0, 1, 0}, \
    {0, 1, 0, 0, 0, 0, 1, 0}, \
    {0, 1, 0, 0, 0, 0, 1, 0}, \
    {0, 0, 1, 0, 0, 1, 0, 0}, \
    {0, 0, 0, 1, 1, 0, 0, 0}   \
}

byte col = 0;
byte leds[8][8];

// Pin[xx] on led matrix connected to nn on Arduino (-1 is dummy to make array start at pos
1)
int Pins[17]= {-1,22,24, 26, 28, 30, 32,34,36,38,40,42,44,46,48,50,52};

// col[xx] of leds = Pin yy on led matrix
int cols[8] = {Pins[13], Pins[3], Pins[4], Pins[10], Pins[06], Pins[11], Pins[15], Pins[16]};

// row[xx] of leds = Pin yy on led matrix
int rows[8] = {Pins[9], Pins[14], Pins[8], Pins[12], Pins[1], Pins[7], Pins[2], Pins[5]};

const int numPatterns = 6;
byte patterns[numPatterns][8][8] = {
  H,E,L,L,O,SPACE
};

int pattern = 0;

void setup() {
  // sets the Pins as output
  for (int i = 1; i <= 16; i++) {
    PinMode(Pins[i], OUTPUT);
  }

  // set up cols and rows
  for (int i = 1; i <= 8; i++) {
```

```
        digitalWrite(cols[i - 1], turnoff);
    }

    for (int i = 1; i <= 8; i++) {
        digitalWrite(rows[i - 1], turnoff);
    }

    clearLeds();

    // Turn off toggling of Pin 11
    FrequencyTimer2::disable();
    // Set refresh rate (interrupt timeout period)
    FrequencyTimer2::setPeriod(2000);
    // Set interrupt routine to be called
    FrequencyTimer2::setOnOverflow(display);

    setPattern(pattern);
}

void loop() {
    pattern = ++pattern % numPatterns;
    slidePattern(pattern, 60);
}

void clearLeds() {
    // Clear display array
    for (int i = 0; i < 8; i++) {
        for (int j = 0; j < 8; j++) {
            leds[i][j] = 0;
        }
    }
}

void setPattern(int pattern) {
    for (int i = 0; i < 8; i++) {
        for (int j = 0; j < 8; j++) {
            leds[i][j] = patterns[pattern][i][j];
        }
    }
```

```
}

void slidePattern(int pattern, int del) {
    for (int l = 0; l < 8; l++) {
        for (int i = 0; i < 7; i++) {
            for (int j = 0; j < 8; j++) {
                leds[j][i] = leds[j][i+1];
            }
        }
        for (int j = 0; j < 8; j++) {
            leds[j][7] = patterns[pattern][j][0 + 1];
        }
        delay(del);
    }
}

// Interrupt routine
void display() {
    digitalWrite(cols[col], HIGH);    // Turn whole previous column off
    col++;
    if (col == 8) {
        col = 0;
    }
    for (int row = 0; row < 8; row++) {
        if (leds[col][7 - row] == 1) {
            digitalWrite(rows[row], turnon);    // Turn on this led
        }
        else {
            digitalWrite(rows[row], turnoff); // Turn off this led
        }
    }
    digitalWrite(cols[col], turnoff); // Turn whole column on at once (for equal lighting
times)
}
```

　　讀者也可以在作者 YouTube 頻道(https://www.youtube.com/user/UltimaBruce)中，

在網址：https://www.youtube.com/watch?v=A0ABPJDS0tI&feature=youtu.be，看到本次

實驗-滑動顯示 8x8 Led 點陣顯示器測試程式結果畫面，如圖 223 所示，可以看到 8x8 Led 點陣顯示器滑動顯示『HELLO』。

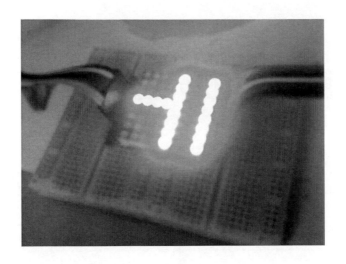

圖 227 滑動顯示 8x8 Led 點陣顯示器結果畫面

章節小結

本章主要介紹基本入門零件使用，透過使用這些基本入門零件，讓使用者可以使用 Arduino 開發板做這些簡單的基本入門的實驗。

CHAPTER

進階模組

本章要介紹 Arduino RFID 學習實驗套件模組(如圖 182 所示)更進階的模組，讓讀者可以輕鬆學會這些進階模組的使用方法，進而提升各位 Maker 的實力。

有源峰鳴器模組

在許多地方，需要發出嗡鳴聲是非常普遍的事，我們本節介紹有源峰鳴器模組(如圖 228 所示)，它主要是使用峰鳴器作成有源峰鳴器模組。

圖 228 有源峰鳴器模組

本實驗是採用峰鳴器，如圖 228 所示，由於峰鳴器需要搭配基本量測電路，所以我們使用有源峰鳴器模組來當實驗主體，並不另外組立基本量測電路。

如圖 229 所示，先參考有源峰鳴器模組的腳位接法，在遵照表 61 有源峰鳴器模組接腳表之有源峰鳴器模組接腳表進行電路組裝。

圖 229 有源峰鳴器模組腳位圖

表 61 有源峰鳴器模組接腳表

接腳	接腳說明	Arduino 開發板接腳
S	Vcc	電源 (+5V) Arduino +5V
2	GND	Arduino GND
3	Signal	Arduino digital Pin 7

我們遵照前幾章所述，將 Arduino 開發板的驅動程式安裝好之後，我們打開 Arduino 開發板的開發工具：Sketch IDE 整合開發軟體，攢寫一段程式，如表 62 所示之有源峰鳴器模組測試程式，我們就可以使用有源峰鳴器模組來發出嗡鳴聲。

表 62 有源峰鳴器模組測試程式

有源峰鳴器模組測試程式(Buzzer_sensor)

```
#define speakerPin 7                        //設定喇叭的接腳為第 8 孔
void setup()
{
    PinMode(speakerPin,OUTPUT)    ;          //設定喇叭為輸出
}

void loop()
{
    digitalWrite(speakerPin, HIGH);

    delay(3000);                             //設定喇叭饗的時間

    digitalWrite(speakerPin, LOW);

    delay(1000)    ;                         //設定喇叭不響的時間
```

}

讀者也可以在作者 YouTube 頻道

(https://www.youtube.com/user/UltimaBruce)中，在網址

https://www.youtube.com/watch?v=-nQlo1ojF5M&feature=youtu.be，看到本次

實驗-有源峰鳴器模組測試程式結果畫面。

當然、如圖 195 所示，我們可以看到有源峰鳴器模組測試程式結果畫面。

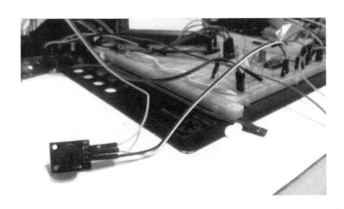

圖 230 有源峰鳴器模組測試程式結果畫面

無源峰鳴器模組

在許多地方，需要發出嗡鳴聲是非常普遍的事，我們在上節介紹有源峰鳴器模組(如圖 228 所示)，但源峰鳴器模組只能發出固定的聲調的嗡鳴聲，我們只能控制發聲的時間長短，如果我們希望發出不同聲調的嗡鳴聲，就無法達到我們的要求，所以本節介紹另一種峰鳴器，可以控制聲調的嗡鳴聲，作成無源峰鳴器模組。

圖 231 無源峰鳴器模組

　　本實驗是採用峰鳴器，如圖 231 所示，由於峰鳴器需要搭配基本量測電路，所以我們使用無源峰鳴器模組來當實驗主體，並不另外組立基本量測電路。

　　如圖 232 所示，先參考無源峰鳴器模組的腳位接法，在遵照表 63 之無源峰鳴器模組接腳表進行電路組裝。

圖 232 無源峰鳴器模組腳位圖

表 63 無源峰鳴器模組接腳表

接腳	接腳說明	Arduino 開發板接腳
S	Vcc	電源 (+5V) Arduino +5V
2	GND	Arduino GND
3	Signal	Arduino digital Pin 7

我們遵照前幾章所述，將 Arduino 開發板的驅動程式安裝好之後，我們打開 Arduino 開發板的開發工具：Sketch IDE 整合開發軟體，攢寫一段程式，如表 64 所示之無源峰鳴器模組測試程式，我們就可以控制無源峰鳴器模組來發出不同聲調嗡鳴聲。

表 64 無源峰鳴器模組測試程式

無源峰鳴器模組測試程式(CtlBuzzer_sensor)

```
#define speakerPin 7                          //設定蜂鳴器接腳為第7孔
void setup()
{
      PinMode(speakerPin,OUTPUT);             //設定蜂鳴器為輸出
}

void loop()
{

unsigned char i,j;                            //定義變數
while(1)
  {
    for(i=0;i<80;i++);                        //發出一個頻率的聲音
      {
          digitalWrite(speakerPin,HIGH);      //發出聲音
          delay(1);                           //延时 1ms
          digitalWrite(speakerPin,LOW);       //不發聲音
          delay(1);                           //延时 1ms

          for(i=0;i<100;i++);                 //發出另一個頻率的
聲音
          {
          digitalWrite(speakerPin,HIGH);      //發聲音
          delay(2);                           //延时
2ms
          digitalWrite(speakerPin,LOW);       //不發聲音
          delay(2);                           //延时
2ms
```

```
            }
        }
    }
}
```

　　讀者也可以在作者 YouTube 頻道

(https://www.youtube.com/user/UltimaBruce)中，在網址

https://www.youtube.com/watch?v=kBAjBHRBiVQ&feature=youtu.be，看到

本次實驗-無源峰鳴器模組測試程式結果畫面。

　　當然、如圖 195 所示，我們可以看到無源峰鳴器模組測試程式結

果畫面。

圖 233 無源峰鳴器模組測試程式結果畫面

溫度感測模組(DS18B20)

許多地方我們都需要量測溫度，所以使用溫度感測模組是最普通不過的事，我們本節介紹溫度感測模組(DS18B20) (如圖 234 所示)，它主要是使用 DS18B20 溫度感測器作成溫度感測模組(DS18B20)。

圖 234 溫度感測模組(DS18B20)

DS18B20 溫度感測模組提供 高達 9 位元溫度準確度來顯示物品的溫度。而溫度的資料只需將訊號經過單線串列送入 DS18B20 或從 DS18B20 送出，因此從中央處理器到 DS18B20 僅需連接一條線（和地）(如圖 236 所示)。

DS18B20 溫度感測模組讀、寫和完成溫度變換所需的電源可以由**數據線本身**提供，而不需要外部電源。因為每一個 DS18B20 溫度感測模組有唯一的系列號（silicon serial number），因此多個 DS18B20 溫度感測模組可以存在於同一條單線總線上。這允許在許多不同的地方放置 DS18B20 溫度感測模組。

圖 235 DS-18B20 數位溫度感測器

DS-18B20 數位溫度感測器特性介紹

1. DS18B20 的主要特性

● 適應電壓範圍更寬，電壓範圍：3.0～5.5V，在寄生電源方式下可由數 據
線供電

● 獨特的單線介面方式，DS18B20 在與微處理器連接時僅需要一條口線即
可實現微處理器與 DS18B20 的

2. 雙向通訊

● DS18B20 支援多點組網功能，多個 DS18B20 可以並聯在唯一的三線上，
實現組網多點測溫

● DS18B20 在使用中不需要任何週邊元件，全部傳感元件及轉換電路集成
在形如一只三極管的積體電路內

● 可測量溫度範圍為 $-55℃～+125℃$，在-10～+85℃時精度為±0.5℃

● 程式讀取的解析度為 9～12 位元，對應的可分辨溫度分別為 0.5℃、0.25
℃、0.125℃和 0.0625℃，可達到高精度測溫

● 在 9 位元解析度狀態時，最快在 93.75ms 內就可以把溫度轉換為數位資
料，在 12 位元解析度狀態時，最快在 750ms 內把溫度值轉換為數位資
料，速度更快

● 測量結果直接輸出數位溫度信號，只需要使用一條線路的資料匯流排，使
用串列方式傳送給微處理機，並同時可傳送 CRC 檢驗碼，且具有極強的
抗干擾除錯能力

● 負壓特性：電源正負極性接反時，晶片不會因發熱而燒毀， 只是不能正
常工作。

3. DS18B20 的外形和內部結構

● DS18B20 內部結構主要由四部分組成：64 位元 ROM 、溫度感測器、非

揮發的溫度報警觸發器 TH 和 T 配置暫存器。

● DS18B20 的外形及管腳排列如圖 236 所示

4. DS18B20 接腳定義：(如圖 236 所示)

● DQ 為數位資號輸入/輸出端；

● GND 為電源地；

● VDD 為外接供電電源輸入端。

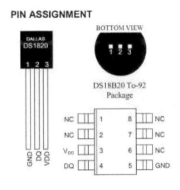

圖 236 DS18B20 腳位一覽圖

本實驗是採用溫度感測模組(DS18B20)，如圖 234 所示，先參考圖 237 所示之溫度感測模組(DS18B20)腳位圖腳，在遵照表 65 之溫度感測模組(DS18B20 接腳表進行電路組裝。

圖 237 溫度感測模組(DS18B20)腳位圖

表 65 溫度感測模組(DS18B20)接腳表

接腳	接腳說明	Arduino 開發板接腳
S	Vcc	電源 (+5V) Arduino +5V
2	GND	Arduino GND
3	Signal	Arduino digital Pin 7

接腳	接腳說明	接腳名稱
1	Ground (0V)	接地 (0V) Arduino GND
2	Supply voltage; 5V (4.7V – 5.3V)	電源 (+5V) Arduino +5V
3	SDA	Arduino digital Pin20(SDA)
4	SCL	Arduino digital Pin21(SCL)

資料來源：Arduino 程式教學(入門篇):Arduino Programming (Basic Skills & Tricks)

(曹永忠 et al., 2015a)

我們遵照前幾章所述，將 Arduino 開發板的驅動程式安裝好之後，我們打開 Arduino 開發板的開發工具：Sketch IDE 整合開發軟體，攢寫一段程式，如表 66

所示之溫度感測模組(DS18B20)測試程式。

表 66 溫度感測模組(DS18B20)測試程式

溫度感測模組(DS18B20)測試程式(DS18B20)

```cpp
#include <Wire.h>
#include <LiquidCrystal_I2C.h>
#include <OneWire.h>
#include <DallasTemperature.h>
#define ONE_WIRE_BUS 7

LiquidCrystal_I2C lcd(0x27, 16, 2); // set the LCD address to 0x27 for a 16 chars and 2
line display
OneWire oneWire(ONE_WIRE_BUS);
DallasTemperature sensors(&oneWire);

void setup(void)
{
    Serial.begin(9600);
    Serial.println("Temperature Sensor");
      lcd.begin(16, 2);
    // Print a message to the LCD.
    lcd.print("DallasTemperature");

    // 初始化
    sensors.begin();
}

void loop(void)
{
    // 要求匯流排上的所有感測器進行溫度轉換
    sensors.requestTemperatures();

    // 取得溫度讀數（攝氏）並輸出，
    // 參數 0 代表匯流排上第 0 個 1-Wire 裝置
    Serial.println(sensors.getTempCByIndex(0));
    lcd.setCursor(1, 1);
```

```
    lcd.print("                    ");
    lcd.setCursor(1, 1);
   lcd.print(sensors.getTempCByIndex(0));

   delay(2000);
}
```

　　讀者也可以在作者 YouTube 頻道

(https://www.youtube.com/user/UltimaBruce)中,在網址

https://www.youtube.com/watch?v=HqcWcVTkHKA&feature=youtu.be,看到本

次實驗-溫度感測模組(DS18B20)測試程式結果畫面。

　　當然、如圖 195 所示,我們可以看到溫度感測模組(DS18B20)測試程式結果畫

面。

圖 238 溫度感測模組(DS18B20)測試程式結果畫面

溫度感測模組(LM35)

　　LM35 是很常用且易用的溫度感測器元件,在元器件的應用上也只需要一個

LM35 元件,只利用一個類比介面就可以,將讀取的類比值轉換為實際的溫度,其

接腳的定義,請參考圖 239.(c) LM35 溫度感測器所示。

所需的元器件如下。

● 直插 LM35*1

● 麵包板*1

● 麵包板跳線*1 紮

如圖 239 所示，這個實驗我們需要用到的實驗硬體有圖 239.(a)的 Arduino Mega
2560 與圖 239.(b) USB 下載線、圖 239.(c) LM35 溫度感測器、圖 239.(d).LCD1602
液晶顯示器：

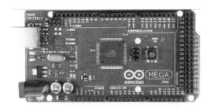

(a).Arduino Mega 2560

(b). USB 下載線

(c).LM35溫度感測器

(d).LCD1602液晶顯示器

圖 239 LM35 溫度感測器所需材料表

表 67 溫度感測模組(LM35)接腳表

接腳	接腳說明	Arduino 開發板接腳
S	Vcc	電源 (+5V) Arduino +5V
2	GND	Arduino GND
3	Signal	Arduino analog Pin 0

接腳	接腳說明	Arduino 開發板接腳
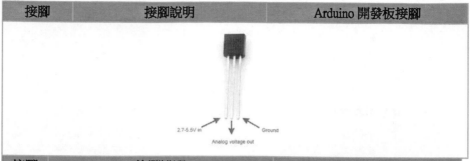		

接腳	接腳說明	接腳名稱
1	Ground (0V)	接地 (0V) Arduino GND
2	Supply voltage; 5V (4.7V – 5.3V)	電源 (+5V) Arduino +5V
3	SDA	Arduino digital Pin20(SDA)
4	SCL	Arduino digital Pin21(SCL)

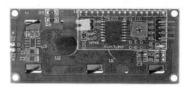

資料來源：Arduino 程式教學(入門篇):Arduino Programming (Basic Skills & Tricks)

(曹永忠 et al., 2015a)

我們遵照前幾章所述，將 Arduino 開發板的驅動程式安裝好之後，我們打開 Arduino 開發板的開發工具：Sketch IDE 整合開發軟體，攢寫一段程式，如表 68 所示之 LM35 溫度 IC 感測器程式程式，讓 Arduino 讀取 LM35 溫度 IC 感測器程式，並把溫度顯示在 Sketch 的監控畫面與 LCD1602 液晶顯示器上。

表 68 LM35 溫度 IC 感測器程式

LM35 溫度 IC 感測器程式(LM35)

```
// include the library code:
#include <Wire.h>
#include <LiquidCrystal_I2C.h>
// initialize the library with the numbers of the interface Pins
LiquidCrystal_I2C lcd(0x27, 16, 2); // set the LCD address to 0x27 for a 16 chars and 2 line
```

```
display

int potPin = 0; //定義類比介面 0 連接 LM35 溫度感測器
void setup()
{
Serial.begin(9600);//設置串列傳輸速率
  // set up the LCD's number of columns and rows:
  lcd.begin(16, 2);
  // Print a message to the LCD.


}
void loop()
{
int val;//定義變數
int dat;//定義變數
val=analogRead(0);// 讀取感測器的模擬值並賦值給 val
dat=(125*val)>>8;//溫度計算公式
Serial.print("Tep:");//原樣輸出顯示 Tep 字串代表溫度
Serial.print(dat);//輸出顯示 dat 的值
Serial.println("C");//原樣輸出顯示 C 字串
  // set the cursor to column 0, line 1
  // (note: line 1 is the second row, since counting begins with 0):
  lcd.setCursor(0, 1);
    lcd.print("Tep:");
    lcd.print(dat);
    lcd.print(" .C");
delay(500);//延時 0.5 秒
}
```

讀者也可以在作者 YouTube 頻道
(https://www.youtube.com/user/UltimaBruce) 中，在網址
https://www.youtube.com/watch?v=rTk5gCBfYI4&feature=youtu.be，看到本次實驗 -
LM35 溫度 IC 感測器程式結果畫面。

當然、如圖 240 所示，我們可以看到 LM35 溫度 IC 感測器程式結果畫面。

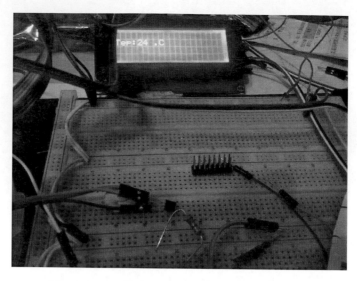

圖 240 LM35 溫度 IC 感測器程式結果畫面

高感度麥克風模組

如果我們要偵測聲音,最重要的零件是高感度麥克風,所以本節介紹高感度麥克風模組(如圖 241 所示),它主要是使用高感度麥克風作成高感度麥克風模組。

圖 241 高感度麥克風模組

本實驗是採用高感度麥克風模組,如圖 241 所示,由於高感度麥克風需要搭配基本量測電路,所以我們使用高感度麥克風模組來當實驗主體,並不另外組立基本量測電路。

如圖 242 所示,先參考高感度麥克風模組的腳位接法,在遵照表 69 之高感度麥克風模組接腳表進行電路組裝。

圖 242 高感度麥克風模組腳位圖

表 69 高感度麥克風模組接腳表

接腳	接腳說明	Arduino 開發板接腳
S	Vcc	電源 (+5V) Arduino +5V
2	GND	Arduino GND
3	Signal	Arduino digital Pin 7

S	Led +	Arduino digital Pin 6
2	Led -	Arduino GND

接腳	接腳說明	接腳名稱
1	Ground (0V)	接地 (0V) Arduino GND
2	Supply voltage; 5V (4.7V – 5.3V)	電源 (+5V) Arduino +5V
3	SDA	Arduino digital Pin20(SDA)
4	SCL	Arduino digital Pin21(SCL)

接腳	接腳說明	Arduino 開發板接腳

資料來源：Arduino 程式教學(常用模組篇):Arduino Programming (37 Sensor

Modules)(曹永忠 et al., 2015b)

我們遵照前幾章所述，將 Arduino 開發板的驅動程式安裝好之後，我們打開
Arduino 開發板的開發工具：Sketch IDE 整合開發軟體，攢寫一段程式，如表 70
所示之高感度麥克風模組測試程式，我們就可以透過高感度麥克風模組來偵測任何
輕微的聲音。

表 70 高感度麥克風模組測試程式

高感度麥克風模組測試程式(sound_sensor)

```
#include <Wire.h>
#include <LiquidCrystal_I2C.h>
#define DPin 7
#define LedPin 6


LiquidCrystal_I2C lcd(0x27, 16, 2); // set the LCD address to 0x27 for a 16 chars and 2
line display

   int val = 0 ;
  int oldval =-1   ;
void setup()
{
PinMode(LedPin,OUTPUT);//設置數位 IO 腳模式，OUTPUT 為 Output
 PinMode(DPin,INPUT);//定義 digital 為輸入接腳
 //PinMode(APin,INPUT);//定義為類比輸入接腳
```

```
  Serial.begin(9600);//設定串列傳輸速率為 9600 }

 // set up the LCD's number of columns and rows:
  lcd.begin(16, 2);
  // Print a message to the LCD.
  lcd.print("Sound Sensor");
}
void loop() {

  // set the cursor to column 0, line 1
  // (note: line 1 is the second row, since counting begins with 0):


   val=digitalRead(DPin);
    Serial.print(oldval);
    Serial.print("/");
    Serial.print(val);
    Serial.print("\n");

    if (val ==1)
    {
          if (val != oldval)
             {
                   lcd.setCursor(1, 1);
                     lcd.print("                ") ;
                    lcd.setCursor(1, 1);
                   lcd.print("Some Sound");
                    digitalWrite(LedPin,HIGH)   ;
                      delay(2000);
                     oldval= val ;
             }
    }
    else
    {
          if (val != oldval)
             {
                   lcd.setCursor(1, 1);
                   lcd.print("                ") ;
```

```
                lcd.setCursor(1, 1);
              lcd.print("Ready");
              digitalWrite(LedPin,LOW)    ;
                oldval= val ;
          }
      }


}
```

　　讀者也可以在作者 YouTube 頻道

(https://www.youtube.com/user/UltimaBruce)中，在網址

https://www.youtube.com/watch?v=ooZDJ9itMQ4&feature=youtu.be，看到本次

實驗-高感度麥克風模組測試程式結果畫面。

　　當然、如圖 243 所示，我們可以看到高感度麥克風模組測試程式結果畫面。

圖 243 高感度麥克風模組測試程式結果畫面

溫濕度感測模組(DHT11)

　　如果我們要量測溫度，我們可以使用溫度感測器，如果我們又要量測濕度，我們可以使用量測感測器，這樣我們會需要很多的感測器，所以本節介紹溫濕度感測模組(DHT11) (如圖 244 所示)，它主要是使用 DHT-11 作成溫濕度感測模組(DHT11)。

圖 244 溫濕度感測模組(DHT11)

　　本實驗是採用溫濕度感測模組(DHT11)，如圖 244 所示，由於 DHT-11 溫濕度感測器需要搭配基本量測電路，所以我們使用溫濕度感測模組(DHT11)來當實驗主體，並不另外組立基本量測電路。

　　如圖 245 所示，先參考溫濕度感測模組(DHT11)腳位接法，在遵照表 71 之溫濕度感測模組(DHT11)接腳表進行電路組裝。

圖 245 溫濕度感測模組(DHT11)腳位圖

表 71 溫濕度感測模組(DHT11)接腳表

接腳	接腳說明	Arduino 開發板接腳
S	Vcc	電源 (+5V) Arduino +5V
2	GND	Arduino GND
3	Signal	Arduino digital Pin 7

接腳	接腳說明	接腳名稱
1	Ground (0V)	接地 (0V) Arduino GND
2	Supply voltage; 5V (4.7V – 5.3V)	電源 (+5V) Arduino +5V
3	SDA	Arduino digital Pin20(SDA)
4	SCL	Arduino digital Pin21(SCL)

資料來源：Arduino 程式教學(常用模組篇):Arduino Programming (37 Sensor

Modules)(曹永忠 et al., 2015b)

我們遵照前幾章所述，將 Arduino 開發板的驅動程式安裝好之後，我們打開 Arduino 開發板的開發工具：Sketch IDE 整合開發軟體，攢寫一段程式，如表 72 所示之溫濕度感測模組(DHT11)測試程式，我們就可以透過溫濕度感測模組(DHT11) 來偵測任何溫度與濕度。

表 72 溫濕度感測模組測試程式

溫濕度感測模組測試程式(DHT11_sensor)

```
int DHPin=7;
byte dat[5];

byte read_data()
{
    byte data;
    for(int i=0; i<8;i++)
    {
        if(digitalRead(DHPin)==LOW)
        {

                while(digitalRead(DHPin)==LOW);                     //等待
50us
                    delayMicroseconds(30);
//判斷高電位的持續時間，以判定數據是 '0' 還是 '1'

                if(digitalRead(DHPin)==HIGH)
                    data |=(1<<(7-i));
//高位在前，低位在後

                while(digitalRead(DHPin) == HIGH);                  //數據
  '1' ，等待下一位的接收
        }
    }
    return data;
}

void start_test()
{
    digitalWrite(DHPin,LOW);                                       //拉低總線，發開始
信號
    delay(30);                                                     //延
遲時間要大於 18ms，以便檢測器能檢測到開始訊號；
    digitalWrite(DHPin,HIGH);
    delayMicroseconds(40);                                         //等待感測器響應；
```

```
    PinMode(DHPin,INPUT);
  while(digitalRead(DHPin) == HIGH);
      delayMicroseconds(80);                              //發出響應，拉低
总线 80us；
    if(digitalRead(DHPin) == LOW);
        delayMicroseconds(80);                            //線路 80us 後
開始發送數據；

for(int i=0;i<4;i++)                                      //接收溫溼度
數據，校验位不考慮；
    dat[i] = read_data();

      PinMode(DHPin,OUTPUT);
      digitalWrite(DHPin,HIGH);                           //發送完數
據後釋放線路，等待下一次的開始訊號；
  }

void setup()
{
    Serial.begin(9600);
    PinMode(DHPin,OUTPUT);
}

void loop()
{
    start_test();
    Serial.print("Current humdity = ");
    Serial.print(dat[0], DEC);                            //顯示濕度的
整數位；
    Serial.print('.');
    Serial.print(dat[1],DEC);                             //顯示濕度
的小數位；
    Serial.println('%');
    Serial.print("Current temperature = ");
    Serial.print(dat[2], DEC);                            //顯示溫度的
整數位；
    Serial.print('.');
    Serial.print(dat[3],DEC);                             //顯示溫度的
小數位；
```

```
    Serial.println('C');
    delay(700);
}
```

當然、如圖 246 所示，我們可以看到溫濕度感測模組測試程式結果畫面。

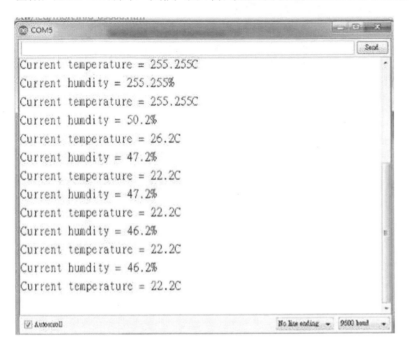

圖 246 溫濕度感測模組測試程式結果畫面

上面的程式我們並沒有使用 DHT11 的函式庫，所以整個程式變的很困難，也很難理解，所以作者寫了另外一版程式來使用 DHT11 的函式庫，使整個程式變的簡單、易學、易懂。

我們打開 Arduino 開發板的開發工具：Sketch IDE 整合開發軟體，攥寫一段程式，如表 73 所示之 DHT11 溫濕度感測模組測試程式，我們就可以透過溫濕度感測模組(DHT11)來偵測任何溫度與濕度。

表 73 DHT11 溫濕度感測模組測試程式

```
    DHT11 溫濕度感測模組測試程式(DHT11)
    int DHPin=7;
byte dat[5];

byte read_data()
{
    byte data;
    for(int i=0; i<8;i++)
    {
        if(digitalRead(DHPin)==LOW)
            {

                    while(digitalRead(DHPin)==LOW);              //等待
50us
                    delayMicroseconds(30);
//判斷高電位的持續時間，以判定數據是 '0' 還是 '1'

                    if(digitalRead(DHPin)==HIGH)
                        data |=(1<<(7-i));
//高位在前，低位在後

                    while(digitalRead(DHPin) == HIGH);           //數據
 '1'，等待下一位的接收
            }
    }
    return data;
}

void start_test()
{
    digitalWrite(DHPin,LOW);                               //拉低總線，發開始
信號
    delay(30);                                            //延
遲時間要大於18ms，以便檢測器能檢測到開始訊號；
    digitalWrite(DHPin,HIGH);
    delayMicroseconds(40);                                //等待感測器響應；
```

```
    PinMode(DHPin,INPUT);
  while(digitalRead(DHPin) == HIGH);
      delayMicroseconds(80);                            //發出響應，拉低
总线 80us；
    if(digitalRead(DHPin) == LOW);
        delayMicroseconds(80);                          //線路 80us 後
開始發送數據；

for(int i=0;i<4;i++)                                     //接收溫溼度
數據，校验位不考慮；
    dat[i] = read_data();

      PinMode(DHPin,OUTPUT);
      digitalWrite(DHPin,HIGH);                         //發送完數
據後釋放線路，等待下一次的開始訊號；
  }

void setup()
{
    Serial.begin(9600);
    PinMode(DHPin,OUTPUT);
}

void loop()
{
    start_test();
    Serial.print("Current humdity = ");
    Serial.print(dat[0], DEC);                          //顯示濕度的
整數位；
    Serial.print('.');
    Serial.print(dat[1],DEC);                           //顯示濕度
的小數位；
    Serial.println('%');
    Serial.print("Current temperature = ");
    Serial.print(dat[2], DEC);                          //顯示溫度的
整數位；
    Serial.print('.');
    Serial.print(dat[3],DEC);                           //顯示溫度的
小數位；
```

```
    Serial.println('C');
    delay(700);
}
```

當然、如圖 247 所示，我們可以看到溫濕度感測模組測試程式結果畫面。

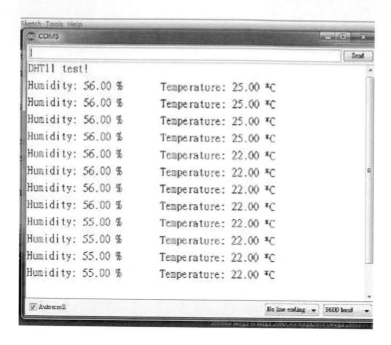

圖 247 DHT11 溫濕度感測模組測試程式結果畫面

XY 搖桿模組

如果我們同時控制兩個方向的東西，如遊戲時使用搖桿一般，我們需要一個搖桿才能達到我們的要求。所以本節介紹 XY 搖桿模組(如圖 248 所示)，它主要是使用兩個可變電組作成 XY 搖桿模組。

圖 248 XY 搖桿模組

　　本實驗是採用 XY 搖桿模組，如圖 248 所示，由於 XY 搖桿模組主要零件是可變電阻器(如圖 249 所示)，如果自己組立 XY 搖桿模組，需要搭配基本量測電路，所以我們使用 XY 搖桿模組來當實驗主體，並不另外組立基本量測電路。

圖 249 可變電阻器

　　如圖 250 所示，先參考 XY 搖桿模組腳位接法，在遵照表 74 之 XY 搖桿模組接腳表進行電路組裝。

圖 250 XY 搖桿模組腳位圖

表 74 XY 搖桿模組接腳表

接腳	接腳說明	Arduino 開發板接腳
S	Vcc	電源 (+5V) Arduino +5V
2	GND	Arduino GND
3	SignalX	Arduino analog Pin A0
	SignalY	Arduino analog Pin A1
	SignalZ	Arduino digital Pin 7

Led1	Led1 +	Arduino digital Pin 6
Led1	Led1 -	Arduino GND
Led2	Led2 +	Arduino digital Pin 5
Led2	Led2 -	Arduino GND

接腳	接腳說明	接腳名稱
1	Ground (0V)	接地 (0V) Arduino GND
2	Supply voltage; 5V (4.7V – 5.3V)	電源 (+5V) Arduino +5V
3	SDA	Arduino digital Pin20(SDA)

接腳	接腳說明	Arduino 開發板接腳
4	SCL	Arduino digital Pin21(SCL)

資料來源：Arduino 程式教學(常用模組篇):Arduino Programming (37 Sensor Modules)(曹永忠 et al., 2015b)

我們遵照前幾章所述，將 Arduino 開發板的驅動程式安裝好之後，我們打開 Arduino 開發板的開發工具：Sketch IDE 整合開發軟體，攥寫一段程式，如表 75 所示之 XY 搖桿模組測試程式，我們就可以透過 XY 搖桿模組來取得 XY 兩軸的值。

表 75XY 搖桿模組測試程式

XY 搖桿模組測試程式(XYJoystick)

```
#include <LiquidCrystal.h>
#define ZPin 7
#define LedPin1 6
#define LedPin2 5
#define XPin A0
#define YPin A1

 LiquidCrystal lcd(8, 9, 10, 45, 43, 41,39,37,35,33,31);

    int val1 = 0 ;
    int val2 = 0 ;
    int val3 = 0 ;
void setup()
{
PinMode(LedPin1,OUTPUT);//設置數位 IO 腳模式，OUTPUT 為 Output
PinMode(LedPin2,OUTPUT);//設置數位 IO 腳模式，OUTPUT 為 Output
 PinMode(ZPin,INPUT);//定義 digital 為輸入接腳
```

```
  //PinMode(XPin,INPUT);//定義為類比輸入接腳
// PinMode(YPin,INPUT);//定義為類比輸入接腳


  Serial.begin(9600);//設定串列傳輸速率為 9600 }

 // set up the LCD's number of columns and rows:
  lcd.begin(16, 2);
  // Print a message to the LCD.
  lcd.print("XY Joystick");
}
void loop()
{

  // set the cursor to column 0, line 1
  // (note: line 1 is the second row, since counting begins with 0):

    val1=analogRead(XPin);
    val2=analogRead(YPin);
    val3=digitalRead(ZPin);
    Serial.print(val1);
    Serial.print("/");
    Serial.print(val2);
    Serial.print("/");
    Serial.print(val3);
    Serial.print("\n");

      lcd.setCursor(1, 1);
        lcd.print("                ") ;
      lcd.setCursor(1, 1);
      lcd.print("X=");
       lcd.print(val1);
      // digitalWrite(val1)   ;
      lcd.print("   Y=");
       lcd.print(val2);
      // digitalWrite(val2)   ;
        lcd.print(" Z=");
```

```
        lcd.print(val3);

        //-------------
        analogWrite(LedPin1,map(val1,0,1023,0,255)) ;
        analogWrite(LedPin2,map(val2,0,1023,0,255)) ;
          delay(10);



}
```

　　讀者也可以在作者 YouTube 頻道

(https://www.youtube.com/user/UltimaBruce)中，在網址

https://www.youtube.com/watch?v=syJuGWbm9jU&feature=youtu.be，看到本

次實驗-XY 搖桿模組測試程式結果畫面。

　　當然、如圖 251 所示，我們可以看到 XY 搖桿模組測試程式結果畫面。

圖 251 XY 搖桿模組測試程式結果畫面

繼電器模組

一般而言，電子電路需要控制大電壓、大電流的通路閉合，使用繼電器 (Relay) 是一個簡單、低成本、方便、整合性強的解決方案。繼電器 (Relay) 是一種可以讓小電力控制大電力的開關。例如，小電壓的電池或者是微控制器，只要用繼電器就可以切換馬達 (Motors)、變壓器 (transformers)、電風扇 (Electronic Fan)、燈泡 (Light Bulbs) 等大電流設備的開關。

由圖 252 與圖 253 所示，為松樂繼電器公司 (Ningbo songle relay co.,ltd)(Ningbo_songle_relay_corp._ltd., 2013)製造的繼電器，本實驗會使用此繼電器。

圖 252 五伏特使用的繼電器　　圖 253 十二伏特使用的繼電器

有時候我們需要同時監控制多組電路之開關同時閉合或開啟，但是這些線路的電源(電壓或電流)無法合併在同一條線路當中，這時候我們就會使用圖 254 類型的繼電器，此種類型的繼電器有四組獨立控制的開關，彼此線路分開，但是其控制開關又是同時閉合或開啟，可以達到上述的需求。

在工業上因為維護電路的關係，我們常使用圖 255 的繼電器模組，其外部接點可以是用螺絲起子接線，其繼電器採用可插拔得繼電器底座，非常適用於工業上的使用。

圖 254 多組式繼電器　　　　　圖 255 工業用繼電器

　　由表 76 所示，根據繼電器的輸入信號的性質可以將繼電器分類為:電壓繼電器、電流繼電器、時間繼電器、溫度繼電器、速度繼電器。另外一種分類，則由繼電器的工作原理來分類，可以分為：電磁式繼電器、感應式繼電器、電動式繼電器、電子式繼電器、熱繼電器、光繼電器。

表 76 繼電器常見分類表

輸入信號的性質	工作原理
電壓繼電器	電磁式繼電器
電流繼電器	感應式繼電器
時間繼電器	電動式繼電器
溫度繼電器	電子式繼電器
速度繼電器	熱繼電器
壓力繼電器	光繼電器

資料來源：(維基百科-繼電器, 2013)

電磁繼電器的工作原理和特性

　　電磁式繼電器一般由鐵芯、線圈、銜鐵、觸點簧片等組成的。如圖 256.(a)所示，只要在線圈兩端加上一定的電壓，線圈中就會流過一定的電流，從而產生電磁效應，銜鐵就會在電磁力吸引的作用下克服返回彈簧的拉力吸向鐵芯，從而帶動銜鐵的動觸點與靜觸點（常開觸點）吸合(如圖 256.(b)所示)。當線圈斷電後，電磁的吸力也隨之消失，銜鐵就會在彈簧的反作用力下返回原來的位置，使動觸點與原來的靜觸點（常閉觸點）吸合(如圖 256.(a)所示)。這樣吸合、釋放，從而達到了在電路中的導通、切斷的目的。對於繼電器的「常開、常閉」觸點，可以這樣來區分：繼電器線圈未通電時處於斷開狀態的靜觸點，稱為「常開觸點」(如圖 256.(a)所示)。；處於接通狀態的靜觸點稱為「常閉觸點」(如圖 256.(a)所示)。

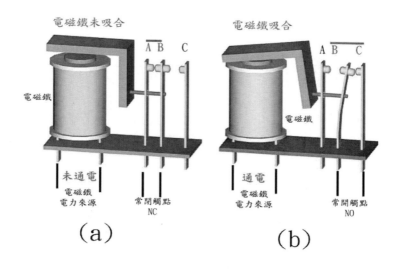

圖 256 電磁鐵動作

資料來源：(維基百科-繼電器, 2013)

由上述圖 256 電磁鐵動作之中，可以了解到，繼電器中的電磁鐵因為電力的輸入，產生電磁力，而將可動電樞吸引，而可動電樞在 NC 接典與ＮＯ接點兩邊擇一閉合。由圖 257.(a)所示，因電磁線圈沒有通電，所以沒有產生磁力，所以沒有將可動電樞吸引，維持在原來狀態，就是共接典與常閉觸點(NC)接觸；當繼電器通電時，由圖 257.(b)所示，因電磁線圈通電之後，產生磁力，所以將可動電樞吸引，往下移動，使共接典與常開觸點(NO)接觸，產生導通的情形。

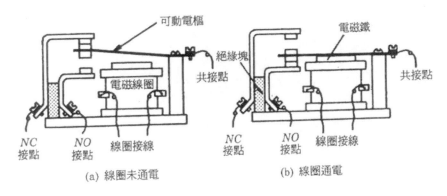

(a) 線圈未通電   (b) 線圈通電

圖 257 繼電器運作原理

繼電器中常見的符號：

- COM（Common）表示共接點。

- NO（Normally Open）表示常開接點。平常處於開路，線圈通電後才與共接點 COM 接通（閉路）。

- NC（Normally Close）表示常閉接點。平常處於閉路（與共接點 COM 接通），線圈通電後才成為開路（斷路）。

繼電器運作線路

那繼電器如何應用到一般電器的開關電路上呢，如圖 258 所示，在繼電器電磁線圈的DC輸入端，輸入DC 5V~24V(正確電壓請查該繼電器的資料手冊(DataSheet)得知)，當圖 258 左端 DC 輸入端之開關未打開時，圖 258 右端的常閉觸點與 AC 電流串接，與燈泡形成一個迴路，由於圖 258 右端的常閉觸點因圖 258 左端 DC 輸入端之開關未打開，電磁線圈未導通，所以圖 258 右端的 AC 電流與燈泡的迴路無法導通電源，所以燈泡不會亮。

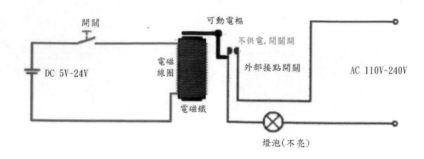

圖 258 繼電器未驅動時燈泡不亮

資料來源：(維基百科-繼電器, 2013)

如圖 259 所示，在繼電器電磁線圈的 DC 輸入端，輸入 DC 5V~24V(正確電壓請查該繼電器的資料手冊(DataSheet)得知)，當圖 259 左端 DC 輸入端之開關打開時，圖 259 右端的常閉觸點與 AC 電流串接，與燈泡形成一個迴路，由於圖 259 右端的常閉觸點因圖 259 左端 DC 輸入端之開關已打開，電磁線圈導通產生磁力，吸引可動電樞，使圖 259 右端的 AC 電流與燈泡的迴路導通，所以燈泡因有 AC 電流流入，所以燈泡就亮起來了。

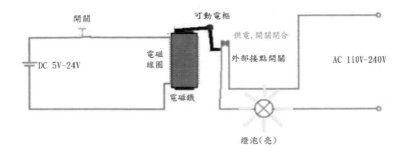

開關　　　　　　　　可動電柜
　　　　　　　　　　　　　　供電,開關閉合
DC 5V~24V　　　電磁　　外部接點開關　　AC 110V~240V
　　　　　　　　線圈
　　　　　　　　電磁鐵
　　　　　　　　　　　　　　燈泡(亮)

圖 259 繼電器驅動時燈泡亮

資料來源：(維基百科-繼電器, 2013)

由圖 258 與圖 259 所示，輔以上述文字，我們就可以了解到如何設計一個繼電器驅動電路，來當為外界電器設備的控制開關了。

我們有時後需要作一些電器開關的控制，這時後就需要用到繼電器(Relay)，所以我們建議使用繼電器模組來控制電器開關的開啟或關閉。所以本節介紹繼電器模組(如圖 260 所示)，它主要是使用繼電器(Relay)作成繼電器模組。

圖 260 繼電器模組

本實驗是採用繼電器模組，如圖 260 所示，由於繼電器(Relay)需要搭配基本量測電路，所以我們使用繼電器模組來當實驗主體，並不另外組立基本量測電路。

如圖 261 所示，先參考繼電器模組的腳位接法，在遵照表 77 之繼電器模組接腳表進行電路組裝。

常開
共用
常關
Signal
GND
Vcc

圖 261 繼電器模組腳位圖

表 77 繼電器模組接腳表

接腳	接腳說明	Arduino 開發板接腳
S	Vcc	電源 (+5V) Arduino +5V
2	GND	Arduino GND
3	Signal	Arduino digital Pin 7
4	共用	Arduino digital Pin 6
5	常開	Led +

S	Led +	繼電器模組-常開端
2	Led -	Arduino GND

接腳	接腳說明	接腳名稱
1	Ground (0V)	接地 (0V) Arduino GND
2	Supply voltage; 5V (4.7V - 5.3V)	電源 (+5V) Arduino +5V
3	SDA	Arduino digital Pin20(SDA)
4	SCL	Arduino digital Pin21(SCL)

接腳	接腳說明	Arduino 開發板接腳

資料來源：Arduino 程式教學(常用模組篇):Arduino Programming (37 Sensor Modules)(曹永忠 et al., 2015b)

我們遵照前幾章所述，將 Arduino 開發板的驅動程式安裝好之後，我們打開 Arduino 開發板的開發工具：Sketch IDE 整合開發軟體，攥寫一段程式，如表 78 所示之繼電器模組測試程式，我們就可以透過繼電器模組來控制電器開關的開啟或關閉，本實驗是點亮 Led 發光二極體。

表 78 繼電器模組測試程式

繼電器模組測試程式(relay_sensor)

```
#include <Wire.h>
#include <LiquidCrystal_I2C.h>
#define relayDPin    7

LiquidCrystal_I2C lcd(0x27, 16, 2); // set the LCD address to 0x27 for a 16 chars and 2
line display


void setup()
{

  PinMode(relayDPin,OUTPUT);


  Serial.begin(9600);//設定串列傳輸速率為 9600 }
```

```
  // set up the LCD's number of columns and rows:
  lcd.begin(16, 2);
  // Print a message to the LCD.
  lcd.print("Relay Control");
}
void loop() {
  int val ;
  // set the cursor to column 0, line 1
  // (note: line 1 is the second row, since counting begins with 0):
        lcd.setCursor(0, 1);
        lcd.print("                        ") ;
         digitalWrite(relayDPin,HIGH);
        Serial.println("Open Relay & Turn on Led");
           lcd.setCursor(0, 1);
           lcd.print("Turn on Led");
        delay(3000);
//----------------------------------
        lcd.setCursor(0, 1);
        lcd.print("                        ") ;
         digitalWrite(relayDPin,LOW);
        Serial.println("Open Relay & Turn on Led");
           lcd.setCursor(0, 1);
           lcd.print("Turn off Led");
        delay(1000);


}
```

讀者也可以在作者 YouTube 頻道

(https://www.youtube.com/user/UltimaBruce)中，在網址

https://www.youtube.com/watch?v=XCV397VWnDQ&feature=youtu.be，看到

本次實驗-繼電器模組測試程式結果畫面。

當然、如圖 262 所示，我們可以看到繼電器模組測試程式結果畫面。

圖 262 繼電器模組測試程式結果畫面

章節小結

本章主要介紹如何使用常用模組中較深入、進階的介紹,透過 Arduino 開發板來作進階實驗。

CHAPTER

高階模組

本章要介紹 Arduino RFID 學習實驗套件模組(如圖 182 所示)更進階的模組，讓讀者可以輕鬆學會這些進階模組的使用方法，進而提升各位 Maker 的實力。

紅外線發射模組

紅外線遙控之所以如此普及，主要是因為紅外線裝置體積小、成本低、耗電少及硬體設計容易。一般紅外線發射模組主要發射器大部分是使用紅外線發射器所是，大多是紅外線 LED，單純的紅外線發射方式，是根據每隔多少微秒發射，間隔多少在發射，產生一個有意義的訊號組碼。

由於我們可以在 Arduino 開發板電路端定義接收到的訊號，並給予定義，所以我們採用圖 263 的迷你遙控器，我們可以在網路賣家如：【BuyIC】迷你遙控器 (http://goods.ruten.com.tw/item/show?212210114920317)、【iCshop】紅外線遙控器(38k) 21key   (http://goods.ruten.com.tw/item/show?213303193999919   ，http://goods.ruten.com.tw/item/show?212210303363846   ，http://goods.ruten.com.tw/item/show?213302064450793)、【柏毅電子】紅外線遙控器 (http://goods.ruten.com.tw/item/show?212211189716694   ，http://goods.ruten.com.tw/item/show?213312307076002)、【浩哲電子科技】21 鍵遙控器 紅外線遙控器(http://goods.ruten.com.tw/item/show?213306304082458)...等網路上都可以輕易購得，是非常低成本的實驗型紅外線發射器。

圖 263 迷你遙控器

紅外線接收模組

　　一般我們如果要接收紅外線，我們會使用紅外線發射二極體來發射訊號(IR Send Led)，紅外線接收二極體來接收訊號(IR Receive Led)(如圖 264 所示)，但是使用這種紅外線發射、接收二極體，需要自己編碼，還需要考慮資料接收錯誤、遺失、加減密等問題。

圖 264 IR Led

　　紅外線是目前最常見的一種無線通訊方式，在家電以及玩具產品中普遍被使用，如電視(TV)、音響(Stereo Set)、錄放影機(Video Cassette Recorder)、冷氣機(Air-Conditioner)、DVD 播放機(Dvd Player)、MP3 播放機(MP3 Player)、遙控車(Remote Control Car)…等。

為了顆達到無線紅外線遙控的目的，我們使用了無線紅外線接收模組(Infrared Receiver Module)，為了簡化無線紅外線的發射與接受設計，並省下繁複無線紅外線通訊協定的撰寫，我們使用了常見的紅外線接收模組(Infrared Receiver Module)，如圖 265 與圖 266 所示的模組，使用了常見的使用 38 Khz 的無線紅外線接收模組(Infrared Receiver Module)(見圖 265 與圖 266)， 這個模組許多廠商都有製造，在這個 38 Khz 的標準規格之下，有許多相容品，我們採用 VS 1832B 這個產品，詳細產品資料請參閱『Arduino 遙控車設計與製作: The Design and Development of a Remote Control Car by Arduino Technology』(曹永忠, 許智誠, & 蔡英德, 2013)、『Arduino 遥控车设计与制作: Using Arduino to Develop a Controller of the Remote Control Car』(曹永忠, 許智诚, & 蔡英德, 2014)書中的附錄：『紅外線接收模組原廠資料』一章，可以了解詳細的資料。

紅外線接收模組 TL1838 VS1838B 38Khz 規格如下：

- 工作電壓: 2.7 ~ 5.5 V
- 工作電流: 1.4 mA
- 工作頻率: 38 KHZ
- 可接收角度： 45 degree

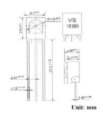

圖 265 VS1838B IR Receiver Module　　　圖 266 VS 1838B 外觀尺寸圖

資料來源：(SHENZHEN_LFN_TECHNOLOGY_CO._LTD., 2013)

紅外線接收模組工作腳位

我們可以由圖 267 得知，VS 1838B 的接腳圖，指要把 Vcc 接到 Arduino 開發板的+5V 接腳，Gnd 接到 Arduino 開發板的 Gnd 接腳，Out 接到 Arduino 開發板的 Digital Input Pin 11 接腳，就可以進行下列的測試。

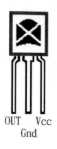

圖 267 VS 1838B 工作腳位

表 79 紅外線接收模組接腳表

接腳	接腳說明	Arduino 開發板接腳
S	Vcc	電源 (+5V) Arduino +5V
2	GND	Arduino GND
3	Signal	Arduino digital Pin 3

資料來源：Arduino 程式教學(常用模組篇):Arduino Programming (37 Sensor Modules)(曹永忠 et al., 2015b)

我們遵照前幾章所述，將 Arduino 開發板的驅動程式安裝好之後，我們打開 Arduino 開發板的開發工具：Sketch IDE 整合開發軟體，攢寫一段程式，如表 80

所示之紅外線接收模組測試程式，我們就可以透過如圖 263 所示之迷您紅外線搖
控發射器或任何其它家電的紅外線搖控發射器來測試。

表 80 紅外線接收模組測試程式

紅外線接收模組測試程式(VS1838B)

```
//Compatible with the Arduino IDE 1.0
//Library version:1.1
#include <Wire.h>
#include <LiquidCrystal_I2C.h>
#include "buttoncode.h"
#include <IRremote.h>
LiquidCrystal_I2C lcd(0x27, 16, 2); // set the LCD address to 0x27 for a 16 chars and 2
line display

int RECV_PIN = 2 ;
IRrecv irrecv(RECV_PIN);
decode_results results;


void setup()
{
  lcd.init();                          // initialize the lcd

  // Print a message to the LCD.
  lcd.backlight();
  lcd.print("Hello, world!");
  Serial.begin(9600);

  irrecv.enableIRIn();


}

void loop()
{
  // 將游標設到   第一行，   第二列
```

```cpp
  // (注意:   第二列第五行，因為是從 0 開始數起):
  lcd.setCursor(5, 1);

if (irrecv.decode(&results))
  {
   if (results.value == CH1)
      {
            Serial.println("CH-");
      }

    if (results.value == CH)
      {
        Serial.println("CH");
      }

      if (results.value == CH2)
      {
            Serial.println("CH+");
      }

    if (results.value == PREV)
      {
            Serial.println("PREV");
      }

    if (results.value == NEXT)
      {
        Serial.println("NEXT");
      }

    if (results.value == PLAYPAUSE)
      {
            Serial.println("PLAY/PAUSE");
      }

    if (results.value == VOL1)
      {
            Serial.println("VOL-");
      }
```

```
if (results.value == VOL2)
  {
     Serial.println("VOL+");
  }

if (results.value == EQ)
  {
        Serial.println("EQ");
  }

if (results.value == BUTON0)
  {
        Serial.println("BUTON0");
      }

if (results.value == BUTON100)
     {
           Serial.println("BUTON100+");
     }

if (results.value == BUTON200)
     {
           Serial.println("BUTON200+");
     }

  if (results.value == BUTON1)
     {
           Serial.println("BUTON1");
     }

  if (results.value == BUTON2)
       {
             Serial.println("BUTON2");
       }

  if (results.value == BUTON3)
       {
             Serial.println("BUTON3");
```

```
        }

    if (results.value == BUTTON4)
        {
              Serial.println("BUTON4");
        }

    if (results.value == BUTTON5)
        {
           Serial.println("BUTON5");
        }

    if (results.value == BUTTON6)
        {
              Serial.println("BUTON6");
        }

    if (results.value == BUTTON7)
        {
           Serial.println("BUTON7");
        }

    if (results.value == BUTTON8)
        {
              Serial.println("BUTON8");
        }
     if (results.value == BUTTON9)
        {
              Serial.println("BUTON9");
           }
    irrecv.resume();
  }

}
```

参考資料：Stack Exchange: Using VS1838B with Ar-

duino(http://arduino.stackexchange.com/questions/3926/using-vs1838b-with-arduino)

紅外線接收模組測試程式(buttoncode.h
#define CH1 0xFFA25D
#define CH 0xFF629D
#define CH2 0xFFE21D
#define PREV 0xFF22DD
#define NEXT 0xFF02FD
#define PLAYPAUSE 0xFFC23D
#define VOL1 0xFFE01F
#define VOL2 0xFFA857
#define EQ 0xFF906F
#define BUTON0 0xFF6897
#define BUTON100 0xFF9867
#define BUTON200 0xFFB04F
#define BUTON1 0xFF30CF
#define BUTON2 0xFF18E7
#define BUTON3 0xFF7A85
#define BUTON4 0xFF10EF
#define BUTON5 0xFF38C7
#define BUTON6 0xFF5AA5
#define BUTON7 0xFF42BD
#define BUTON8 0xFF4AB5
#define BUTON9 0xFF52AD

參考資料：Stack Exchange: Using VS1838B with Ar-

duino(http://arduino.stackexchange.com/questions/3926/using-vs1838b-with-arduino)

讀者也可以在作者 YouTube 頻道

(https://www.youtube.com/user/UltimaBruce)中，在網址

https://www.youtube.com/watch?v=izj6SNkIeek&feature=youtu.be，看到本次實

驗-旋轉編碼器模組測試程式結果畫面。

當然、如圖 268 所示，我們可以看到旋轉編碼器模組測試程式結果畫面。

圖 268 紅外線接收模組測試程式結果畫面

RTC I2C 時鐘模組

本實驗為了設計時間功能,並且為了斷電時依然可以保留時間,因為 Arduino 開發板並沒有內置時鐘(Internal Clock)的功能,所以引入了外部的時間模組。本實驗引入了 Arduino Tiny RTC I2C 時鐘模組,圖 269,可以見到 Tiny RTC I2C 時鐘模組的外觀圖,本模組採用 DS1307 晶片,為了驅動它,請參考附錄中 DS1307 函式庫(Jeelab, 2013),並在下列 Tiny RTC I2C 時鐘模組測試程式(DS1307_test1),讀出時間資料並且列印到 Arduino 開發板之監控通訊埠。

圖 269 Tiny RTC I2C 時鐘模組

在寫時鐘程式之前,我們可以參考圖 270 之時鐘模組之電路連接圖,先將電路連接完善後，方能進行下列 Tiny RTC I2C 時鐘模組測試程式的攥寫與測試。

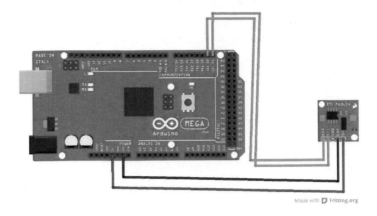

圖 270 時鐘模組電路連接方式

在完成圖 270 之時鐘模組之電路連接之後，我們進行表 81 之 RTC 1307 時鐘模組測試程式一，進行時鐘模組測試程式的攥寫與測試，可以得到如圖 271 之執行畫面，我們可以得到目前日期與時間的資料。

表 81 RTC 1307 時鐘模組測試程式一

RTC DS1307 時鐘模組測試程式一 (SetTime)

#include <DS1307RTC.h>
#include <Time.h>
#include <Wire.h>
 	
const char *monthName[12] = {
  "Jan", "Feb", "Mar", "Apr", "May", "Jun",
  "Jul", "Aug", "Sep", "Oct", "Nov", "Dec"
};
 	
tmElements_t tm;
 	
void setup() {
  bool parse=false;
  bool config=false;

```
    // get the date and time the compiler was run
    if (getDate(__DATE__) && getTime(__TIME__)) {
      parse = true;
      // and configure the RTC with this info
      if (RTC.write(tm)) {
        config = true;
      }
    }

    Serial.begin(9600);
    while (!Serial) ; // wait for Arduino Serial Monitor
    delay(200);
    if (parse && config) {
      Serial.print("DS1307 configured Time=");
      Serial.print(__TIME__);
      Serial.print(", Date=");
      Serial.println(__DATE__);
    } else if (parse) {
      Serial.println("DS1307 Communication Error :-{");
      Serial.println("Please check your circuitry");
    } else {
      Serial.print("Could not parse info from the compiler, Time=\"");
      Serial.print(__TIME__);
      Serial.print("\", Date=\"");
      Serial.print(__DATE__);
      Serial.println("\"");
    }
}

void loop() {
}

bool getTime(const char *str)
{
  int Hour, Min, Sec;

  if (sscanf(str, "%d:%d:%d", &Hour, &Min, &Sec) != 3) return false;
  tm.Hour = Hour;
```

```
┌─────────────────────────────────────────────────────────────────────┐
│ RTC DS1307  時鐘模組測試程式一  (SetTime)                               │
├─────────────────────────────────────────────────────────────────────┤
│   tm.Minute = Min;                                                    │
│   tm.Second = Sec;                                                    │
│   return true;                                                        │
│ }                                                                     │
│                                                                       │
│ bool getDate(const char *str)                                         │
│ {                                                                     │
│   char Month[12];                                                     │
│   int Day, Year;                                                      │
│   uint8_t monthIndex;                                                 │
│                                                                       │
│   if (sscanf(str, "%s %d %d", Month, &Day, &Year) != 3) return false; │
│   for (monthIndex = 0; monthIndex < 12; monthIndex++) {               │
│     if (strcmp(Month, monthName[monthIndex]) == 0) break;             │
│   }                                                                   │
│   if (monthIndex >= 12) return false;                                 │
│   tm.Day = Day;                                                       │
│   tm.Month = monthIndex + 1;                                          │
│   tm.Year = CalendarYrToTm(Year);                                     │
│   return true;                                                        │
│ }                                                                     │
└─────────────────────────────────────────────────────────────────────┘
```

　　由上述程式 Arduino 開發板就可以做到讀取時間，並且透過該時間模組可以達到儲存目前時間並且可以自動達到時鐘的功能(就是 Arduoino 停電休息時，時間仍然會繼續計算且不失誤)，對於工業上的應用，可以說是更加完備，因為企業不營業時，所有設備是關機不用的，但是營業時，所有設備開機時，不需要再次重新設定時間。

圖 271 RTC DS1307 時鐘模組測試程式一執行畫面

在完成圖 270 之時鐘模組之電路連接之後，我們進行表 82 之 RTC 1307 時鐘模組測試程式二，進行時鐘模組測試程式的攥寫與測試，可以得到如圖 272 之執行畫面，我們可以得到目前日期與時間的資料。

表 82 RTC 1307 時鐘模組測試程式二

RTC DS1307 時鐘模組測試程式二 (ReadTime)
| ```
#include <DS1307RTC.h>
#include <Time.h>
#include <Wire.h>

void setup() {
  Serial.begin(9600);
  while (!Serial) ; // wait for serial
  delay(200);
  Serial.println("DS1307RTC Read Test");
  Serial.println("-------------------");
}

void loop() {
  tmElements_t tm;

  if (RTC.read(tm)) {
``` |
```

```
        Serial.print("Ok, Time = ");
        print2digits(tm.Hour);
        Serial.write(':');
        print2digits(tm.Minute);
        Serial.write(':');
        print2digits(tm.Second);
        Serial.print(", Date (D/M/Y) = ");
        Serial.print(tm.Day);
        Serial.write('/');
        Serial.print(tm.Month);
        Serial.write('/');
        Serial.print(tmYearToCalendar(tm.Year));
        Serial.println();
    } else {
        if (RTC.chipPresent()) {
            Serial.println("The DS1307 is stopped.   Please run the SetTime");
            Serial.println("example to initialize the time and begin running.");
            Serial.println();
        } else {
            Serial.println("DS1307 read error!   Please check the circuitry.");
            Serial.println();
        }
        delay(9000);
    }
    delay(1000);
}

void print2digits(int number) {
    if (number >= 0 && number < 10) {
        Serial.write('0');
    }
    Serial.print(number);
}
```

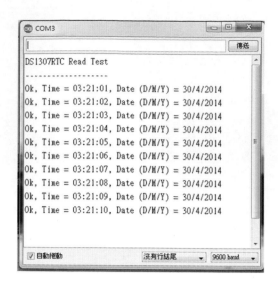

圖 272 RTC DS1307 時鐘模組測試程式二執行畫面

RTC DS1307 函數用法

為了更能了解 RTC DS1307 函數的用法，本節詳細介紹了 RTC DS1307 函數主要的用法：

1. 直接使用 RTC 物件

2. 需先使用 include 指令將下列三個 include 檔含入：

   - #include <DS1307RTC.h>

   - #include <Time.h>

   - #include <Wire.h>

RTC.chipPresent()

1. 檢查 RTC DS1307 模組是否存在與啟動規劃 lcd 畫面大小(行寬，列寬)

回傳：True：RTC DS1307 模組存在

False：RTC DS1307 模組不存在

RTC.get()

回傳目前日期與時間(以 32 bit "time_t" 的資料型態回傳)

RTC.set(t)

設定目前日期與時間(以 32 bit "time_t" 的資料型態設定)

RTC.read(tm)

讀取目前日期與時間(tm 參數以 TimeElements 的資料型態表示)

使用方法：先行宣告資料型態➜tmtmElements_t tm;

RTC.write(tm)

寫入目前日期與時間(tm 參數以 TimeElements 的資料型態表示)

使用方法：先行宣告資料型態➜tmtmElements_t tm;

電子式可擦拭唯讀記憶體 (Electrically Erasable Programmable Read Only Memory：EEPROM) 是一塊可讀可寫的特殊的記憶體，它跟 RAM(DRAM/SRAM) 不一樣，它的內容是永久保存的，不會因電源消失而不見，比起唯讀記憶體(Read Only Memory：ROM)永久保存的特性，它還增加了可寫入資料的特性，比起可擦拭唯讀記憶體(Erasable Programmable ROM ：EPROM)，它更不需要紫外光的照射方能清除原有資料。

最重要的是它可快速更新資料內容，在電源關閉之後還是保存在 EEPROM 裏，下次電源重開的時候仍然可以把它讀出資料。EEPROM 通常用來保存程式的設定值，或斷電之後不需要重新設定或輸入的資料，如時間、密碼、環境特性、執行狀態、使用者資訊、卡號…等等。

EEPROM 簡介

Arduino 板子上的單晶片都內建了 EEPROM，Arduino 提供了 EEPROM Library 讓讀寫 EEPROM 這件事變得很簡單。Arduino 開發板不同版本的 EEPROM 容量是不一樣的: ATmega328 是 1024 bytes, ATmega168 和 ATmega8 是 512 bytes，而 ATmega1280 和 ATmega2560 是 4KB (4096 bytes)。

除此之外，一般 EEPROM 還是有寫入次數的限制，一般 Arduino 開發板的 EEPROM ，每一個位址大約只能寫入 10 萬次，在使用的時候，最好盡量公平對待 EEPROM 的每一塊位址空間，不要對某塊位址空間不斷的重覆寫入，因為如果你頻繁地使用固定的一塊位址空間，那麼該塊位址空間可能很快就達到 10 萬次的壽命，所以快速、反覆性、高頻率的寫入的程式儘量避免使用 EEPROM。

EEPROM 簡單測試

下列我們將攥寫電子式可擦拭唯讀記憶體(EEPROM) 測試程式，將表 83 之電子式可擦拭唯讀記憶體測試程式寫好之後，透過 Sketch 上傳到 Arduino 開發板上，可以在圖 273 見到資料可以寫入與被讀取。

表 83 電子式可擦拭唯讀記憶體測試程式

電子式可擦拭唯讀記憶體測試程式(EEPROM01)
#include <EEPROM.h> int address = 20; int val ;

電子式可擦拭唯讀記憶體測試程式(EEPROM01)

```
void setup() {
  Serial.begin(9600);

  // 在 address = 20 上寫入數值 120
  EEPROM.write(address, 120);

  // 讀取 address =20 上的內容
  val = EEPROM.read(address);


  Serial.print(val,DEC);   // 十進位為印出 val
  Serial.print("/");
  Serial.print(val,HEX);   // 十六進位為印出 val
  Serial.println("");
}

void loop() {
}
```

圖 273 電子式可擦拭唯讀記憶體測試程式執行畫面

EEPROM 函數用法

　　為了更能了解 EEPROM 函數的用法，本節詳細介紹了 EEPROM 函數主要的用法：

1.　直接使用 EEPROM 物件

2.　需先使用 include 指令將下列 include 檔含入：

　　● 　#include < EEPROM.h>

EEPROM.read(address)

讀取位址：address 的資料內容，並以 byte 資料型態回傳(0~255)

EEPROM.write(address , data)

寫入位址：address，data 的內容，data 的內容以 byte 資料型態傳入(0~255)

EEPROM　EEPROM 24C08

　　上面我們談到 Arduino 開發板內部的 EEPROM，如果我們發現不夠記憶體，希望擴充額外的 EEPROM，我們可以使用圖 274 之 AT24C08_EEPROM[12]模組，所以我們需要使用額外的 Arduino 函式庫，讀者有空可以到作者的 Github 網站 (https://github.com/brucetsao)，可以在 Github 網址：

I2C_eeprom(https://github.com/brucetsao/Arduino_RFID_Modules/tree/master/libraries/I2C_

---

[12] 想要更了解直接驅動 24C08~24C256 EEPROM，可以參考網址：

http://www.hobbytronics.co.uk/arduino-external-eeprom

eeprom)，下載該函式庫，在參考本書進行 Arduino 開發板的函式庫安裝。

下列我們將攥寫電子式可擦拭唯讀記憶體(EEPROM) 測試程式，將表 83 之電子式可擦拭唯讀記憶體測試程式寫好之後，透過 Sketch 上傳到 Arduino 開發板上，可以在圖 275 見到可以讀取 24C08 EEPROM IC。

圖 274 AT24C08_EEPROM 模組

表 84 I²C 電子式可擦拭唯讀記憶體測試程式

I²C 電子式可擦拭唯讀記憶體測試程式(I2C_eeprom_test)
| ```
//
//     FILE: I2C_eeprom_test.ino
//   AUTHOR: Rob Tillaart
// VERSION: 0.1.08
// PURPOSE: show/test I2C_EEPROM library
//

#include <Wire.h> //I2C library
#include <I2C_eeprom.h>

// UNO
#define SERIAL_OUT Serial
// Due
// #define SERIAL_OUT SerialUSB
``` |
```

```
I2C_eeprom ee(0x50);

uint32_t start, diff, totals = 0;

void setup()
{
  ee.begin();

  SERIAL_OUT.begin(9600);
  while (!SERIAL_OUT); // wait for SERIAL_OUT port to connect. Needed for Leonardo
only

  SERIAL_OUT.print("Demo I2C eeprom library ");
  SERIAL_OUT.print(I2C_EEPROM_VERSION);
  SERIAL_OUT.println("\n");

  SERIAL_OUT.println("\nTEST: determine size");
  start = micros();
  int size = ee.determineSize();
  diff = micros() - start;
  SERIAL_OUT.print("TIME: ");
  SERIAL_OUT.println(diff);
  if (size > 0)
  {
    SERIAL_OUT.print("SIZE: ");
    SERIAL_OUT.print(size);
    SERIAL_OUT.println(" KB");
  } else if (size = 0)
  {
    SERIAL_OUT.println("WARNING: Can't determine eeprom size");
  }
  else
  {
    SERIAL_OUT.println("ERROR: Can't find eeprom\nstopped...");
    while(1);
  }

  SERIAL_OUT.println("\nTEST: 64 byte page boundary writeBlock");
```

```
ee.setBlock(0, 0, 128);
dumpEEPROM(0, 128);
char data[] = "11111111111111111111";
ee.writeBlock(60, (uint8_t*) data, 10);
dumpEEPROM(0, 128);


SERIAL_OUT.println("\nTEST: 64 byte page boundary setBlock");
ee.setBlock(0, 0, 128);
dumpEEPROM(0, 128);
ee.setBlock(60, '1', 10);
dumpEEPROM(0, 128);


SERIAL_OUT.println("\nTEST: 64 byte page boundary readBlock");
ee.setBlock(0, 0, 128);
ee.setBlock(60, '1', 6);
dumpEEPROM(0, 128);
char ar[100];
memset(ar, 0, 100);
ee.readBlock(60, (uint8_t*)ar, 10);
SERIAL_OUT.println(ar);


SERIAL_OUT.println("\nTEST: write large string readback in small steps");
ee.setBlock(0, 0, 128);
char data2[] =
"00000000001111111111222222222233333333334444444444555555555566666666667777
77777788888888889999999999A";
ee.writeBlock(10, (uint8_t *) &data2, 100);
dumpEEPROM(0, 128);
for (int i = 0; i < 100; i++)
{
  if (i % 10 == 0 ) SERIAL_OUT.println();
  SERIAL_OUT.print(' ');
  SERIAL_OUT.print(ee.readByte(10+i));
}
SERIAL_OUT.println();
```

```
SERIAL_OUT.println("\nTEST: check almost endofPage writeBlock");
ee.setBlock(0, 0, 128);
char data3[] = "6666";
ee.writeBlock(60, (uint8_t *) &data3, 2);
dumpEEPROM(0, 128);

// SERIAL_OUT.println();
// SERIAL_OUT.print("\nI2C speed:\t");
// SERIAL_OUT.println(16000/(16+2*TWBR));
// SERIAL_OUT.print("TWBR:\t");
// SERIAL_OUT.println(TWBR);
// SERIAL_OUT.println();

totals = 0;
SERIAL_OUT.print("\nTEST: timing writeByte()\t");
uint32_t start = micros();
ee.writeByte(10, 1);
uint32_t diff = micros() - start;
SERIAL_OUT.print("TIME: ");
SERIAL_OUT.println(diff);
totals += diff;

SERIAL_OUT.print("TEST: timing writeBlock(50)\t");
start = micros();
ee.writeBlock(10, (uint8_t *) &data2, 50);
diff = micros() - start;
SERIAL_OUT.print("TIME: ");
SERIAL_OUT.println(diff);
totals += diff;

SERIAL_OUT.print("TEST: timing readByte()\t\t");
start = micros();
ee.readByte(10);
diff = micros() - start;
SERIAL_OUT.print("TIME: ");
SERIAL_OUT.println(diff);
```

```
totals += diff;

SERIAL_OUT.print("TEST: timing readBlock(50)\t");
start = micros();
ee.readBlock(10, (uint8_t *) &data2, 50);
diff = micros() - start;
SERIAL_OUT.print("TIME: ");
SERIAL_OUT.println(diff);
totals += diff;

SERIAL_OUT.print("TOTALS: ");
SERIAL_OUT.println(totals);
totals = 0;

// same tests but now with a 5 millisec delay in between.
delay(5);

SERIAL_OUT.print("\nTEST: timing writeByte()\t");
start = micros();
ee.writeByte(10, 1);
diff = micros() - start;
SERIAL_OUT.print("TIME: ");
SERIAL_OUT.println(diff);
totals += diff;

delay(5);

SERIAL_OUT.print("TEST: timing writeBlock(50)\t");
start = micros();
ee.writeBlock(10, (uint8_t *) &data2, 50);
diff = micros() - start;
SERIAL_OUT.print("TIME: ");
SERIAL_OUT.println(diff);
totals += diff;

delay(5);

SERIAL_OUT.print("TEST: timing readByte()\t\t");
```

```
    start = micros();
    ee.readByte(10);
    diff = micros() - start;
    SERIAL_OUT.print("TIME: ");
    SERIAL_OUT.println(diff);
    totals += diff;

    delay(5);

    SERIAL_OUT.print("TEST: timing readBlock(50)\t");
    start = micros();
    int xx = ee.readBlock(10, (uint8_t *) &data2, 50);
    diff = micros() - start;
    SERIAL_OUT.print("TIME: ");
    SERIAL_OUT.println(diff);
    totals += diff;

    SERIAL_OUT.print("TOTALS: ");
    SERIAL_OUT.println(totals);
    totals = 0;

    // does it go well?
    SERIAL_OUT.println(xx);

    SERIAL_OUT.println("\tDone...");
}

void loop()
{
}

void dumpEEPROM(uint16_t memoryAddress, uint16_t length)
{
    // block to 10
    memoryAddress = memoryAddress / 10 * 10;
    length = (length + 9) / 10 * 10;

    byte b = ee.readByte(memoryAddress);
```

I²C 電子式可擦拭唯讀記憶體測試程式(I2C_eeprom_test)

```
for (int i = 0; i < length; i++)
{
  if (memoryAddress % 10 == 0)
  {
    SERIAL_OUT.println();
    SERIAL_OUT.print(memoryAddress);
    SERIAL_OUT.print(":\t");
  }
  SERIAL_OUT.print(b);
  b = ee.readByte(++memoryAddress);
  SERIAL_OUT.print("   ");
}
SERIAL_OUT.println();
}
// END OF FILE
```

圖 275 I²C 電子式可擦拭唯讀記憶體測試程式執行畫面

薄膜矩陣鍵盤模組

Arduino 開發板有許多廠家設計製造許多周邊模組商品，見圖 276 為 4*3 薄膜鍵盤模組，仿間許多廠商，為了節省體積，設計製造出如圖 277 所示之薄膜鍵盤，由於許多實驗中，都需要 0~9 的數字鍵與輸入鍵等，使用按鍵數超過十個以上，若使用單純的 Button 按鈕，恐怕會使用超過十幾個 Arduino 開發板的接腳，實在不方便，基於使用上的方便與線路簡化，本實驗採用如圖 277 所示之 4＊4 薄膜鍵盤模組。

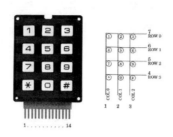

圖 276 16 鍵矩陣鍵盤外觀圖暨線路示意圖

資料來源：Arduino 官網(http://playground.arduino.cc//Main/KeypadTutorial)

為了方便，本實驗採用 4*4 薄膜鍵盤模組，下列所述為該模組之特性：

4*4 薄膜鍵盤模組規格如下：

- 大小: 6.2 x 3.5 x 0.4 inches
- 連結線長度: 3-1/3" or 85mm (include connector)
- 重量: 0.5 ounces
- 連接頭標準: Dupont 8 Pins, 0.1" (2.54mm) Pitch
- Mount Style: Self-Adherence
- 最大容忍電壓與電流: 35VDC, 100mA
- Insulation Spec.: 100M Ohm, 100V
- Dielectric Withstand: 250VRms (60Hz, 1min)
- Contact Bounce: <=5ms
- 壽命: 1 million closures
- 工作溫度: -20 to +40 ℃　工作溫度: from 40,90% to 95%, 240 hours
- 可容許振動範圍: 20G, max. (10 ~~ 200Hz, the Mil-SLD-202 M204.Condition B)

4*4 薄膜鍵盤模組電氣特性如下：

- Circuit Rating: 35V (DC), 100mA, 1W
- 連接電阻值: 10Ω ~ 500Ω (Varies according to the lead lengths and different from those of the material used)
- Insulation resistance: 100MΩ 100V
- Dielectric Strength: 250VRms (50 ~ 60Hz 1min)
- Electric shock jitter: <5ms
- Life span: tactile type: Over one million times

4*4 薄膜鍵盤模組機械特性如下：

- 案件壓力: Touch feeling: 170 ~ 397g (6 ~ 14oz)
- Switch travel: Touch-type: 0.6 ~ 1.5mm

4*4 薄膜鍵盤模組環境使用特性如下：

- 工作溫度: -40 to +80
- 保存溫度: -40 to +80
- Temperature: from 40,90% to 95%, 240 hours
- Vibration: 20G, max. (10 ~~ 200Hz, the Mil-SLD-202 M204.Condition B)

圖 277 4*4 薄膜鍵盤

　　由表 85 所示，可以見到 4*4 薄膜鍵盤接腳圖，請依據圖 278 之 keypad 鍵盤矩陣圖與圖 279 之 keypad 鍵盤接腳圖進而推導，可以得到表 85 正確的接腳圖。

表 85 4 * 4 鍵矩陣鍵盤接腳表

4 * 4 鍵矩陣鍵盤	Arduino 開發板接腳	解說
Row1	Arduino digital input Pin 23	Keypad 列接腳
Row2	Arduino digital input Pin 25	
Row3	Arduino digital input Pin 27	
Row4	Arduino digital input Pin 29	
Col1	Arduino digital input Pin 31	Keypad 行接腳
Col2	Arduino digital input Pin 33	
Col3	Arduino digital input Pin 35	
Col4	Arduino digital input Pin 37	
LED	Arduino digital output Pin 13	測試用 LED + 5V
5V	Arduino Pin 5V	5V 陽極接點
GND	Arduino Pin Gnd	共地接點

本章節為了測試 keypad shield 使用情形，使用下列程式進行 4 * 4 鍵薄膜矩陣鍵盤，並依據圖 278 之 keypad 鍵盤矩陣圖與圖 279 之 keypad 鍵盤接腳圖，依據列接點與行接點交點邏輯來進行程式設計並測試按鈕(Buttons)的讀取值的功能，並撰寫如表 86 的 4 * 4 鍵矩陣鍵盤測試程式，編譯完成後上傳 Arduino 開發板，可以見圖 280 為成功的 4 * 4 鍵矩陣鍵盤測試畫面。

	Col 0	Col 1	Col 2	Col 3
Row 0	1	2	3	A
Row 1	4	5	6	B
Row 2	7	8	9	C
Row 3	*	0	#	D

圖 278 keypad 鍵盤矩陣圖

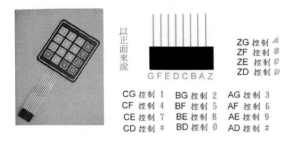

CG 控制 1　BG 控制 2　AG 控制 3
CF 控制 4　BF 控制 5　AF 控制 6
CE 控制 7　BE 控制 8　AE 控制 9
CD 控制 ＊　BD 控制 0　AD 控制 ＃

ZG 控制 A
ZF 控制 B
ZE 控制 C
ZD 控制 D

圖 279 keypad 鍵盤接腳圖

表 86 4＊4 鍵矩陣鍵盤測試程式

4＊4 鍵矩陣鍵盤測試程式(keypad_4_4)

/* @file CustomKeypad.pde
‖ @version 1.0
‖ @original author Alexander Brevig
‖ @originalcontact alexanderbrevig@gmail.com
‖　Author Bruce modified from keypad library　examples download from
http://playground.arduino.cc/Code/Keypad#Download @ keypad,zip
‖ ‖ Demonstrates changing the keypad size and key values.
‖ #
*/
#include <Keypad.h>
 	
const byte ROWS = 4; //four rows
const byte COLS = 4; //four columns
//define the cymbols on the buttons of the keypads
char hexaKeys[ROWS][COLS] = {
　{'1','2','3','A'},
　{'4','5','6','B'},
　{'7','8','9','C'},
　{'*','0','#','D'}
};
byte rowPins[ROWS] = {23, 25, 27, 29}; //connect to the row Pinouts of the keypad
byte colPins[COLS] = {31, 33, 35, 37}; //connect to the column Pinouts of the keypad
 	
//initialize an instance of class NewKeypad
Keypad customKeypad = Keypad(makeKeymap(hexaKeys), rowPins, colPins, ROWS,

4 * 4 鍵矩陣鍵盤測試程式(keypad_4_4)

```
COLS);

void setup(){
  Serial.begin(9600);
  Serial.println("program start here");
}

void loop(){
  char customKey = customKeypad.getKey();

  if (customKey){
    Serial.println(customKey);
  }
}
```

資料來源：Arduino 官網(http://playground.arduino.cc//Main/KeypadTutorial)

圖 280 4 * 4 鍵矩陣鍵盤測試畫面

Mini 按鈕鍵盤模組

Arduino 開發板有許多廠家設計製造許多周邊模組商品，見圖 281 為 Mini 按鈕
鍵盤模組，彷間許多廠商，為了節省體積，設計製造出如圖 277 為 Mini 按鈕鍵盤

模組，由於許多實驗中，都需要0~9的數字鍵與輸入鍵等，使用按鍵數超過十個以上，若使用單純的 Button 按鈕，恐怕會使用超過十幾個 Arduino 開發板的接腳，實在不方便，基於使用上的方便與線路簡化，本實驗採用如圖 277 所示之 4 * 4 薄膜鍵盤模組。

圖 281 Mini 按鈕鍵盤模組外觀圖暨線路示意圖

由表 87 所示，可以見到 4*4 薄膜鍵盤接腳圖，請依據表 87 之 Mini 按鈕鍵盤模組接腳表進行電路組立。

表 87 Mini 按鈕鍵盤模組接腳表

4 * 4 鍵矩陣鍵盤	Arduino 開發板接腳	解說
Row1	Arduino digital input Pin 23	Mini 按鈕鍵盤模組

Row2	Arduino digital input Pin 25	列接腳	
Row3	Arduino digital input Pin 27		
Row4	Arduino digital input Pin 29		
Col1	Arduino digital input Pin 31	Mini 按鈕鍵盤模組	
Col2	Arduino digital input Pin 33	行接腳	
Col3	Arduino digital input Pin 35		
Col4	Arduino digital input Pin 37		
LED	Arduino digital output Pin 13	測試用 LED + 5V	
5V	Arduino Pin 5V	5V 陽極接點	
GND	Arduino Pin Gnd	共地接點	

本章節為了測試 Mini 按鈕鍵盤模組使用情形，使用下列程式進行 Mini 按鈕鍵盤模組，並依據表 87 之 Mini 按鈕鍵盤模組接腳表，依據列接點與行接點交點邏輯來進行程式設計並測試按鈕(Buttons)的讀取值的功能，並攢寫如表 88 之 Mini 按鈕鍵盤模組測試程式，編譯完成後上傳 Arduino 開發板，可以見圖 283 為成功的 Mini 按鈕鍵盤模組測試程式測試畫面。

	Col 0	Col 1	Col 2	Col 3
Row 0	1	2	3	A
Row 1	4	5	6	B
Row 2	7	8	9	C
Row 3	*	0	#	D

圖 282 Mini 按鈕鍵盤模組矩陣圖

表 88 Mini 按鈕鍵盤模組測試程式

Mini 按鈕鍵盤模組測試程式(minikeyd_4_4)

```
/* @file CustomKeypad.pde
|| @version 1.0
|| @original author Alexander Brevig
|| @originalcontact alexanderbrevig@gmail.com
||   Author Bruce modified from keypad library   examples download from
http://playground.arduino.cc/Code/Keypad#Download @ keypad,zip
|| | Demonstrates changing the keypad size and key values.
|| #
*/
#include <Keypad.h>

const byte ROWS = 4; //four rows
const byte COLS = 4; //four columns
//define the cymbols on the buttons of the keypads
char hexaKeys[ROWS][COLS] = {
   {'1','2','3','A'},
   {'4','5','6','B'},
   {'7','8','9','C'},
   {'*','0','#','D'}
};
byte rowPins[ROWS] = {23, 25, 27, 29}; //connect to the row Pinouts of the keypad
byte colPins[COLS] = {31, 33, 35, 37}; //connect to the column Pinouts of the keypad

//initialize an instance of class NewKeypad
Keypad customKeypad = Keypad( makeKeymap(hexaKeys), rowPins, colPins, ROWS,
COLS);

void setup(){
   Serial.begin(9600);
   Serial.println("program start here");
}

void loop(){
   char customKey = customKeypad.getKey();

   if (customKey){
      Serial.println(customKey);
   }
```

Mini 按鈕鍵盤模組測試程式(minikeyd_4_4)
}

資料來源：Arduino 官網(http://playground.arduino.cc//Main/KeypadTutorial)

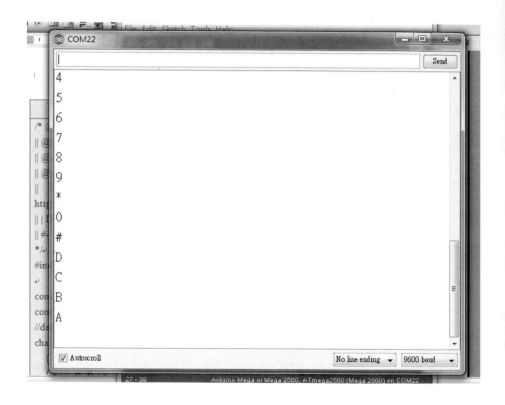

圖 283 Mini 按鈕鍵盤模組測試畫面

矩陣鍵盤函式說明

為了更能了解 4 * 4 鍵矩陣鍵盤、Mini 按鈕鍵盤模組的用法，本節詳細介紹了 Keypad 函式主要的用法：

1.產生 keypad 物件方法

語法：

Keypad keypad 物件 = Keypad(makeKeymap(hexaKeys), rowPins, colPins, ROWS, COLS);

> 使用 makeKeymap 函數，並傳入二維 4 * 4 的字元陣列 (hexaKeys)來產生鍵盤物件

> rowPins= 儲存 連接列接腳的 byte 陣列，幾個列接點，byte 陣列就多少元素

> colPins = 儲存 連接行接腳的 byte 陣列，幾個行接點，byte 陣列就多少元素

> ROWS ：多少列數

> COLS：多少行數

指令範例：

```
#include <Keypad.h>

const byte ROWS = 4; //four rows
const byte COLS = 4; //four columns
//define the cymbols on the buttons of the keypads
char hexaKeys[ROWS][COLS] = {
    {'1','2','3','A'},
    {'4','5','6','B'},
```

```
   {'7','8','9','C'},
   {'*','0','#','D'}
};
byte rowPins[ROWS] = {23, 25, 27, 29}; //connect to the row Pinouts of the keypad
byte colPins[COLS] = {31, 33, 35, 37}; //connect to the column Pinouts of the keypad

//initialize an instance of class NewKeypad
//Keypad customKeypad = Keypad( makeKeymap(hexaKeys), rowPins, colPins, ROWS, COLS);
Keypad customKeypad =   Keypad( makeKeymap(hexaKeys), rowPins, colPins, ROWS, COLS);
```

2.　　char Keypad.getKey()

語法：

char customKey =　Keypad.getKey()

讀取 keypad 鍵盤的一個按鍵　，並回傳到 char 變數中

指令範例：

```
char customKey = customKeypad.getKey();
```

3.　　char Keypad.waitForKey()

語法：

char customKey =　Keypad. waitForKey ()

等待讀取到 keypad 鍵盤的一個按鍵，不然會一直等待中直到某一個鍵被按

下　，並回傳到 char 變數中

指令範例：

```
char customKey = customKeypad.waitForKey ();
```

4.　　KeyState Keypad. getState ()

語法：

KeyState keystatus　=　Keypad. getState ()

讀取 keypad 所案的鍵盤中，是處於哪一種狀態，並回傳到數中

指令範例：

```
KeyState keystatus = customKeypad.getState();
```

回傳值為下列四種：IDLE、PRESSED、RELEASED、HOLD.

5.　　boolean Keypad. keyStateChanged ()

語法：

　　　boolean Keypad.keyStateChanged ()

　　讀取 keypad 鍵盤的一個按鍵狀態是否改變，**若有改變**，並回傳 true，沒有

改變回傳 false 到 boolean 變數中

指令範例：

```
boolean Keypad.keyStateChanged ()
```

setHoldTime(unsigned int time)

6.　　void Keypad.setHoldTime(unsigned int time)

設定按鈕按下的持續時間(milliseconds)

語法：

　　　void Keypad.setHoldTime(unsigned int time)

指令範例：

```
Keypad.setHoldTime(200)
```

7. setDebounceTime(unsigned int time)

void Keypad. setDebounceTime(unsigned int time)

語法：

　　　void Keypad. setDebounceTime(unsigned int time)

設定按鈕按下，按鈕的接點震動的忍耐時間(milliseconds)

指令範例：

```
Keypad. setDebounceTime(50);
```

7.使用插斷 addEventListener 方法

語法：

addEventListener(keypadEvent)

指令範例：EventSerialKeypad

```
/* @file CustomKeypad.pde
|| @version 1.0
|| @original author Alexander Brevig
|| @originalcontact alexanderbrevig@gmail.com
||   Author Bruce modified from keypad library   examples download from
http://playground.arduino.cc/Code/Keypad#Download @ keypad,zip
|| | Demonstrates changing the keypad size and key values.
|| #
*/
#include <Keypad.h>
const byte ROWS = 4; //four rows
const byte COLS = 4; //four columns
//define the cymbols on the buttons of the keypads
char hexaKeys[ROWS][COLS] = {
    {'1','2','3','A'},
    {'4','5','6','B'},
    {'7','8','9','C'},
    {'*','0','#','D'}
};
byte rowPins[ROWS] = {23, 25, 27, 29}; //connect to the row Pinouts of the keypad
byte colPins[COLS] = {31, 33, 35, 37}; //connect to the column Pinouts of the keypad

//initialize an instance of class NewKeypad
//Keypad customKeypad = Keypad( makeKeymap(hexaKeys), rowPins, colPins, ROWS,
COLS);
Keypad customKeypad =   Keypad( makeKeymap(hexaKeys), rowPins, colPins, ROWS,
```

```
COLS);
byte ledPin = 13;
  boolean blink = false ;


void setup(){
   Serial.begin(9600);
   Serial.println("program start here");
   PinMode(ledPin, OUTPUT);          // sets the digital Pin as output
    digitalWrite(ledPin, HIGH);     // sets the LED on
     customKeypad.addEventListener(keypadEvent); //add an event listener for this key-
pad

}
  void loop(){
    char key = customKeypad.getKey();

    if (key) {
      Serial.println(key);
    }
    if (blink){
      digitalWrite(ledPin,!digitalRead(ledPin));
      delay(100);
    }
}

//take care of some special events
void keypadEvent(KeypadEvent key){
    switch (customKeypad.getState()){
      case PRESSED:
         switch (key){
            case '#': digitalWrite(ledPin,!digitalRead(ledPin)); break;
            case '*':
               digitalWrite(ledPin,!digitalRead(ledPin));
            break;
          }
       break;
       case RELEASED:
         switch (key){
```

```
        case '*':
            digitalWrite(ledPin,!digitalRead(ledPin));
            blink = false;
        break;
        }
    break;
    case HOLD:
        switch (key){
        case '*': blink = true; break;
        }
    break;
    }
}
```

參考資料：Arduino 官方網站-http://playground.arduino.cc/Code/Keypad#Download

使用矩陣鍵盤輸入數字串

由上節我們已知道如何在 Arduino 開發板之中，連接一個如圖 277 所示之 4 * 4 薄膜鍵盤模組，但是如果我們需要使用該鍵盤模組輸入單純的整數或長整數的內容，我們該如何攥寫對應的程式呢?

由表 89 所示，可以見到 4*4 薄膜鍵盤接腳圖，請依據表 89 接腳圖進行電路連接。

表 89 4 * 4 鍵矩陣鍵盤基本應用一接腳表

4 * 4 鍵矩陣鍵盤	Arduino 開發板接腳	解說
Row1	Arduino digital input Pin 23	Keypad 列接腳
Row2	Arduino digital output Pin 25	
Row3	Arduino digital input Pin 27	
Row4	Arduino digital input Pin 29	
Col1	Arduino digital input Pin 31	Keypad 行接腳
Col2	Arduino digital input Pin 33	
Col3	Arduino digital input Pin 35	

接腳	接腳說明	接腳名稱
Col4	Arduino digital input Pin 37	
LED	Arduino digital output Pin 13	測試用 LED + 5V
5V	Arduino Pin 5V	5V 陽極接點
GND	Arduino Pin Gnd	共地接點
接腳	接腳說明	接腳名稱
1	Ground (0V)	接地 (0V)
2	Supply voltage; 5V (4.7V － 5.3V)	電源 (+5V)
3	Contrast adjustment; through a variable resistor	螢幕對比(0-5V), 可接一顆 1k 電阻，或使用可變電阻調整適當的對比(請參考分壓線路)
4	Selects command register when low; and data register when high	Arduino digital output Pin 5
5	Low to write to the register; High to read from the register	Arduino digital output Pin 6
6	Sends data to data Pins when a high to low pulse is given	Arduino digital output Pin 7
7	Data D0	Arduino digital output Pin 30
8	Data D1	Arduino digital output Pin 32
9	Data D2	Arduino digital output Pin 34
10	Data D3	Arduino digital output Pin 36
11	Data D4	Arduino digital output Pin 38
12	Data D5	Arduino digital output Pin 40
13	Data D6	Arduino digital output Pin 42
14	Data D7	Arduino digital output Pin 44
15	Backlight Vcc (5V)	背光(串接 330 R 電阻到電源)
16	Backlight Ground (0V)	背光(GND)

　　由上節提到， 4 * 4 鍵矩陣鍵盤可以輸入 0~9,A~D,'*' 和'#'，共 16 個字母，但是除了 0~9 是我們需要的數字鍵，尚需一個鍵當作 Enter，所以我們必須使用 char array 來進行限制字元的比對，見表 90 為使用 4 * 4 鍵矩陣鍵盤輸入數字程式，將程式編譯之後上傳到 Arduino 開發板之後，可以見圖 284 為成功的使用 4 * 4 鍵矩陣鍵盤輸入數字程式之測試畫面。

表 90 使用 4＊4 鍵矩陣鍵盤輸入數字程式

使用 4＊4 鍵矩陣鍵盤輸入數字程式(keypad_4_4_en1)

```
/* @file Enhance Keypad use
|| @version 1.0
||   Author Bruce modified from keypad library   examples download from
http://playground.arduino.cc/Code/Keypad#Download @ keypad,zip
*/
/* LiquidCrystal display with:

LiquidCrystal(rs, enable, d4, d5, d6, d7)
LiquidCrystal(rs, rw, enable, d4, d5, d6, d7)
LiquidCrystal(rs, enable, d0, d1, d2, d3, d4, d5, d6, d7)
LiquidCrystal(rs, rw, enable, d0, d1, d2, d3, d4, d5, d6, d7)
R/W Pin Read = LOW / Write = HIGH     // if No Pin connect RW , please leave R/W
Pin for Low State


*/


#include <Keypad.h>
#include <LiquidCrystal.h>

LiquidCrystal lcd(5,6,7,38,40,42,44);     //ok

const byte ROWS = 4; //four rows
const byte COLS = 4; //four columns
//define the cymbols on the buttons of the keypads
char hexaKeys[ROWS][COLS] = {
   {'1','2','3','A'},
   {'4','5','6','B'},
   {'7','8','9','C'},
   {'*','0','#','D'}
};
byte rowPins[ROWS] = {23, 25, 27, 29}; //connect to the row Pinouts of the keypad
byte colPins[COLS] = {31, 33, 35, 37}; //connect to the column Pinouts of the keypad

//initialize an instance of class NewKeypad
//Keypad customKeypad = Keypad( makeKeymap(hexaKeys), rowPins, colPins, ROWS,
COLS);
```

使用 4 * 4 鍵矩陣鍵盤輸入數字程式(keypad_4_4_en1)

```
Keypad customKeypad =   Keypad( makeKeymap(hexaKeys), rowPins, colPins, ROWS,
COLS);


void setup(){
  Serial.begin(9600);
  Serial.println("program start here");
  Serial.println("start LCM1602");
lcd.begin(16, 2);
// 設定 LCD 的行列數目 (16 x 2)  16  行 2  列
 lcd.setCursor(0,0);
  // 列印 "Hello World" 訊息到 LCD 上
lcd.print("hello, world2!");
  Serial.println("hello, world!2");


}


void loop(){
  long customKey = getpadnumber();
        // now result is printed on LCD
          lcd.setCursor(1,1);
      lcd.print("key :");
       lcd.setCursor(7,1);
      lcd.print(customKey);
        // now result is printed on Serial COnsole
          Serial.print("in   loop   is :") ;
          Serial.println(customKey);
     delay(200);


}


long getpadnumber()
{
    const int maxstring = 8;
   char getinputnumber[maxstring] ;
   char InputKeyString = 0x00;
    int   stringpz = 0;


   while (stringpz < maxstring)
```

```c
    {
        InputKeyString = getpadnumberchar();
        if (InputKeyString != 0x00)
        {
            if (InputKeyString != 0x13)
            {
                getinputnumber[stringpz] = InputKeyString ;
                stringpz ++ ;
            }
            else
            {
                break ;
            }
        }
}
stringpz ++;
getinputnumber[stringpz] = 0x00 ;
return (atol(getinputnumber) );
}

char getpadnumberchar()
{
    char InputKey;
    char checkey = 0x00;

    while (checkey == 0x00)
    {
        InputKey = customKeypad.getKey();
        if (InputKey != 0x00 )
        {
            checkey = cmppadnumberchar(InputKey) ;
//        Serial.print("in   getnumberchar for loop   is :") ;
//            Serial.println(InputKey,HEX) ;
        }
        /*   else
        {
            Serial.print("in   getnumberchar and not if   for loop   is :") ;
            Serial.println(InputKey,HEX) ;
```

```
          }
        */
          delay(50);
      }
  //   Serial.print("exit    getnumberchar is :") ;
  //   Serial.println(checkey,HEX) ;
     return (checkey);
}


char cmppadnumberchar(char cmpchar)
{
   const int cmpcharsize = 11 ;
char tennumber[cmpcharsize] = {'0','1','2','3','4','5','6','7','8','9','#'} ;
//char retchar = "" ;
  for(int i    = 0; i< cmpcharsize; i++)
    {
      if (cmpchar == tennumber[i] )
        {
          if (cmpchar == '#')
            {
                    return    (0x13) ;
            }
          else
            {
                    return    (cmpchar) ;
            }
        }

    }
   return    (0x00) ;
}
```

圖 284 矩陣鍵盤輸入數字程式測試畫面

ULN2003 步進馬達驅動板

為了簡化本書實驗所用的電子線路，市面上有已經將 ULN2003 封裝成 ULN2003 步進馬達驅動板的產品，本書為了實驗所需，由**圖** 285 所示，我們採用 ULN2003 步進馬達驅動板模組。

圖 285 ULN2003 步進馬達驅動板

我們可以參考圖 286 所示之 ULN2003 驅動步進馬達之線路圖，本實驗使用如

圖 287 所示之四相五線式步進馬達(型號為 28BYJ-48 5VDC)，其規格參考表 91 與
圖 288 之內容。

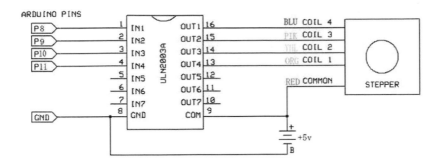

圖 286 ULN2003 電路圖

資料來源：GE Tech Wiki- Stepper Motor 5V 4-Phase 5-Wire & ULN2003 Driver

Board for Arduino

(http://www.geeetech.com/wiki/index.php/Stepper_Motor_5V_4-Phase_5-Wire_%26_ULN2

003_Driver_Board_for_Arduino)

圖 287 實驗使用之步進馬達(28BYJ-48 5VDC)

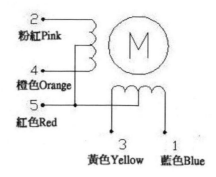

圖 288 28BYJ-48 接腳線路圖

表 91 步進馬達(28BYJ-48 5VDC)規格表

步進馬達 28BYJ-48 5VDC 規格表：

Model ： 28BYJ-48

Rated voltage ： 5VDC

Number of Phase ： 4

Speed Variation Ratio ： 1/64

Stride Angle ： 5.625°/64

Frequency : 100Hz

DC resistance ： 50Ω±7%(25℃)

Idle In-traction Frequency : > 600Hz

Idle Out-traction Frequency : > 1000Hz

In-traction Torque >34.3mN.m(120Hz)

Self-positioning Torque >34.3mN.m

Friction torque : 600-1200 gf.cm

Pull in torque : 300 gf.cm

Insulated resistance >10MΩ(500V)

Insulated electricity power ： 600VAC/1mA/1s

Insulation grade ： A

Rise in Temperature <40K(120Hz)

Noise <35dB(120Hz,No load,10cm)

　　由於控制直流馬達，需要較大的電流，尤其在啟動的瞬間，會有一個大電流的衝擊，嚴重還會直接燒毀 Arduino 開發板。所以我們需要一個大電流與大電壓的馬達驅動器來驅動馬達，所以本實驗使用 ULN2003 步進馬達驅動板來驅動直流馬達，並參考表 92 所示，完成圖 289 之電路圖。

表 92　ULN2003 步進馬達驅動板接腳表

ULN2003 步進馬達驅動板	Arduino 開發板接腳	解說
＋5-12V	Arduino Pin 5V	5V 陽極接點
-	Arduino Pin Gnd	共地接點
In1	Arduino Pin 46	控制訊號 1
In2	Arduino Pin 48	控制訊號 2
In3	Arduino Pin 50	控制訊號 3
In4	Arduino Pin 52	控制訊號 4
Out	紅、橙、黃、粉、藍	第一顆步進馬達

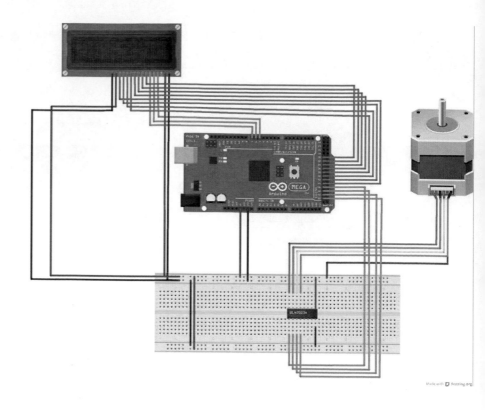

圖 289 ULN2003 步進馬達驅動板接腳圖

使用工具 by Fritzing (Fritzing.org., 2013)

使用時序圖方式驅動步進馬達

首先，我們使用一相激磁時序圖(曹永忠, 許智誠, & 蔡英德, 2014e, 2014f)來攥寫下列程式，將之上載到 Arduino 開發板之後，進行測試：

表 93 ULN2003 步進馬達測試程式一

ULN2003 步進馬達測試程式一(stepper01)
int Pin0 = 46;
int Pin1 = 48;
int Pin2 = 50;

ULN2003 步進馬達測試程式一(stepper01)

```
int Pin3 = 52;
int _step = 0;
boolean dir = true;// gre
void setup()
{
  PinMode(Pin0, OUTPUT);
  PinMode(Pin1, OUTPUT);
  PinMode(Pin2, OUTPUT);
  PinMode(Pin3, OUTPUT);
}
  void loop()
{
  switch(_step){
    case 0:
      digitalWrite(Pin0, LOW);
      digitalWrite(Pin1, LOW);
      digitalWrite(Pin2, LOW);
      digitalWrite(Pin3, HIGH);
    break;
    case 1:
      digitalWrite(Pin0, LOW);
      digitalWrite(Pin1, LOW);
      digitalWrite(Pin2, HIGH);
      digitalWrite(Pin3, HIGH);
    break;
    case 2:
      digitalWrite(Pin0, LOW);
      digitalWrite(Pin1, LOW);
      digitalWrite(Pin2, HIGH);
      digitalWrite(Pin3, LOW);
    break;
    case 3:
      digitalWrite(Pin0, LOW);
      digitalWrite(Pin1, HIGH);
      digitalWrite(Pin2, HIGH);
      digitalWrite(Pin3, LOW);
    break;
```

```
  case 4:
    digitalWrite(Pin0, LOW);
    digitalWrite(Pin1, HIGH);
    digitalWrite(Pin2, LOW);
    digitalWrite(Pin3, LOW);
  break;
  case 5:
    digitalWrite(Pin0, HIGH);
    digitalWrite(Pin1, HIGH);
    digitalWrite(Pin2, LOW);
    digitalWrite(Pin3, LOW);
  break;
    case 6:
    digitalWrite(Pin0, HIGH);
    digitalWrite(Pin1, LOW);
    digitalWrite(Pin2, LOW);
    digitalWrite(Pin3, LOW);
  break;
  case 7:
    digitalWrite(Pin0, HIGH);
    digitalWrite(Pin1, LOW);
    digitalWrite(Pin2, LOW);
    digitalWrite(Pin3, HIGH);
  break;
  default:
    digitalWrite(Pin0, LOW);
    digitalWrite(Pin1, LOW);
    digitalWrite(Pin2, LOW);
    digitalWrite(Pin3, LOW);
  break;
}
if(dir){
  _step++;
}else{
  _step--;
}
if(_step>7){
```

ULN2003 步進馬達測試程式一(stepper01)
| ```
   _step=0;
 }
 if(_step<0){
    _step=7;
 }
 delay(1);
}
``` |

執行上述程式後,可見到圖 290 測試結果,可以完整控制步進馬達運轉,所以 Arduino 開發版與 ULN2003 步進馬達驅動板整合之後,可以輕易驅動步進馬達旋轉,並且透過 H 橋式電路,可以達到一相激磁時序圖(曹永忠, 許智誠, et al., 2014e, 2014f)所需的方式來控制步進馬達運轉的效果,進而驅動步進馬達正轉或逆轉。

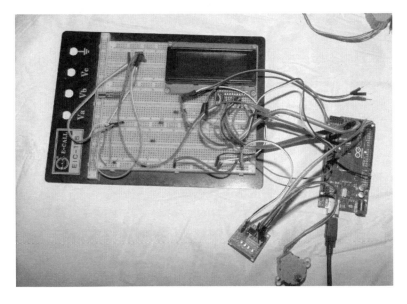

圖 290 步進馬達測試一結果畫面

由上述程式 Arduino 開發板就可以做到控制大電壓、大電流的馬達,並且可以輕易透過訊號變更,可以驅動馬達正轉、逆轉、停止等基本動作,對本實驗以達到
```

最基本的功能。

　　如果們使用不同方式，如使用一相激磁、二相激磁、一/二相激磁等方法(曹永忠, 許智誠, et al., 2014e, 2014f)來攢寫下列程式，我們將下列程式修改，並將之上載到 Arduino 開發板之後，進行測試：

表 94 ULN2003 步進馬達測試程式二

ULN2003 步進馬達測試程式二(stepper02)

```
int Pin1 = 46;
int Pin2 = 48;
int Pin3 = 50;
int Pin4 = 52;
int _step = 0;
int motorSpeed = 2000;
boolean dir = true;// gre
void setup()
{
 PinMode(Pin1, OUTPUT);
 PinMode(Pin2, OUTPUT);
 PinMode(Pin3, OUTPUT);
 PinMode(Pin4, OUTPUT);
}
void loop() {
 clockwise();
// counterclockwise();
// clockwise();
}

// 1-2 相激磁
void counterclockwise (){
 // 1
 digitalWrite(Pin1, HIGH);
 digitalWrite(Pin2, LOW);
 digitalWrite(Pin3, LOW);
 digitalWrite(Pin4, LOW);
 delayMicroseconds(motorSpeed);
```

```
// 2
digitalWrite(Pin1, HIGH);
digitalWrite(Pin2, HIGH);
digitalWrite(Pin3, LOW);
digitalWrite(Pin4, LOW);
delayMicroseconds(motorSpeed);
// 3
digitalWrite(Pin1, LOW);
digitalWrite(Pin2, HIGH);
digitalWrite(Pin3, LOW);
digitalWrite(Pin4, LOW);
delayMicroseconds(motorSpeed);
// 4
digitalWrite(Pin1, LOW);
digitalWrite(Pin2, HIGH);
digitalWrite(Pin3, HIGH);
digitalWrite(Pin4, LOW);
delayMicroseconds(motorSpeed);
// 5
digitalWrite(Pin1, LOW);
digitalWrite(Pin2, LOW);
digitalWrite(Pin3, HIGH);
digitalWrite(Pin4, LOW);
delayMicroseconds(motorSpeed);
// 6
digitalWrite(Pin1, LOW);
digitalWrite(Pin2, LOW);
digitalWrite(Pin3, HIGH);
digitalWrite(Pin4, HIGH);
delayMicroseconds(motorSpeed);
// 7
digitalWrite(Pin1, LOW);
digitalWrite(Pin2, LOW);
digitalWrite(Pin3, LOW);
digitalWrite(Pin4, HIGH);
delayMicroseconds(motorSpeed);
// 8
```

```
digitalWrite(Pin1, HIGH);
digitalWrite(Pin2, LOW);
digitalWrite(Pin3, LOW);
digitalWrite(Pin4, HIGH);
delayMicroseconds(motorSpeed);
}

// 1-2 相激磁
void clockwise(){
 // 1
 digitalWrite(Pin4, HIGH);
 digitalWrite(Pin3, LOW);
 digitalWrite(Pin2, LOW);
 digitalWrite(Pin1, LOW);
 delayMicroseconds(motorSpeed);
 // 2
 digitalWrite(Pin4, HIGH);
 digitalWrite(Pin3, HIGH);
 digitalWrite(Pin2, LOW);
 digitalWrite(Pin1, LOW);
 delayMicroseconds(motorSpeed);
 // 3
 digitalWrite(Pin4, LOW);
 digitalWrite(Pin3, HIGH);
 digitalWrite(Pin2, LOW);
 digitalWrite(Pin1, LOW);
 delayMicroseconds(motorSpeed);
 // 4
 digitalWrite(Pin4, LOW);
 digitalWrite(Pin3, HIGH);
 digitalWrite(Pin2, HIGH);
 digitalWrite(Pin1, LOW);
 delayMicroseconds(motorSpeed);
 // 5
 digitalWrite(Pin4, LOW);
 digitalWrite(Pin3, LOW);
 digitalWrite(Pin2, HIGH);
```

```
digitalWrite(Pin1, LOW);
delayMicroseconds(motorSpeed);
// 6
digitalWrite(Pin4, LOW);
digitalWrite(Pin3, LOW);
digitalWrite(Pin2, HIGH);
digitalWrite(Pin1, HIGH);
delayMicroseconds(motorSpeed);
// 7
digitalWrite(Pin4, LOW);
digitalWrite(Pin3, LOW);
digitalWrite(Pin2, LOW);
digitalWrite(Pin1, HIGH);
delayMicroseconds(motorSpeed);
// 8
digitalWrite(Pin4, HIGH);
digitalWrite(Pin3, LOW);
digitalWrite(Pin2, LOW);
digitalWrite(Pin1, HIGH);
delayMicroseconds(motorSpeed);
}

// 2 相激磁
void clockwise2() {
// 1
digitalWrite(Pin4, HIGH);
digitalWrite(Pin3, HIGH);
digitalWrite(Pin2, LOW);
digitalWrite(Pin1, LOW);
delayMicroseconds(motorSpeed);

// 2
digitalWrite(Pin4, LOW);
digitalWrite(Pin3, HIGH);
digitalWrite(Pin2, HIGH);
digitalWrite(Pin1, LOW);
delayMicroseconds(motorSpeed);
```

```
// 3
  digitalWrite(Pin4, LOW);
  digitalWrite(Pin3, LOW);
  digitalWrite(Pin2, HIGH);
  digitalWrite(Pin1, HIGH);
  delayMicroseconds(motorSpeed);

// 4
  digitalWrite(Pin4, HIGH);
  digitalWrite(Pin3, LOW);
  digitalWrite(Pin2, LOW);
  digitalWrite(Pin1, HIGH);
  delayMicroseconds(motorSpeed);
}

// 1 相激磁
void clockwise3() {
  // 1
  digitalWrite(Pin4, HIGH);
  digitalWrite(Pin3, LOW);
  digitalWrite(Pin2, LOW);
  digitalWrite(Pin1, LOW);
  delayMicroseconds(motorSpeed);

  // 2
  digitalWrite(Pin4, LOW);
  digitalWrite(Pin3, HIGH);
  digitalWrite(Pin2, LOW);
  digitalWrite(Pin1, LOW);
  delayMicroseconds(motorSpeed);

// 3
  digitalWrite(Pin4, LOW);
  digitalWrite(Pin3, LOW);
  digitalWrite(Pin2, HIGH);
  digitalWrite(Pin1, LOW);
```

ULN2003 步進馬達測試程式二(stepper02)

```
delayMicroseconds(motorSpeed);

// 4
digitalWrite(Pin4, LOW);
digitalWrite(Pin3, LOW);
digitalWrite(Pin2, LOW);
digitalWrite(Pin1, HIGH);
    delayMicroseconds(motorSpeed);
    }
```

章節小結

本章主要介紹如何使用高階模組、並進階的介紹這些模組的用法,透過 Arduino 開發板來作進階實驗。

CHAPTER

電子標籤(RFID Tag)

一般電子標籤(RFID Tag)大多是感應式 IC 卡,又稱射頻 IC 卡,是世界上最近幾年發展起來的一項新技術,它成功地將射頻識別技術和 IC 卡技術相結合,解決了被動式(Passive RFID Tag)和免接觸的技術難題,是電子科技領域的技術創新的成果。

目前感應式 IC 卡中最受歡迎的是 MIFARE 卡,是目前世界上使用量最大、技術最成熟、性能最穩定、內存容量最大的一種感應式射頻 IC 卡。MIFARE最早是由飛利浦(Philips)公司所研發的電子標籤規格,後來被收錄變成ISO14443 的標準。總共分成三種規格,分別是 MIFARE 1、MIFARE UltraLight與 MIFARE ProX,使用的是 13.56 MHz,傳輸速度為 106 K bit/sec,除了保留接觸式 IC 卡的原有優點外,還具有以下優點:

1. 操作簡單、快捷:由於採用射頻無線通訊,使用時無須插拔卡及不受方向和正反面的限制,所以非常方便用戶使用,完成一次讀寫操作僅需0.1 秒以內,大大提高了每次使用的速度,既適用於一般場合,又適用於快速、高流量的場所。

2. 抗干擾能力強:MIFARE 卡中有快速防衝突機制,在多卡同時進入讀寫範圍內時,能有效防止卡片之間出現數據干擾,讀寫設備可一一對卡進行處理,提高了應用的並行性及系統工作的速度。

3. 可靠性高:MIFARE 卡與讀寫器之間沒有機械接觸,避免了由於接觸讀寫而產生的各種故障;而且卡中的晶片和感應天線完全密封在標準的PVC 中,進一步提高了應用的可靠性和卡的使用壽命。

4. 非接觸式:非接觸式 IC 卡與讀寫器之間不存在機械性接觸,避免了由於接觸讀寫而產生的各種故障,例如,由於強力外力插卡、非卡外物插入、灰塵或油污導致接觸不良等原因造成的故障。此外,非接觸式卡表面無裸露的晶片,無須擔心晶片脫落,靜電擊穿、彎曲損壞等問題,方便卡片的印刷，又提高了卡片的使用可靠性。

5. 安全性高：MIFARE 卡的序列號是全球唯一的，不可以更改；讀寫時
卡與讀寫器之間採用三次雙向認證機制，互相驗證使用的合法性，而且
在通訊過程中所有的數據都加密傳輸；此外，卡片各個分區都有自己的
讀寫密碼和讀取控制機制，卡內數據的安全得到了有效的保證。

6. 一卡多用：MIFARE 卡的存貯結構及特點（大容量--16 分區、1024 字
節），能應用於不同的場合或系統，尤其適用於學校、企事業單位、停
車場管理、身份識別、門禁控制、考勤簽到、伙食管理、娛樂消費、圖
書管理等多方面的綜合應用，有很強的系統應用擴展性，可以真正做到
一卡多用。

資料來源：http://davidchung-rfid.blogspot.tw/2009/06/cardmifare.html

MIFARE 卡介紹

本節主要介紹 MIFARE 卡(由圖 291 所示)，MIFARE 1 有可以分成 S50 與 S70
兩種，主要差異在記憶體大小，S50 為 1K Bytes（實際是 1024 Bytes），S70 為 4K Bytes
（實際是 4096 Bytes），MIFARE 卡也是屬於之射頻 IC 卡的一種，也是屬於非接觸
IC 卡，非接觸 IC 卡具有以下功能：

1. 工作頻率：13.56MHz

2. 通信速率：106KB 鮑率

3. 防衝突：同一時間可處理多張卡

4. 讀取速度：識別一張卡 8ms(包括復位應答和防衝突)：2.5ms(不包
括認證過程)、 4.5ms(包括認證過程)

5. 寫入速度：寫入一張卡 12ms(含讀取、寫入、控制)

6. 讀寫距離：在 100mm 內（與天線形狀有關）能方便、快速地傳遞
數據

7. 通訊方式：半雙工

8. 多卡操作：支持多卡操作

9. 材料：PVC

10. 讀寫次數：改寫十萬次，讀無限制

11. 尺寸：符合 ISO10536 標準

12. 工作溫度：-20oC 至 50oC（濕度為 90%）

13. 需求外部電力：不需電池；無線方式傳遞數據和能量

14. 製造技術：採用高速的 CMOS EEPROM 製造技術

15. 資料存取：支持一卡多用的存取結構

16. 資料容量：8K bits(位元)

一般而言，MIFARE 卡的卡片閱讀機，讀卡距離是 1.0 吋至 3.9 吋（亦即 2.5 至 10 公分），在北美，由於 FCC（電力）的限制，讀卡距離則在 2.5 公分左右。

MIFARE 是一種 13.56MHz 的非接觸性技術，歸屬於 ISO 14443 Type A。這種卡是設計用來嵌入至可選擇性的接觸性智慧型 IC 的模板上；一旦完成，便可兼容於 ISO 7816。有的卡片上還有磁條的設計，使其兼容於 ISO 7811。

MIFARE 系統的讀寫模組（MCM）與感應卡之間採用相似的鑑別演算法建立通訊，並使用隨機密碼通訊數據進行加密。該鑑別演算法稱為三次傳遞簽證（Three Pass Authentication），符合國際標準 ISO9798-2。

(a).鈕扣型	(b).悠遊卡(台北捷運卡)	(c).高雄捷運卡

圖 291 MIFARE 卡

儲存結構介紹

要了解 MIFARE 卡(由圖 291 所示)如何讀取資料之前，我們需要先了解
MIFARE 卡內部資料結構：

MIFARE 卡規格如下：

17. 容量為 8K 位元 EEPROM。
18. 資料分為 16 個磁區(Sector)，每個磁區為 4(Block)，每塊 16 個位元組(Byte)，
    以區塊(Block)為存取單位。
19. 每個磁區(Sector)有獨立的一組密碼及讀取控制。
20. 每張卡有唯一序列號，為 32 位元。
21. 具有防衝突機制，支援多卡操作。
22. 無電源，內含天線，內含加密控制邏輯和通訊邏輯電路。
23. 資料保存期為 10 年，寫入 10 萬次，讀無限次。
24. 工作溫度：-20℃~50℃。
25. 工作頻率：13.56MHZ。
26. 通信速率：106KBPS。
27. 讀寫距離：10mm 以內（與讀寫器有關）。

儲存結構：

Mifare 卡分為 16 個磁區(Sector)，每個磁區(Sector)由 4 區塊(Block)（Block 0、
Block 1、Block 2、Block 3）組成，我們也將 16 個磁區(Sector)的 64 個區塊(Block)
按絕對編碼，編號為 0~63 區塊(Block)

儲存結構如下圖所示：

表 95 Mifare 卡儲存結構表

Sector 0	Block 0	...	Block	0

	Block 1	...	Block	1
	Block 2	...	Block	2
	Block 3	密碼 A　存取控制　密碼 B	Block	3
Sector 1	Block 0	...	Block	4
	Block 1	...	Block	5
	Block 2	...	Block	6
	Block 3	密碼 A　存取控制　密碼 B	Block	7
		以下類推		
Sector 15	Block 0	...	Block	60
	Block 1	...	Block	61
	Block 2	...	Block	62
	Block 3	密碼 A　存取控制　密碼 B	Block	63

- 第 0(Sector)的區塊(Block 0)（即絕對位址(Block 0)），它用於存放廠商代碼，已經固定，不可更改。
- 每個(Sector)的 Block 0、Block 1、Block 2 為資料區塊(Block)，可用於存貯資料。
  - 資料區塊(Block)可作兩種應用：
    - 一般的資料保存，可以進行讀、寫操作。
    - 用作資料值
    - ，可以進行初始化值、加值、減值、讀值操作。
- 每個磁區(Sector)的區塊(Block) Block 3 為控制區塊(Block)，包括了密碼 A、存取控制、密碼 B。

具體結構如下：

A0 A1 A2 A3 A4 A5	FF 07 80 69	B0 B1 B2 B3 B4 B5
密碼 A（6 位元組）	存取控制（4 位元組）	密碼 B（6 位元組）

- 每個磁區(Sector)的密碼和存取控制都是獨立的，可以根據實際需要設定各自的密碼及存取控制。存取控制為 4 個位元組(Bytes)，共 32 位元(bits)，磁區(Sector)中的每個區塊(Block)（包括資料區塊(Block)和控制區塊

(Block)）的存取條件是由密碼和存取控制共同決定的，在存取控制中每個塊都有相應的三個控制位元，定義如下：

- Block 0： C10 C20 C30
- Block 1： C11 C21 C31
- Block 2： C12 C22 C32
- Block 3： C13 C23 C33

三個控制位元以正和反兩種形式存在於存取控制位元組中，決定了該區塊 (Block)的讀取/寫入的許可權（如進行減值操作必須驗證 KEY A，進行加值操作必須驗證 KEY B，等等）。三個控制位元在存取控制位元組中的位置，以塊 0 為例：

對塊 0 的控制：

位元組 Bit	7	6	5	4	3	2	1	0
Bit 6				C20_b				C10_b
Bit 7				C10				C30_b
Bit 8				C30				C20
Bit 9								

PS. C10_b 表 C10 反相位元

存取控制（4 位元組，其中位元組 9 為備用位元組）結構如下所示：

位元組 Bit	7	6	5	4	3	2	1	0
Bit 6	C23_b	C22_b	C21_b	C20_b	C13_b	C12_b	C11_b	C10_b
Bit 7	C13	C12	C11	C10	C33_b	C32_b	C31_b	C30_b
Bit 8	C33	C32	C31	C30	C23	C22	C21	C20
Bit 9								

PS. _b 表反相位元

- 資料區塊(Block)（Block 0、Block 1、Block 2）的存取控制如下：

控制位元 (X=0..2)			讀取條件 （對資料 Block 0、Block 1、Block 2）			
C1X	C2X	C3X	Read	Write	Increment	Decrement, transfer, Restore
0	0	0	KeyA|B	KeyA|B	KeyA|B	KeyA|B
0	1	0	KeyA|B	Never	Never	Never
1	0	0	KeyA|B	KeyB	Never	Never
1	1	0	KeyA|B	KeyB	KeyB	KeyA|B
0	0	1	KeyA|B	Never	Never	KeyA|B
0	1	1	KeyB	KeyB	Never	Never
1	0	1	KeyB	Never	Never	Never
1	1	1	Never	Never	Never	Never

PS. KeyA\|B 表示密碼 A 或密碼 B，Never 表示任何條件下不能運做

　　例如：當 Block 0 的存取控制位元 C10 C20 C30＝１００時，驗證密碼 A 或密碼 B 正確後可讀；驗證密碼 B 正確後可寫；但不能進行加值、減值操作。

● 控制塊塊 Block 3 的存取控制與資料區塊（Block 0、Block 1、Block 2）不同，它的存取控制如下：

			密碼 A		存取控制		密碼 B	
C13	C23	C33	Read	Write	Read	Write	Read	Write
0	0	0	Never	KeyA|B	KeyA|B	Never	KeyA|B	KeyA|B
0	1	0	Never	Never	KeyA|B	Never	KeyA|B	Never
1	0	0	Never	KeyB	KeyA|B	Never	Never	KeyB
1	1	0	Never	Never	KeyA|B	Never	Never	Never
0	0	1	Never	KeyA|B	KeyA|B	KeyA|B	KeyA|B	KeyA|B
0	1	1	Never	KeyB	KeyA|B	KeyB	Never	KeyB
1	0	1	Never	Never	KeyA|B	KeyB	Never	Never
1	1	1	Never	Never	KeyA|B	Never	Never	Never

　　例如：當塊 3 的存取控制位元 C13 C23 C33＝１００時，表示：密碼 A：不可讀，驗證 KEYA 或 KEYB 正確後，可寫（更改）。

- ◆ 存取控制：驗證 KEYA 或 KEYB 正確後，可讀、可寫。
- ◆ 密碼 B：驗證 KEYA 或 KEYB 正確後，可讀、可寫。

工作原理介紹

本節介紹 MIFARE 卡(由圖 291 所示)如何工作原理：

- MIFARE 卡片的電路部分只由一個天線和 ASIC 晶片組成。
- 天線：卡片的天線是只有幾組繞線的線圈，很適於封裝到 PVC 卡片中。
- ASIC 晶片：卡片的 ASIC 晶片由一個高速（106KB 串列傳輸速率）的 RF 介面，一個控制單元和一個 8K 位 EEPROM 組成。
- 工作原理：讀寫器向 Mifare 卡發一組固定頻率的電磁波，卡片內有一個 LC 串聯諧振電路，其頻率與訊寫器發射的頻率相同，在電磁波的電磁作用之下，LC 諧振電路為生電磁共振，從而使電容內有了電力，在這個電容的另一端，接有一個單向導通的電流，將電容內的電磁送到另一個電容內儲存，當所積累的電磁達到 2V 時，此電容可做為電源為其他電路提供工作電壓，將卡內資料發射出去或接取讀寫器的資料。

MIFARE 卡與讀寫器的通訊：

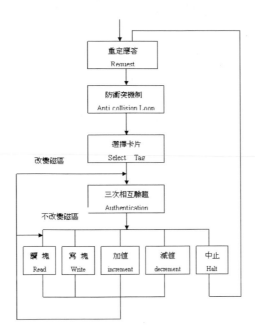

圖 292 電子標簽與讀寫機工作流程圖

1. 　　重定應答(Answer to request)：MIFARE 卡的通訊協定和通訊串列
傳輸速率是定義好的，當有 MIFARE 卡片進入讀寫器的操作範
圍時，讀寫器以特定的協定與它通訊，從而確定該卡是否為
Mifare1 射頻卡，即驗證卡片的卡型。

2. 　　防衝突機制 (Anticollision Loop)：當有多張卡進入讀寫器操作範
圍時，防衝突機制會從其中選擇一張進行操作，未選中的則處
於空閒模式等待下一次選卡，該過程會返回被選卡的序列號。

3. 　　選擇卡片(Select Tag)：選擇被選中的卡的序列號，並同時返回卡
的容量代碼。

4. 　　三次互相確認(3 Pass Authentication)：選定要處理的卡片之後，讀
寫器就確定要讀取的磁區(Sector)號碼，並對該磁區(Sector)密碼
進行密碼校驗，在三次相互認證之後就可以通過加密流進行通
訊。(在選擇另一磁區(Sector)時，則必須進行另一磁區(Sector)密
碼校驗。)

5. 　　對資料區塊(Block)的操作：

● 讀 (Read)：讀一個區塊(Block)。

● 寫 (Write)：寫一個區塊(Block)。

● 加(Increment)：對數值區塊(Block)進行加值。

- 減(Decrement)：對數值區塊(Block)進行減值。
- 儲存(Restore)：將區塊(Block)中的內容存到資料寄存器中。
- 傳輸(Transfer)：將資料寄存器中的內容寫入區塊(Block)中。
- 中止(Halt)：將卡置於暫停工作狀態。

章節小結

本章主要介紹之電子標籤(RFID Tag)，透過本章節的解說，相信讀者會對電子標籤(RFID Tag)->MIFARE 卡，有更深入的了解與體認。

10

CHAPTER

無線射頻讀取模組

本書實驗為了讓讀者可以更簡單讀取電子標籤(RFID Tag)，作者從網路露天拍賣商家：柏毅電子 (http://class.ruten.com.tw/user/index00.php?s=boyi101)、微控制器科技 (http://class.ruten.com.tw/user/index00.php?s=kiwiapple77)購買 Mifare MF RC522 RFID 模組(如圖 293 所示)來讀取 Mifare 卡片(ISO 14443A ，13.56 MHz)。

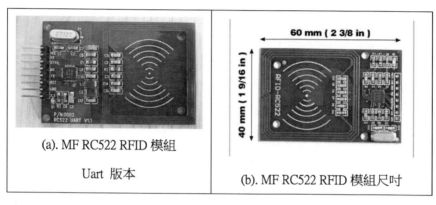

(a). MF RC522 RFID 模組

Uart 版本

(b). MF RC522 RFID 模組尺吋

圖 293 MF RC522 RFID 模組

Mifare MF RC522 規格

MF RC522 是應用於 13.56MHz 非接觸式的 RFID 卡讀寫模組，是 NXP 公司推出的一款低電壓、低成本、體積小的非接觸式讀寫 RFID 卡。 MF RC522 利用了先進的技術，整合 13.56MHz 下所有類型的被動式、非接觸式通信方式和協定的 RFID 卡讀寫模組。支援 14443A 標準的相容 RFID 卡，此外，還支援快速 CRYPTO1 加密演算法， MF RC522 支援 MIFARE 系列更高速的非接觸式通信，雙向資料傳輸速率高達 424kbit/s。 MF RC522 與 MF RC500 和 MF RC530 有不少相似之處，同時也具備許多特點和差異。它與單晶片之間通信採用 SPI 模式，有利於減少連線，縮小 PCB 板體積，降低成本。

為了進一步教導讀者使用 MF RC522 RFID 模組(如圖 293 所示)，我們將電氣參數說明如下：

- 工作電流：13—26mA/直流 3.3V

- 待機電流：10-13mA/直流 3.3V

- 休眠電流：<80uA

- 峰值電流：<30mA

- 工作頻率：13.56MHz

- 支援的卡類型：mifare1 S50、mifare1 S70、mifare UltraLight、mifare Pro、mifare Desfire

- 品物理特性：尺寸：40mm×60mm

- 環境工作溫度：攝氏-20—80 度

- 環境儲存溫度：攝氏-40—85 度

- 環境相對濕度：相對濕度 5%—95%

模組介面 SPI 參數

- 資料傳輸速率：最大 10Mbit/s
- SPI 使用接腳請參考表 96

表 96 Arduino SPI 對照表

Arduino Board	MOSI	MISO	SCK	SS (slave)	SS (master)
Uno or Duemilanove	11 or ICSP-4	12 or ICSP-1	13 or ICSP-3	10	-
Mega1280 or Mega2560	51 or ICSP-4	50 or	52 or	53	-

		ICSP-1	ICSP-3		
Leonardo	ICSP-4	ICSP-1	ICSP-3	-	-
Due	ICSP-4	ICSP-1	ICSP-3	-	4, 10, 52

資料來源：Arduino 官網：http://arduino.cc/en/Reference/SPI

Mifare MF RC522 連接方法

為了進一步教導讀者使用 MF RC522 RFID 模組(如圖 293 所示)，我們將接腳說明如下：

七接腳版本：

表 97 MF RC-522(7 Pin)接腳表

版本	MF RC522 模組		Arduino 開發板	說明
Arduino MEGA 2560	Pin5 RST	RST	5	Reset Pin
	Pin1 NSS	SDA/SS/NSS	53	SPI SS
	Pin3 MOSI	MOSI	51	SPI MOSI
	Pin4 MISO	MISO	50	SPI MISO
	Pin2 SCK	SCK	52	SPI SCK
	Pin7 VCC	Vcc	+3.3V	3.3 V
	Pin6 GND	Gnd	GND	接地
Arduino UNO	Pin5 RST	RST	9	Reset Pin
	Pin1 NSS	SDA/SS	10	SPI SS

	Pin3 MOSI	MOSI	11	SPI MOSI
	Pin4 MISO	MISO	12	SPI MISO
	Pin2 SCK	SCK	13	SPI SCK
	Pin7 VCC	Vin	+3.3V	3.3 V
	Pin6 GND	Gnd	GND	接地

八接腳版本：

表 98 MF RC-522(8 Pin)接腳表

版本	版本		Arduino 開發板	說明
Arduino MEGA 2560	Pin7 RST	RST	5	Reset Pin
	Pin1 SDA/NSS	SDA/SS	53	SPI SS
	Pin3 MOSI	MOSI	51	SPI MOSI
	Pin4 MISO	MISO	50	SPI MISO
	Pin2 SCK	SCK	52	SPI SCK
	Pin8 VCC	Vin	+3.3V	3.3 V
	Pin6 GND	Gnd	GND	接地

版本	版本		Arduino 開發板	說明
Arduino UNO	Pin7 RST	RST	9	Reset Pin
	Pin1 SDA/NSS	SDA/SS	10	SPI SS
	Pin3 MOSI	MOSI	11	SPI MOSI
	Pin4 MISO	MISO	12	SPI MISO
	Pin2 SCK	SCK	13	SPI SCK
	Pin8 VCC	Vin	+3.3V	3.3 V
	Pin6 GND	Gnd	GND	接地

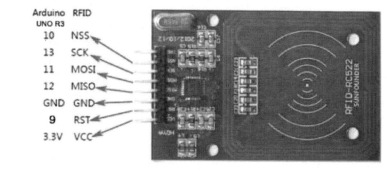

使用 MFRC522 RFID 模組

　　本書使用的 MF RC522 RFID 模組，由表 97 所示，其連接電路非常簡單，若讀者想要其它連接方法的電路圖，相關資料可以參考拙作『Arduino RFID 門禁管制機設計: The Design of an Entry Access Control Device based on RFID Technology』(曹永忠, 許智誠, et al., 2014d)、『Arduino RFID 门禁管制机设计: Using Arduino to Develop an Entry Access Control Device with RFID Tags』(曹永忠, 許智誠, et al., 2014c)、『Arduino EM-RFID 門禁管制機設計:The Design of an Entry Access Control Device based on EM-RFID Card』(曹永忠, 許智誠, et al., 2014b)、『Arduino EM-RFID 门禁管

制机设计:Using Arduino to Develop an Entry Access Control Device with EM-RFID Tags』
(曹永忠, 許智誠, et al., 2014a),有興趣讀者可到 Google Books
(https://play.google.com/store/books/author?id= 曹 永 忠) & Google Play
(https://play.google.com/store/books/author?id= 曹 永 忠) 或 Pubu 電子書城
(http://www.pubu.com.tw/store/ultima) 購買該書閱讀之。

本章節使用的 MF RC522 RFID 模組函式庫,乃是 miguelbalboa 在其 github 網
站分享函式庫,讀者可以到 https://github.com/miguelbalboa/rfid/下載其函式庫,特感
謝 miguelbalboa 提供。

讀者也可以到作者 Github(https://github.com/brucetsao/)網站,本書的所有範例
檔,都可以在 https://github.com/brucetsao/eRFID/,下載所需要的檔案。

首先,請讀者依照表 99 進行 MF RC522 RFID 模組電路組立,再進行程式攥寫
的動作。

表 99 MF RC522 RFID 模組接腳表

	模組接腳	Arduino 開發板接腳	解說
MF RC522 RFID 模組	Pin5 RST	5	Reset Pin
	Pin1 NSS	53	SPI SS
	Pin3 MOSI	51	SPI MOSI
	Pin4 MISO	50	SPI MISO
	Pin2 SCK	52	SPI SCK
	Pin7 VCC	+3.3V	3.3 V
	Pin6 GND	GND	接地

模組接腳	Arduino 開發板接腳	解說
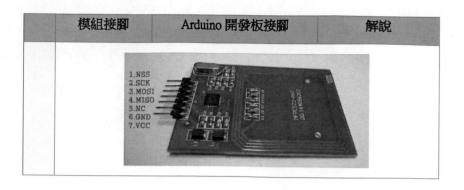		

完成 Arduino 開發板與 MF RC522 RFID 模組連接之後，將下列表 100 之
MFRC522 RFID 測試程式一鍵入 Arduino Sketch 之中，完成編譯後，上載到 Arduino
開發板進行測試，可以見到圖 294 所示，可以讀到 Mifare 卡的卡號。

表 100 MF RC522 RFID 測試程式一

MF RC522 RFID 測試程式一(RFID_Read_SN)

```
#include <SPI.h>
#include <RFID.h>


RFID rfid(53,5);          //this is used for Arduino Mega 2560
//RFID rfid(10,5);        //this is used for Arduino UNO


void setup()
{
  Serial.begin(9600);
  SPI.begin();
  rfid.init();


}

void loop()
{
    if (rfid.isCard()) {                                                    //找尋卡片
```

MF RC522 RFID 測試程式一(RFID_Read_SN)

```
          if (rfid.readCardSerial()) {                          //取得卡片的
ID+CRC 校驗碼
                    //第 0~3 個 byte:卡片 ID
                    Serial.println(" ");
                    Serial.print("RFID Card Number is : ");
          Serial.print(rfid.serNum[0],HEX);
                    Serial.print(" , ");
          Serial.print(rfid.serNum[1],HEX);
                    Serial.print(" , ");
          Serial.print(rfid.serNum[2],HEX);
                    Serial.print(" , ");
          Serial.println(rfid.serNum[3],HEX);
                    //第 4 個 byte:CRC 校驗位元
                    Serial.print("CRC is : ");
                    Serial.println(rfid.serNum[4],HEX);
          }

     }
     rfid.halt();           //命令卡片進入休眠狀態
     delay(500);            //延時 0.5 秒
}
```

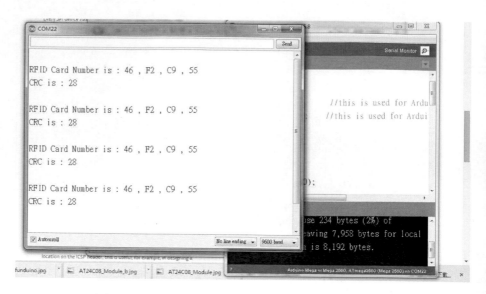

圖 294 MF RC522 RFID 測試程式一結果畫面

使用插斷讀取 MFRC522 RFID 模組

讀者由上面程式可以了解到，若要讀取 MFRC522 RFID 模組，loop()整個 runtime 都在等待讀取 MFRC522 RFID 模組，那其它就無法做事，所以市面上 Funduino 生產一種具有外部硬體插斷的 MFRC522 RFID 模組 (http://devsketches.blogspot.tw/2014/05/rfid-sensor-funduino-rfid-rc522.html)，如圖 295 所示，我們可以發現，該 MFRC522 RFID 模組多出一個 IRQ(Interrupt ReQuest)的腳位。

圖 295 具插斷之 RFID 讀取器

由於 Arduino 開發板使用外部插斷接腳，不同開發板其接腳都不太相同，我們可以參考表 101 之 Arduino 開發板外部插斷接腳對照表。

表 101 Arduino 開發板外部插斷接腳對照表

Board	int.0	int.1	int.2	int.3	int.4	int.5
Uno, Ethernet	2	3				
Mega2560	2	3	21	20	19	18
Leonardo	3	2	0	1	7	

首先，請讀者依照表 102 之使用插斷讀取 MFRC522 RFID 模組接腳表進行電路組立，再進行程式攥寫的動作。

表 102 使用插斷讀取 MFRC522 RFID 模組接腳表

	模組接腳	Arduino 開發板接腳	解說
MF RC522 RFID 模組	RST	5	Reset Pin
	NSS	53	SPI SS
	MOSI	51	SPI MOSI
	MISO	50	SPI MISO
	SCK	52	SPI SCK
	VCC	+3.3V	3.3 V

模組接腳	Arduino 開發板接腳	解說
GND	GND	接地
IQC	Arduino Pin 3	外部一號插斷

完成 Arduino 開發板與 MF RC522 RFID 模組連接之後，將下列表 100 之 MFRC522 RFID 測試程式一鍵入 Arduino Sketch 之中，完成編譯後，上載到 Arduino 開發板進行測試，可以見到圖 294 所示，可以讀到 Mifare 卡的卡號。

表 103 使用插斷讀取 MFRC522 RFID 模組測試程式

使用插斷讀取 MFRC522 RFID 模組測試程式(RFID_Read_SN_Interrupt)

```
#include <SoftwareSerial.h>

#include <SPI.h>
#include <RFID.h>

RFID rfid(53,5);          //this is used for Arduino Mega 2560
//RFID rfid(10,5);        //this is used for Arduino UNO
int RFIDIntrupNumber = 1;

void setup()
{
    attachInterrupt(RFIDIntrupNumber, ReadRfidID, CHANGE);

  Serial.begin(9600);
```

```
    SPI.begin();
    rfid.init();

}

void loop()
{

}

void ReadRfidID()
{
    if (rfid.isCard())
    {                                        //找尋卡片
        if (rfid.readCardSerial())
        {                                //取得卡片的 ID+CRC 校驗碼
                    //第 0~3 個 byte:卡片 ID
                    Serial.println(" ");
                    Serial.print("RFID Card Number is : ");
            Serial.print(rfid.serNum[0],HEX);
                    Serial.print(" , ");
            Serial.print(rfid.serNum[1],HEX);
                    Serial.print(" , ");
            Serial.print(rfid.serNum[2],HEX);
                    Serial.print(" , ");
            Serial.println(rfid.serNum[3],HEX);
                    //第 4 個 byte:CRC 校驗位元
                    Serial.print("CRC is : ");
                    Serial.println(rfid.serNum[4],HEX);
        }

    }
    rfid.halt();            //命令卡片進入休眠狀態
//    delay(500);            //延時 0.5 秒
}
```

圖 296 使用插斷讀取 MFRC522 RFID 模組結果畫面

使用 MF RC522 RFID 模組讀取區塊資料

完成 Arduino 開發板與 MF RC522 RFID 模組連接之後，將下列表 104 之 MFRC522 RFID 測試程式二鍵入 Arduino Sketch 之中，完成編譯後，上載到 Arduino 開發板進行測試，可以見到圖 297 所示，可以讀到 Mifare 卡的卡號與資料區塊的資料。

表 104 MF RC522 RFID 測試程式二

MF RC522 RFID 測試程式二(DumPinfo)
/* * MFRC522 - Library to use ARDUINO RFID MODULE KIT 13.56 MHZ WITH TAGS SPI W AND R BY COOQROBOT. * The library file MFRC522.h has a wealth of useful info. Please read it. * The functions are documented in MFRC522.cpp. * * Based on code Dr.Leong   (WWW.B2CQSHOP.COM)

```
 * Created by Miguel Balboa (circuitito.com), Jan, 2012.
 * Rewritten by Søren Thing Andersen (access.thing.dk), fall of 2013 (Translation to
English, refactored, comments, anti collision, cascade levels.)
 * Released into the public domain.
 *
 * Sample program showing how to read data from a PICC using a MFRC522 reader on
the Arduino SPI interface.
 *------------------------------------------------------------------------- empty_skull
 * Aggiunti Pin per arduino Mega
 * add Pin configuration for arduino mega
 * http://mac86project.altervista.org/
 ------------------------------------------------------------------------- Nicola Coppola
 * Pin layout should be as follows:
 * Signal      Pin            Pin            Pin
 *             Arduino Uno    Arduino Mega   MFRC522 board
 * -----------------------------------------------------
 * Reset       9              5              RST
 * SPI SS      10             53             SDA
 * SPI MOSI    11             51             MOSI
 * SPI MISO    12             50             MISO
 * SPI SCK     13             52             SCK
 *
 * The reader can be found on eBay for around 5 dollars. Search for "mf-rc522" on
ebay.com.
 */

#include <SPI.h>
#include <MFRC522.h>

#define SS_PIN 53
#define RST_PIN 5
MFRC522 mfrc522(SS_PIN, RST_PIN); // Create MFRC522 instance.

void setup() {
    Serial.begin(9600);   // Initialize serial communications with the PC
    SPI.begin();              // Init SPI bus
    mfrc522.PCD_Init();// Init MFRC522 card
    Serial.println("Scan PICC to see UID and type...");
```

```
}

void loop() {
    // Look for new cards
    if ( ! mfrc522.PICC_IsNewCardPresent()) {
        return;
    }

    // Select one of the cards
    if ( ! mfrc522.PICC_ReadCardSerial()) {
        return;
    }

    // Dump debug info about the card. PICC_HaltA() is automatically called.
    mfrc522.PICC_DumpToSerial(&(mfrc522.uid));
}
```

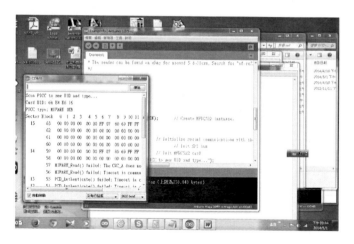

圖 297 MF RC522 RFID 測試程式二結果畫面

RFID 函數用法

為了更能了解 RFID 的用法，本節詳細介紹了 RFID 函式主要的用法：

物件產生

rfid devicename(NASS_Pin_name, Reset_Pin_name)

3. 指令格式 rfid devicename(NASS_Pin_name, Reset_Pin_name)

4. 使用參數個格式如下：

*	Arduino Uno	Arduino Mega	MFRC522 board
-----------	-----------	-----------	-----------
* Reset	9	5	RST
* SPI SS	10	53	SDA
* SPI MOSI	11	51	MOSI
* SPI MISO	12	50	MISO
* SPI SCK	13	52	SCK

要使用此函數必需 include 下列檔案

● #include <SPI.h>

● #include <rfid.h>

要使用此函數產生物件必需必需在 setup 區塊使用下列指令

● SPI.begin();

● rfid.Init();

rfid. isCard ();

1. 判斷讀取卡片正常讀取嗎;

2. 使用參數：無

3. 回傳值：true➡ 讀取成功，false➡ 讀取失敗

讀取卡號(Read Card Serial Number)

rfid. serNum[0~4];

4. 讀取卡片號碼;

5. 使用參數：無

6. 回傳值：serNum[0]➔卡號第一個 byte

serNum[1]➔卡號第二個 byte

serNum[2]➔卡號第三個 byte

serNum[3]➔卡號第四個 byte

serNum[4]➔卡號第五個 byte

章節小結

本章主要介紹之 Arduino 開發板使用與連接 MF RC522 RFID 讀寫模組，透過本

章節的解說，相信讀者會對連接、使用 MF RC522 RFID 讀寫模組，有更深入的了

解與體認。

11

CHAPTER

門禁管制機介紹

何謂門禁系統

門禁系統指的是管制非特定人員進出某通道所使用的軟硬體系統。例如一般公寓大廈必須是住在該公寓的人員才可以進入此公寓大門、社區地下室停車場等等。門禁系統通常被使用在：辦公室大門、電梯、工廠以及倉庫，或是捷運入口、機場特定入口、醫院特定地區等。

門禁系統普遍的被使用於任何場所及地方。例如：一家企業公司擁有上千名員工，員工每天打卡的方式，如果不是透過門禁系統的讀卡機來管制的話，員工在打卡的過程中可能造成堵塞的情況發生。管理人員在管控出勤、薪資，也會顯得沒效率。

門禁系統的架構

門禁系統架構所需要設備，一般最基本的器材包含以下四類裝置：「辨識系統」、「電控鎖」、「電源供應」以及「開鎖裝置」。

- 辨識系統

  辨識系統就是處理使用者的「開鎖裝置」（例如鑰匙、密碼、開鎖卡片，或是指紋、掌紋、視網膜或聲音等生物特徵）後，在辨識完成後，判斷使用者的身分正確後，若可允許進出者即刻起動電氣線路，通電（或斷電）電控鎖開門。若不允許進出者可不做任何動作，或是經過幾次錯誤嘗試後啟動警報電氣線路，或是關閉電氣線路一段時間，防止有心人擅闖。

  一般辨識系統有分為：「單機型」的辨識系統，在辨識與控制過程透過單一機器或系統獨立運作，無須透過其它控制器或是相關週邊或電腦設備。「連線型」的辨識系統，只把使用者提供『開鎖裝置』的特徵、資訊傳至輸至總控制系統(機器)，再由總控制系統內部的資料比對判別使用者的『開鎖裝置』是否合乎進入資格，合乎者則允許使用者進出，即刻起動迴路，通電（或斷電）電控鎖開門。

● 電控鎖

一般門禁系統進出入口大部份為門，所以門閉合與開合的關鍵裝置大部份為鎖(如圖 298 所示)，但是人力鎖閉合與開合的關鍵裝置大部份透過人的開鎖行為來運作，需要聯接門禁系統之辨識系統來閉合與開合，該『鎖』必須為電力裝置方能達到需求。所以一般都為電力控制之電控鎖，方能在「開鎖裝置」（例如鑰匙、密碼、開鎖卡片，或是指紋、掌紋、視網膜或聲音等生物特徵）後，在辨識完成後，判斷使用者的身分正確後，啟動迴路通電（或斷電）至電控鎖開門。

● 電源供應器

門禁系統是屬於弱電工程，使用電壓大都為 12V 或是 24V。基於安全的考量，有 UPS 不斷電系統的電源供應器是門禁弱電工程不可或缺的配件。當外部輸入電源 110VAC（或是 220VAC）停電時，如何維持門禁自動化系統正常運作，不會因為供電失調或是不穩定而造成安全上的考量是非常關鍵的要素。

● 開鎖裝置

人員在管制區域內，外出時一般不必管制(也可管制)，則可以按個開關即可開門，省事又方便。但是在進入管制區域則必需擁有可以辨視身份的裝置，如鑰匙、密碼、開鎖卡片，或是指紋、掌紋、視網膜或聲音等生物特徵，方能辨視該人員的合法性，且該『開鎖裝置』必需為電子、電氣、電路等可以辨視的裝置，一般不需再透過人力、人員辨視的裝置為主。

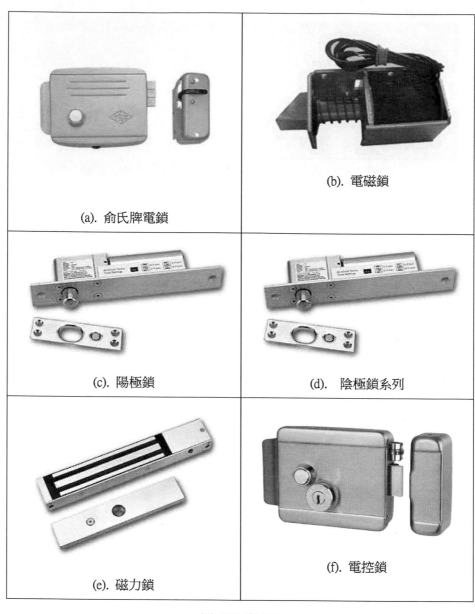

(a). 俞氏牌電鎖

(b). 電磁鎖

(c). 陽極鎖

(d). 陰極鎖系列

(e). 磁力鎖

(f). 電控鎖

圖 298 電控鎖

研究主題

由上面介紹，本書控制主題部份為 RFID 門禁管制機，主要研究主題歸納如下：

1. 介紹 RFID 模組。

2. 讀取、辨視電子標簽(RFID Tag)

3. 連接、控制無線射頻閱讀機(RFID Reader)模組。

4. 如何控制門禁管制

5. 繼電器控制模組。

6. 設計與開發 RFID 門禁管制機：整合 RFID 模組來進行門禁管制。

章節小結

本章主要介紹『門禁管制機介紹』，主要是讓讀者對於製作門禁管制機內容、
組成要素、組立結構等有較深切的認識，進而在後續開發過程，有更深入的了解與
體認。

12

CHAPTER

實作 RFID 門禁管制機

本書 RFID 所有基本、進階、高階實驗已告一段落，為了讓讀者可以有更深入的體認與整合應用的能力，本書擴充了實作 RFID 門禁管制機一章，希望透過本章的介紹，讓讀者可以具備整合本書內容所有元件的能力，並可以實作一個實用的專題，想要更專業的Ｒ F I D 的應用，可以參考拙作：『Arduino RFID 門禁管制機設計: The Design of an Entry Access Control Device based on RFID Technology』(曹永忠, 許智誠, et al., 2014d)、『Arduino RFID 门禁管制机设计: Using Arduino to Develop an Entry Access Control Device with RFID Tags』(曹永忠, 許智誠, et al., 2014c)、『Arduino EM-RFID 門禁管制機設計:The Design of an Entry Access Control Device based on EM-RFID Card』(曹永忠, 許智誠, et al., 2014b)、『Arduino EM-RFID 门禁管制机设计:Using Arduino to Develop an Entry Access Control Device with EM-RFID Tags』，有興趣讀者可到 Google Books (https://play.google.com/store/books/author?id=曹永忠) & Google Play (https://play.google.com/store/books/author?id=曹永忠) 或 Pubu 電子書城 (http://www.pubu.com.tw/store/ultima) 購買該書閱讀之。

電控鎖

一般門禁系統進出入口大部份為門，所以門閉合與開合的關鍵裝置大部份為鎖(如圖 299 所示)，但是人力鎖閉合與開合的關鍵裝置大部份透過人的開鎖行為來運作，需要聯接門禁系統之辨識系統來閉合與開合，該『鎖』必須為電力裝置方能達到需求。

所以一般都為電力控制之電控鎖，方能在「開鎖裝置」（例如鑰匙、密碼、開鎖卡片，或是指紋、掌紋、視網膜或聲音等生物特徵）後，在辨識完成後，判斷使用者的身分正確後，啟動迴路通電（或斷電）至電控鎖開門。

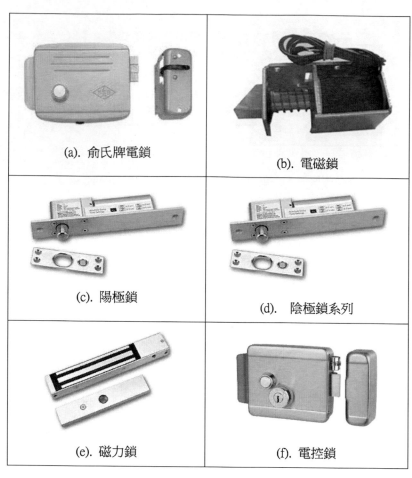

(a). 俞氏牌電鎖

(b). 電磁鎖

(c). 陽極鎖

(d). 陰極鎖系列

(e). 磁力鎖

(f). 電控鎖

圖 299 一般常見之電控鎖

驅動 MF RC522 RFID 模組

MF RC522 RFID 模組本身就可以讀取 Mifare 卡片的資料,我們依照表 105 & 表 106 進行電路連接,連接 MF RC522 RFID 模組,讀者依照表 107 之 RFID 門禁管制機測試程式一進行程式攢寫的動作。

表 105 MF RC-522(7 Pin)接腳表

版本	MF RC522 模組		Arduino 開發板	說明
Arduino MEGA 2560	Pin5 RST	RST	5	Reset Pin
	Pin1 NSS	SDA/SS	53	SPI SS
	Pin3 MOSI	MOSI	51	SPI MOSI
	Pin4 MISO	MISO	50	SPI MISO
	Pin2 SCK	SCK	52	SPI SCK
	Pin7 VCC	Vcc	+3.3V	3.3 V
	Pin6 GND	Gnd	GND	接地
Arduino UNO	Pin5 RST	RST	9	Reset Pin
	Pin1 NSS	SDA/SS	10	SPI SS
	Pin3 MOSI	MOSI	11	SPI MOSI
	Pin4 MISO	MISO	12	SPI MISO
	Pin2 SCK	SCK	13	SPI SCK
	Pin7 VCC	Vin	+3.3V	3.3 V
	Pin6 GND	Gnd	GND	接地

	模組接腳	Arduino 開發板接腳	解說
繼電器模組	Vcc	Arduino +5V	繼電器模組
	GND	Arduino GND(共地接點)	
	IN	Arduino Pin 12	
	NO(常開)	No use	
	NC(常關)	電控鎖外部開關+	

	模組接腳	Arduino 開發板接腳	解說
	COM(共用)	電控鎖外部開關-	
喇叭	Spk+	Arduino Pin 3	喇叭模組
	Spk-	Arduino GND(共地接點)	

表 106 LCD LCD 2004 楼腳圖

接腳	接腳說明	接腳名稱
1	Ground (0V)	接地 (0V)
2	Supply voltage; 5V (4.7V – 5.3V)	電源 (+5V)
3	Contrast adjustment; through a variable resistor	螢幕對比(0-5V), 可接一顆 1k 電阻，或使用可變電阻調整適當的對比
4	Selects command register when low; and data register when high	Arduino digital output Pin 5
5	Low to write to the register; High to read from the register	Arduino digital output Pin 6
6	Sends data to data Pins when a high to low pulse is given	Arduino digital output Pin 7
7	Data D0	Arduino digital output Pin 30
8	Data D1	Arduino digital output Pin 32
9	Data D2	Arduino digital output Pin 34
10	Data D3	Arduino digital output Pin 36
11	Data D4	Arduino digital output Pin 38
12	Data D5	Arduino digital output Pin 40
13	Data D6	Arduino digital output Pin 42

接腳	接腳說明	接腳名稱
14	Data D7	Arduino digital output Pin 44
15	Backlight Vcc (5V)	背光(串接 330 R 電阻到電源)
16	Backlight Ground (0V)	背光(GND)

表 107 RFID 門禁管制機測試程式一

RFID 門禁管制機測試程式一(doorcontrol01)

```
#include <LiquidCrystal.h>
#include <SPI.h>
#include <RFID.h>


/* LiquidCrystal display with:

LiquidCrystal(rs, enable, d4, d5, d6, d7)
LiquidCrystal(rs, rw, enable, d4, d5, d6, d7)
LiquidCrystal(rs, enable, d0, d1, d2, d3, d4, d5, d6, d7)
LiquidCrystal(rs, rw, enable, d0, d1, d2, d3, d4, d5, d6, d7)
R/W Pin Read = LOW / Write = HIGH      // if No Pin connect RW , please leave R/W
Pin for Low State

Parameters
*/

LiquidCrystal lcd(8,9,10,38,40,42,44);     //ok
RFID rfid(53,5);            //this is used for Arduino Mega 2560
//RFID rfid(10,5);     //this is used for Arduino UNO


void setup()
{
   Serial.begin(9600);
   Serial.println("RFID Mifare Read");
     SPI.begin();
   rfid.init();
//   PinMode(11,OUTPUT);
//   digitalWrite(11,LOW);
```

RFID 門禁管制機測試程式一(doorcontrol01)

```
lcd.begin(20, 4);
// 設定 LCD 的行列數目 (4 x 20)
  lcd.setCursor(0,0);
   // 列印 "Hello World" 訊息到 LCD 上
lcd.print("RFID Mifare Read");
}


void loop()
{
// 將游標設到 column 0, line 1
// (注意: line 1 是第二行(row)，因為是從 0 開始數起):



  Serial.println(millis()/1000);
delay(200);
  if (rfid.isCard()) {                                      //找尋卡片
           if (rfid.readCardSerial()) {                     //取得卡片的
ID+CRC 校驗碼
                       //第 0~3 個 byte:卡片 ID
                       Serial.println(" ");
                       Serial.print("RFID Card Number is : ");
              Serial.print(rfid.serNum[0],HEX);
                       Serial.print(" , ");
              Serial.print(rfid.serNum[1],HEX);
                       Serial.print(" , ");
              Serial.print(rfid.serNum[2],HEX);
                       Serial.print(" , ");
              Serial.println(rfid.serNum[3],HEX);
                       //第 4 個 byte:CRC 校驗位元
                       Serial.print("CRC is : ");
                       Serial.println(rfid.serNum[4],HEX);
                       lcd.setCursor(2, 1);
                       lcd.print(rfid.serNum[0],HEX);
                       lcd.setCursor(5, 1);
                       lcd.print(rfid.serNum[1],HEX);
                       lcd.setCursor(8, 1);
                       lcd.print(rfid.serNum[2],HEX);
```

```
RFID 門禁管制機測試程式一(doorcontrol01)
                        lcd.setCursor(11, 1);
                        lcd.print(rfid.serNum[3],HEX);


           }


      }
      rfid.halt();            //命令卡片進入休眠狀態
      delay(500);             //延時 0.5 秒
}
```

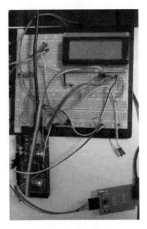

圖 300 RFID 門禁管制機測試程式一執行畫面

RFID 卡控制開鎖

　　我們已經可以正確讀取卡號號,我們加入繼電器模組來控制外部電力裝置開關
與否,主要是將電磁鎖(如圖 298 所示)的開門開關電路,參照表 105 所示,接至繼
電器模組的 Com 與 NC 兩接點,在正確讀取到適合卡號時,啟動繼電器模組,使
繼電器模組的 Com 與 NC 兩接點短路,讓電磁鎖(如圖 298 所示)開門。

　　由於 MF RC522 RFID 模組本身就可以讀取 Mifare 卡片的資料,我們依照表 105

& 表 106 進行電路連接，連接 MF RC522 RFID 模組，讀者依照表 108 之 RFID 門禁管制機測試程式二進行程式攑寫的動作。

表 108 RFID 門禁管制機測試程式二

```
RFID 門禁管制機測試程式二(doorcontrol02)
#include <LiquidCrystal.h>
#include <SPI.h>
#include <RFID.h>
#include <String.h>
#define openkeyPin 4
int debugmode = 0;
/* LiquidCrystal display with:

LiquidCrystal(rs, enable, d4, d5, d6, d7)
LiquidCrystal(rs, rw, enable, d4, d5, d6, d7)
LiquidCrystal(rs, enable, d0, d1, d2, d3, d4, d5, d6, d7)
LiquidCrystal(rs, rw, enable, d0, d1, d2, d3, d4, d5, d6, d7)
R/W Pin Read = LOW / Write = HIGH      // if No Pin connect RW , please leave R/W
Pin for Low State

Parameters
*/

LiquidCrystal lcd(8,9,10,38,40,42,44);      //ok
RFID rfid(53,5);           //this is used for Arduino Mega 2560
//RFID rfid(10,5);        //this is used for Arduino UNO
String keyno1 = String("6AE4E616");


void setup()
{
  Serial.begin(9600);
  Serial.println("RFID Mifare Read");
    SPI.begin();
  rfid.init();
  PinMode(openkeyPin,OUTPUT);
```

```
  digitalWrite(openkeyPin,LOW);
lcd.begin(20, 4);
// 設定 LCD 的行列數目 (4 x 20)
 lcd.setCursor(0,0);
  // 列印 "Hello World" 訊息到 LCD 上
lcd.print("RFID Mifare Read");
}

void loop()
{
// 將游標設到 column 0, line 1
// (注意: line 1 是第二行(row)，因為是從 0 開始數起):
  if (rfid.isCard()) {                                    //找尋卡片
          if (rfid.readCardSerial()) {                   //取得卡片的
ID+CRC 校驗碼
                      //第 0~3 個 byte:卡片 ID
                      Serial.println(" ");
                      Serial.print("RFID Card Number is : ");
              Serial.print(strzero(rfid.serNum[0],2,16));
                      Serial.print("/");
              Serial.print(rfid.serNum[0],HEX);
                      Serial.print("/");
              Serial.print(rfid.serNum[0],DEC);
                      Serial.print(" , ");
              Serial.print(strzero(rfid.serNum[1],2,16));
                      Serial.print("/");
              Serial.print(rfid.serNum[1],HEX);
                      Serial.print("/");
              Serial.print(rfid.serNum[1],DEC);
                      Serial.print(" , ");
              Serial.print(strzero(rfid.serNum[2],2,16));
                      Serial.print("/");
              Serial.print(rfid.serNum[1],HEX);
                      Serial.print("/");
              Serial.print(rfid.serNum[1],DEC);
                      Serial.print(" , ");
              Serial.print(strzero(rfid.serNum[3],2,16));
                      Serial.print("/");
```

```
                Serial.print(rfid.serNum[0],HEX);
                        Serial.print("/");
                Serial.println(rfid.serNum[0],DEC);
                        //第 4 個 byte:CRC 校驗位元
                        Serial.print("CRC is : ");
                        Serial.print(strzero(rfid.serNum[4],2,16));
                        Serial.print("/");
                Serial.print(rfid.serNum[4],HEX);
                        Serial.print("/");
                Serial.println(rfid.serNum[4],DEC);
                        lcd.setCursor(2, 1);
                        lcd.print(strzero(rfid.serNum[0],2,16));
                        lcd.setCursor(5, 1);
                        lcd.print(strzero(rfid.serNum[1],2,16));
                        lcd.setCursor(8, 1);
                        lcd.print(strzero(rfid.serNum[2],2,16));
                        lcd.setCursor(11, 1);
                        lcd.print(strzero(rfid.serNum[3],2,16));
                        lcd.setCursor(4, 2);

lcd.print(getcardnumber(rfid.serNum[0],rfid.serNum[1],rfid.serNum[2],rfid.serNum[3]) );


        }


    }
    rfid.halt();        //命令卡片進入休眠狀態
    if (keyno1 == getcard-
number(rfid.serNum[0],rfid.serNum[1],rfid.serNum[2],rfid.serNum[3]))
        {
            digitalWrite(openkeyPin,HIGH);
            lcd.setCursor(0, 3);
            lcd.print("Access Granted:Open");
            Serial.println("Access Granted:Door Open");
        }
        else
        {
            digitalWrite(openkeyPin,LOW);
            lcd.setCursor(0, 3);
```

```
            lcd.print("Access Denied:Closed");
            Serial.println("Access Denied:Door Closed");
        }


    delay(500);            //延時 0.5 秒
}

String getcardnumber(byte c1, byte c2, byte c3, byte c4)
{
    String retstring = String("");
    retstring.concat(strzero(c1,2,16));
    retstring.concat(strzero(c2,2,16));
    retstring.concat(strzero(c3,2,16));
    retstring.concat(strzero(c4,2,16));
    return retstring;
}

String strzero(long num, int len, int base)
{
    String retstring = String("");
    int ln = 1 ;
    int i = 0 ;
    char tmp[10] ;
    long tmpnum = num ;
    int tmpchr = 0 ;
    char hexcode[]={'0','1','2','3','4','5','6','7','8','9','A','B','C','D','E','F'} ;
    while (ln <= len)
    {
        tmpchr = (int)(tmpnum % base) ;
        tmp[ln-1] = hexcode[tmpchr] ;
        ln++ ;
        tmpnum = (long)(tmpnum/base) ;
/*
        Serial.print("tran :(");
        Serial.print(ln);
        Serial.print(")/(");
        Serial.print(hexcode[tmpchr] );
```

```
            Serial.print(")/(");
            Serial.print(tmpchr);
            Serial.println(")");
            */


        }
    for (i = len-1; i >= 0 ; i --)
        {
            retstring.concat(tmp[i]);
        }


    return retstring;
}

unsigned long unstrzero(String hexstr)
{
    String chkstring    ;
    int len = hexstr.length() ;
    if (debugmode == 1)
        {
            Serial.print("String ");
            Serial.println(hexstr);
            Serial.print("len:");
            Serial.println(len);
        }
    unsigned int i = 0 ;
    unsigned int tmp = 0 ;
    unsigned int tmp1 = 0 ;
    unsigned long tmpnum = 0 ;
    String hexcode = String("0123456789ABCDEF") ;
    for (i = 0 ; i < (len ) ; i++)
    {
//      chkstring= hexstr.substring(i,i) ;
        hexstr.toUpperCase() ;
            tmp = hexstr.charAt(i) ;      // give i th char and return this char
            tmp1 = hexcode.indexOf(tmp) ;
        tmpnum = tmpnum + tmp1* POW(16,(len -i -1) )   ;
```

```
        if (debugmode == 1)
        {
                Serial.print("char:( ");
            Serial.print(i);
                Serial.print(")/(");
            Serial.print(hexstr);
                Serial.print(")/(");
            Serial.print(tmpnum);
                Serial.print(")/(");
            Serial.print((long)pow(16,(len -i -1)));
                Serial.print(")/(");
            Serial.print(pow(16,(len -i -1) ));
                Serial.print(")/(");
            Serial.print((char)tmp);
                Serial.print(")/(");
            Serial.print(tmp1);
                Serial.print(")");
                Serial.println("");
        }
    }
  return tmpnum;
}

long POW(long num, int expo)
{
  long tmp =1 ;
  if (expo > 0)
  {
        for(int i = 0 ; i< expo ; i++)
            tmp = tmp * num ;
          return tmp ;
  }
  else
  {
   return tmp ;
  }
}
```

我們發現圖 301(a)所示，MF RC522 模組讀到卡(卡號：316C1155)，為不是正確的開門卡，所以不會啟動繼電器，而見圖 301(b)所示，MF RC522 模組讀到卡(卡號：6AE4E616)，為正確的開門卡，則 Arduino 開發模組在 MF RC522 模組讀到該卡號之後，比對表 108 內『String keyno1 = String("6AE4E616");』的變數，為相同的變數內容，則使繼電器模組的 Com 與 NC 兩接點短路，讓電磁鎖(如圖 298 所示)開門。

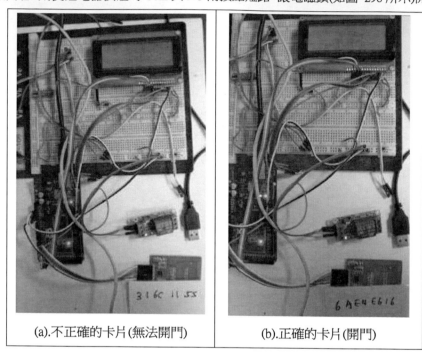

| (a).不正確的卡片(無法開門) | (b).正確的卡片(開門) |

圖 301 RFID 門禁管制機測試程式二執行畫面

寫入 RFID 卡號到內存記憶體

由於不可能每增加一張卡號，就必需重新修改程式，重新編譯與上傳程式到 Arduino 開發板，所以我們必需使用 Arduino 開發板的內存的電子式可擦拭唯讀記憶體 (EEPROM)來預存卡號，我們依照表 105 & 表 106 進行電路連接，連接 MF RC522 RFID 模組，讀者依照表 109 之 RFID 門禁管制機測試程式三進行程式攛寫的動作。

表 109 RFID 門禁管制機測試程式三

RFID 門禁管制機測試程式三(doorcontrol10)

```
#include <EEPROM.h>

int keycontroladdress = 10;
int keystartaddress = 20;
String key1 = String("316C1155") ;
String key2 = String("6AE4E616") ;
byte cardvalue[4] ;
int debugmode = 0;



void setup() {
    Serial.begin(9600);
    Serial.println("Now Write key data") ;
    // 在 keycontroladdress = 20 上寫入數值 100
    EEPROM.write(keycontroladdress, 100);    //mean activate key store function
    EEPROM.write(keycontroladdress+2, 2);    //mean activate key store function
    decryptkey(key1);
    writekey(keystartaddress);
    decryptkey(key2);
    writekey(keystartaddress+10);
    Serial.println("Now read key data") ;
    Serial.print("Key1 :(") ;
    Serial.print(readkey(keystartaddress));
    Serial.println(")") ;
        Serial.print("Key2 :(") ;
    Serial.print(readkey(keystartaddress+10));
    Serial.println(")") ;

}
void loop() {
}

void decryptkey(String kk)
{
```

```
    int tmp1,tmp2,tmp3,tmp4 ;
    tmp1 = unstrzero(kk.substring(0, 2) ,16);
    tmp2 = unstrzero(kk.substring(2, 4) ,16);
    tmp3 = unstrzero(kk.substring(4, 6) ,16);
    tmp4 = unstrzero(kk.substring(6, 8) ,16);
    cardvalue[0] = tmp1 ;
    cardvalue[1] = tmp2 ;
    cardvalue[2] = tmp3 ;
    cardvalue[3] = tmp4 ;
        if (debugmode == 1)
      {
            Serial.print("decryptkey key : ");
            Serial.print("key1 =");
            Serial.print(kk);
            Serial.print(":(");
            Serial.println(tmp1,HEX);
            Serial.print("/");
            Serial.print(tmp2,HEX);
            Serial.print("/");
            Serial.print(tmp3,HEX);
            Serial.print("/");
            Serial.print(tmp4,HEX);
            Serial.print(")");
            Serial.println("");
      }
}

String readkey(int keyarea)
{
    int k1,k2,k3,k4 ;
    k1 = EEPROM.read(keyarea);
    k2 = EEPROM.read(keyarea+1);
    k3 = EEPROM.read(keyarea+2);
    k4 = EEPROM.read(keyarea+3);
      if (debugmode == 1)
      {
            Serial.print("read key : ");
            Serial.print("key1 =(");
```

```
            Serial.println(k1,HEX);
            Serial.print("/");
            Serial.print(k2,HEX);
            Serial.print("/");
            Serial.print(k3,HEX);
            Serial.print("/");
            Serial.print(k4,HEX);
            Serial.print(")");
            Serial.println("");
        }
    return getcardnumber(k1,k2,k3,k4);
}


void writekey(int keyarea)
{
    EEPROM.write(keyarea, cardvalue[0]);
    EEPROM.write(keyarea+1, cardvalue[1]);
    EEPROM.write(keyarea+2, cardvalue[2]);
    EEPROM.write(keyarea+3, cardvalue[3]);


}
String strzero(long num, int len, int base)
{
   String retstring = String("");
   int ln = 1 ;
     int i = 0 ;
     char tmp[10] ;
     long tmpnum = num ;
     int tmpchr = 0 ;
     char hexcode[]={'0','1','2','3','4','5','6','7','8','9','A','B','C','D','E','F'} ;
     while (ln <= len)
     {
         tmpchr = (int)(tmpnum % base) ;
         tmp[ln-1] = hexcode[tmpchr] ;
         ln++ ;
          tmpnum = (long)(tmpnum/base) ;
/*
         Serial.print("tran :(");
```

```
            Serial.print(ln);
            Serial.print(")/(");
            Serial.print(hexcode[tmpchr] );
            Serial.print(")/(");
            Serial.print(tmpchr);
            Serial.println(")");
            */


        }
      for (i = len-1; i >= 0 ; i --)
        {
              retstring.concat(tmp[i]);
        }


   return retstring;
}

unsigned long unstrzero(String hexstr, int base)
{
   String chkstring    ;
   int len = hexstr.length() ;
   if (debugmode == 1)
        {
              Serial.print("String ");
              Serial.println(hexstr);
              Serial.print("len:");
              Serial.println(len);
        }
     unsigned int i = 0 ;
     unsigned int tmp = 0 ;
     unsigned int tmp1 = 0 ;
     unsigned long tmpnum = 0 ;
     String hexcode = String("0123456789ABCDEF") ;
     for (i = 0 ; i < (len ) ; i++)
     {
//       chkstring= hexstr.substring(i,i) ;
       hexstr.toUpperCase() ;
              tmp = hexstr.charAt(i) ;     // give i th char and return this char
```

```
            tmp1 = hexcode.indexOf(tmp) ;
        tmpnum = tmpnum + tmp1* POW(base,(len -i -1) )    ;

        if (debugmode == 1)
        {
                Serial.print("char:( ");
            Serial.print(i);
                Serial.print(")/(");
            Serial.print(hexstr);
                Serial.print(")/(");
            Serial.print(tmpnum);
                Serial.print(")/(");
            Serial.print((long)pow(16,(len -i -1)));
                Serial.print(")/(");
            Serial.print(pow(16,(len -i -1) ));
                Serial.print(")/(");
            Serial.print((char)tmp);
                Serial.print(")/(");
            Serial.print(tmp1);
                Serial.print(")");
                Serial.println("");
        }
    }
  return tmpnum;
}

long POW(long num, int expo)
{
  long tmp =1 ;
  if (expo > 0)
  {
        for(int i = 0 ; i< expo ; i++)
            tmp = tmp * num ;
          return tmp ;
  }
  else
  {
   return tmp ;
```

```
RFID 門禁管制機測試程式三(doorcontrol10)

    }
}


String getcardnumber(byte c1, byte c2, byte c3, byte c4)
{
    String retstring = String("");
    retstring.concat(strzero(c1,2,16));
    retstring.concat(strzero(c2,2,16));
    retstring.concat(strzero(c3,2,16));
    retstring.concat(strzero(c4,2,16));
    return retstring;
}
```

　　我們發現圖 302 所示，我們將卡號：316C1155、卡號：6AE4E616 存入 Arduino

開發板的 EEPROM 記憶體之中，並寫入指示資料)，見圖 302 所示，有兩組 Key

CardsKey Cards 資料儲存在 EEPROM 記憶體之中。

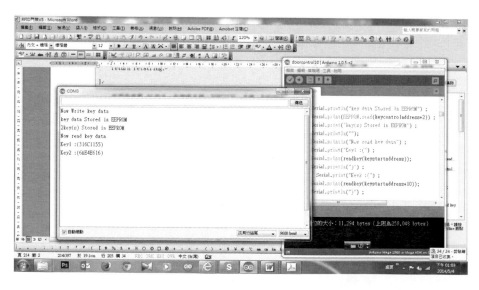

圖 302 RFID 門禁管制機測試程式三執行畫面

- 500 -

透過內存 RFID 卡號控制開鎖

　　上節我們已經將兩可以正確組卡號，卡號：316C1155、卡號：6AE4E616 存入 Arduino 開發板的 EEPROM 記憶體之中，我們依照表 105 & 表 106 進行電路連接，連接 MF RC522 RFID 模組，讀者依照表 110 之 RFID 門禁管制機測試程式四進行程式攥寫的動作。

表 110 RFID 門禁管制機測試程式四

RFID 門禁管制機測試程式四(doorcontrol11)
#include <EEPROM.h>
#include <LiquidCrystal.h>
#include <SPI.h>
#include <RFID.h>
#include <String.h>
#define openkeyPin 4
int debugmode = 0;
#define relayopendelay 1500
/* LiquidCrystal display with:
LiquidCrystal(rs, enable, d4, d5, d6, d7)
LiquidCrystal(rs, rw, enable, d4, d5, d6, d7)
LiquidCrystal(rs, enable, d0, d1, d2, d3, d4, d5, d6, d7)
LiquidCrystal(rs, rw, enable, d0, d1, d2, d3, d4, d5, d6, d7)
R/W Pin Read = LOW / Write = HIGH   // if No Pin connect RW , please leave R/W Pin for Low State

RFID 門禁管制機測試程式四(doorcontrol11)

```
Parameters
*/


LiquidCrystal lcd(8,9,10,38,40,42,44);      //ok

RFID rfid(53,5);              //this is used for Arduino Mega 2560

//RFID rfid(10,5);         //this is used for Arduino UNO

String keyno1 = String("6AE4E616");

int keycontroladdress = 10;

int keystartaddress = 20;

byte cardvalue[4] ;

int Maxkey = 0 ;

String Keylist[100] ;


void setup()
{
   Serial.begin(9600);

   Serial.println("RFID Mifare Read");

      SPI.begin();

   rfid.init();

   PinMode(openkeyPin,OUTPUT);

   digitalWrite(openkeyPin,LOW);
lcd.begin(20, 4);
// 設定 LCD 的行列數目 (4 x 20)
 lcd.setCursor(0,0);
   // 列印 "Hello World" 訊息到 LCD 上
```

```
lcd.print("RFID Mifare Read");

getAllKey(keycontroladdress,keystartaddress) ;


}


void loop()

{

   boolean readcardok = false ;
// 將游標設到 column 0, line 1
// (注意: line 1 是第二行(row)，因為是從 0 開始數起):
   if (rfid.isCard()) {                                    //找尋卡片

           if (rfid.readCardSerial()) {

              readcardok = true ;

              //取得卡片的 ID+CRC 校驗碼

                      //第 0~3 個 byte:卡片 ID

                      Serial.println(" ");

                      Serial.print("RFID Card Number is : ");

              Serial.print(strzero(rfid.serNum[0],2,16));

                      Serial.print("/");

              Serial.print(rfid.serNum[0],HEX);

                      Serial.print("/");

              Serial.print(rfid.serNum[0],DEC);

                      Serial.print(" , ");

              Serial.print(strzero(rfid.serNum[1],2,16));

                      Serial.print("/");
```

```
Serial.print(rfid.serNum[1],HEX);
        Serial.print("/");
Serial.print(rfid.serNum[1],DEC);
        Serial.print(" , ");
Serial.print(strzero(rfid.serNum[2],2,16));
        Serial.print("/");
Serial.print(rfid.serNum[2],HEX);
        Serial.print("/");
Serial.print(rfid.serNum[2],DEC);
        Serial.print(" , ");
Serial.print(strzero(rfid.serNum[3],2,16));
        Serial.print("/");
Serial.print(rfid.serNum[3],HEX);
        Serial.print("/");
Serial.println(rfid.serNum[3],DEC);
        //第 4 個 byte:CRC 校驗位元
        Serial.print("CRC is : ");
        Serial.print(strzero(rfid.serNum[4],2,16));
        Serial.print("/");
Serial.print(rfid.serNum[4],HEX);
        Serial.print("/");
Serial.println(rfid.serNum[4],DEC);
        lcd.setCursor(2, 1);
        lcd.print(strzero(rfid.serNum[0],2,16));
        lcd.setCursor(5, 1);
```

```
                              lcd.print(strzero(rfid.serNum[1],2,16));

                              lcd.setCursor(8, 1);

                              lcd.print(strzero(rfid.serNum[2],2,16));

                              lcd.setCursor(11, 1);

                              lcd.print(strzero(rfid.serNum[3],2,16));

                              lcd.setCursor(4, 2);


lcd.print(getcardnumber(rfid.serNum[0],rfid.serNum[1],rfid.serNum[2],rfid.serNum[3]) );



              }



      }

      rfid.halt();             //命令卡片進入休眠狀態

      if (readcardok)     // new card readed

      {

           keyno1                              =                       getcard-
number(rfid.serNum[0],rfid.serNum[1],rfid.serNum[2],rfid.serNum[3]) ;

           if (checkAllKey(keyno1) )

               {

                     digitalWrite(openkeyPin,HIGH);

                         lcd.setCursor(0, 3);

                   lcd.print("Access Granted:Open");

                   Serial.println("Access Granted:Door Open");

                   delay(relayopendelay) ;

                   digitalWrite(openkeyPin,LOW);
```

```
                }
                else
                {
        //      digitalWrite(openkeyPin,LOW);
                    lcd.setCursor(0, 3);
                    lcd.print("Access Denied:Closed");
                    Serial.println("Access Denied:Door Closed");
                }
        }


    delay(500);              //延時 0.5 秒
}
boolean checkAllKey(String kk)
{
    if (debugmode == 1)
        {
            Serial.print("read for check    key is :(");
            Serial.print(kk);
            Serial.print("/");
            Serial.print(Maxkey);
            Serial.print(")\n");
        }
    int i = 0 ;
    if (Maxkey > 0 )
        for (i = 0 ; i < (Maxkey ) ; i ++)
```

```
        {
            if (debugmode == 1)

                {
                        Serial.print("Compare internal key value is    :(");

                        Serial.print(i);

                        Serial.print(")");

                        Serial.print(Keylist[i]);

                        Serial.print("/\n");

                }

            if ( kk == Keylist[i] )

                {
                        Serial.println("Card comparee is successful");

                        return true ;

                }

        }

    return false ;

}


String getcardnumber(byte c1, byte c2, byte c3, byte c4)

{

    String retstring = String("");

    retstring.concat(strzero(c1,2,16));

    retstring.concat(strzero(c2,2,16));

    retstring.concat(strzero(c3,2,16));

    retstring.concat(strzero(c4,2,16));
```

```
        return retstring;
}


void getAllKey(int controlarea, int keyarea)
{
    int i = 0;
    Maxkey = getKeyinSizeCount(controlarea) ;
            if (debugmode == 1)
            {
                Serial.print("Max key is :(");
                Serial.print(Maxkey);
                Serial.print(")\n");
            }
    if ( Maxkey >0)
    {
            for(i = 0 ; i < (Maxkey); i++)
            {
                Keylist[i] = String(readkey(keyarea+(i*10) ) );
            if (debugmode == 1)
            {
                Serial.print("inter key is :(");
                Serial.print(i);
                Serial.print("/") ;
                Serial.print(Keylist[i] );
                Serial.print(")\n");
```

```
                }

            }

        }


}



int getKeyinSizeCount(int keycontrol)

{

        if (debugmode == 1)

            {

                    Serial.print("Read memory head is :(") ;

                    Serial.print(keycontrol) ;

                    Serial.print("/") ;

                    Serial.print(EEPROM.read(keycontrol) ) ;

                    Serial.print("/") ;

                    Serial.print(EEPROM.read(keycontrol+2) ) ;

                    Serial.print(")") ;

                    Serial.print("\n") ;

            }

        int tmp = -1;

        if (EEPROM.read(keycontrol) == 100)

            {

                    tmp = EEPROM.read(keycontrol+2) ;
```

```
        if (debugmode == 1)

          {

              Serial.print("key head is ok \n") ;

              Serial.print("key count is :(") ;

            Serial.print(tmp) ;

            Serial.print(") \n") ;

          }

        return tmp ;

    }

    else

    {

        if (debugmode == 1)

                      Serial.print("key head is fail \n") ;

        tmp = -1 ;

    }

  // if (val)

  return tmp ;

}


void decryptkey(String kk)

{

  int tmp1,tmp2,tmp3,tmp4 ;

  tmp1 = unstrzero(kk.substring(0, 2) ,16);

  tmp2 = unstrzero(kk.substring(2, 4) ,16);

  tmp3 = unstrzero(kk.substring(4, 6) ,16);
```

```
tmp4 = unstrzero(kk.substring(6, 8) ,16);

cardvalue[0] = tmp1 ;

cardvalue[1] = tmp2 ;

cardvalue[2] = tmp3 ;

cardvalue[3] = tmp4 ;

      if (debugmode == 1)

    {

        Serial.print("decryptkey key : ");

        Serial.print("key1 =");

        Serial.print(kk);

        Serial.print(":(");

        Serial.println(tmp1,HEX);

        Serial.print("/");

        Serial.print(tmp2,HEX);

        Serial.print("/");

        Serial.print(tmp3,HEX);

        Serial.print("/");

        Serial.print(tmp4,HEX);

        Serial.print(")");

        Serial.println("");

    }

}


String readkey(int keyarea)

{
```

```
    int k1,k2,k3,k4 ;

    k1 = EEPROM.read(keyarea);

    k2 = EEPROM.read(keyarea+1);

    k3 = EEPROM.read(keyarea+2);

    k4 = EEPROM.read(keyarea+3);

      if (debugmode == 1)
      {
            Serial.print("read key : ");

            Serial.print("key1 =(");

            Serial.println(k1,HEX);

            Serial.print("/");

            Serial.print(k2,HEX);

            Serial.print("/");

            Serial.print(k3,HEX);

            Serial.print("/");

            Serial.print(k4,HEX);

            Serial.print(")");

            Serial.println("");
      }

    return getcardnumber(k1,k2,k3,k4);

}


void writekey(int keyarea)

{

    EEPROM.write(keyarea, cardvalue[0]);
```

```
        EEPROM.write(keyarea+1, cardvalue[1]);

        EEPROM.write(keyarea+2, cardvalue[2]);

        EEPROM.write(keyarea+3, cardvalue[3]);


}


String strzero(long num, int len, int base)

{

    String retstring = String("");

    int ln = 1 ;

        int i = 0 ;

        char tmp[10] ;

        long tmpnum = num ;

        int tmpchr = 0 ;

        char hexcode[]={'0','1','2','3','4','5','6','7','8','9','A','B','C','D','E','F'} ;

        while (ln <= len)

        {

                tmpchr = (int)(tmpnum % base) ;

                tmp[ln-1] = hexcode[tmpchr] ;

                ln++ ;

                 tmpnum = (long)(tmpnum/base) ;
/*

                Serial.print("tran :(");

                Serial.print(ln);

                Serial.print(")/(");
```

```
            Serial.print(hexcode[tmpchr] );

            Serial.print(")/(");

            Serial.print(tmpchr);

            Serial.println(")");

            */


    }

    for (i = len-1; i >= 0 ; i --)

      {

            retstring.concat(tmp[i]);

      }


  return retstring;

}


unsigned long unstrzero(String hexstr, int base)

{

    String chkstring    ;

    int len = hexstr.length() ;

    if (debugmode == 1)

        {

            Serial.print("String ");

            Serial.println(hexstr);

            Serial.print("len:");

            Serial.println(len);
```

```
    }

unsigned int i = 0 ;

unsigned int tmp = 0 ;

unsigned int tmp1 = 0 ;

unsigned long tmpnum = 0 ;

String hexcode = String("0123456789ABCDEF") ;

for (i = 0 ; i < (len ) ; i++)

{

//      chkstring= hexstr.substring(i,i) ;

    hexstr.toUpperCase() ;

        tmp = hexstr.charAt(i) ;     // give i th char and return this char

        tmp1 = hexcode.indexOf(tmp) ;

    tmpnum = tmpnum + tmp1* POW(base,(len -i -1) )   ;


    if (debugmode == 1)

    {

        Serial.print("char:( ");

    Serial.print(i);

        Serial.print(")/(");

    Serial.print(hexstr);

        Serial.print(")/(");

    Serial.print(tmpnum);

        Serial.print(")/(");

    Serial.print((long)pow(16,(len -i -1)));

        Serial.print(")/(");
```

```
            Serial.print(pow(16,(len -i -1) ));

                Serial.print(")/(");

            Serial.print((char)tmp);

                Serial.print(")/(");

            Serial.print(tmp1);

                Serial.print(")");

                Serial.println("");

        }

        }

    return tmpnum;

}


long POW(long num, int expo)

{

    long tmp =1 ;

    if (expo > 0)

    {

            for(int i = 0 ; i< expo ; i++)

                tmp = tmp * num ;

                return tmp ;

    }

    else

    {

        return tmp ;

    }
```

RFID 門禁管制機測試程式四(doorcontrol11)
}

在程式一開始，我們將讀取所有內存的卡號後，確定變數 maxkey 有多少組內存卡號，並將卡號存入 Keylist 的字串陣列之中，在之後讀取到 RFID 卡之後，將讀到的卡號與內存的所有卡號比對後，若有與內存的卡號相同者，我們就啟動繼電器模組，來控制外部電力裝置開關與否，主要是將電磁鎖(如圖 298 所示)的開門開關電路，參照表 105 所示，接至繼電器模組的 Com 與 NC 兩接點，在正確讀取到適合卡號時，啟動繼電器模組，使繼電器模組的 Com 與 NC 兩接點短路，讓電磁鎖(如圖 298 所示)開門。

我們發現圖 303(a)所示，MF RC522 模組讀到卡(卡號：315C1155)，為不是正確的開門卡，所以不會啟動繼電器，而見圖 303 (b)所示，MF RC522 模組讀到卡(卡號：6AE4E616)，為正確的開門卡，則 Arduino 開發模組在 MF RC522 模組讀到該卡號之後，比對 Keylist 的字串陣列之中的變數，為相同的變數內容，則使繼電器模組的 Com 與 NC 兩接點短路，讓電磁鎖(如圖 298 所示)開門。

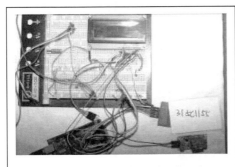	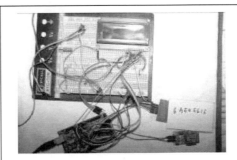
(a).非內存一號卡片(不開門)	(b). 內存二號卡片(開門)

圖 303 RFID 門禁管制機測試程式四執行畫面

本書進展到此，可以發現可以完整運作一個 RFID 門禁管制機的基本所有功能,包含內含 RFID 卡號來開門,控制電控鎖開門等等功能,可以說是,麻雀雖小,五臟俱全的一個完整的 RFID 門禁管制機。

加入聲音通知使用者

一般使用者,在使用門禁管制機時,並不會注視門禁管制機的 LCD 螢幕,這時後聲音反而是使用者最佳的人機界面。

我們依照表 105 & 表 106 進行電路連接,並加入圖 304 之喇吧於 Arduino 開發板的 Pin 3,連接 MF RC522 RFID 模組,讀者依照表 111 之 RFID 門禁管制機測試程式五進行程式攢寫的動作。

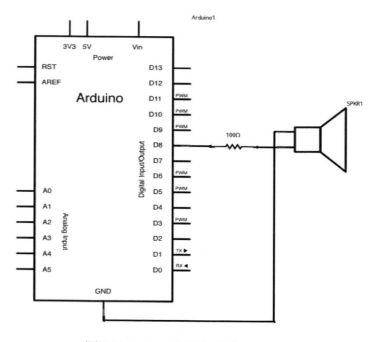

圖 304 Arduino 喇吧接線圖

表 111 RFID 門禁管制機測試程式五

RFID 門禁管制機測試程式五(doorcontrol12)

```
#include <EEPROM.h>

#include <LiquidCrystal.h>

#include <SPI.h>

#include <RFID.h>

#include <String.h>

#include "pitches.h"


#define openkeyPin 4

int debugmode = 0;

#define relayopendelay 1500


#define tonePin 3
/* LiquidCrystal display with:


LiquidCrystal(rs, enable, d4, d5, d6, d7)

LiquidCrystal(rs, rw, enable, d4, d5, d6, d7)

LiquidCrystal(rs, enable, d0, d1, d2, d3, d4, d5, d6, d7)

LiquidCrystal(rs, rw, enable, d0, d1, d2, d3, d4, d5, d6, d7)

R/W Pin Read = LOW / Write = HIGH     // if No Pin connect RW , please leave R/W

Pin for Low State


Parameters
*/
```

RFID 門禁管制機測試程式五(doorcontrol12)

```
LiquidCrystal lcd(8,9,10,38,40,42,44);     //ok

RFID rfid(53,5);           //this is used for Arduino Mega 2560

//RFID rfid(10,5);         //this is used for Arduino UNO

String keyno1 = String("6AE4E616");

int keycontroladdress = 10;

int keystartaddress = 20;

byte cardvalue[4] ;

int Maxkey = 0 ;

String Keylist[100] ;

// notes in the melody:

int melody[] = {

    NOTE_C4,    NOTE_G3,NOTE_G3,    NOTE_A3,    NOTE_G3,0,    NOTE_B3,
NOTE_C4};


// note durations: 4 = quarter note, 8 = eighth note, etc.:

int noteDurations[] = {

    4, 8, 8, 4,4,4,4,4 };


void setup()

{

  Serial.begin(9600);

  Serial.println("RFID Mifare Read");

    SPI.begin();

  rfid.init();

  PinMode(openkeyPin,OUTPUT);
```

```
   digitalWrite(openkeyPin,LOW);

lcd.begin(20, 4);

// 設定 LCD 的行列數目 (4 x 20)

 lcd.setCursor(0,0);

  // 列印 "Hello World" 訊息到 LCD 上

lcd.print("RFID Mifare Read");

getAllKey(keycontroladdress,keystartaddress) ;

//testtone();

}


void loop()

{

   boolean readcardok = false ;

// 將游標設到 column 0, line 1

// (注意: line 1 是第二行(row)，因為是從 0 開始數起):

   if (rfid.isCard()) {                                      //找尋卡片

           if (rfid.readCardSerial()) {

               readcardok = true ;

               //取得卡片的 ID+CRC 校驗碼

                       //第 0~3 個 byte:卡片 ID

                       Serial.println(" ");

                       Serial.print("RFID Card Number is : ");

               Serial.print(strzero(rfid.serNum[0],2,16));

                       Serial.print("/");

               Serial.print(rfid.serNum[0],HEX);
```

```
Serial.print("/");

Serial.print(rfid.serNum[0],DEC);

Serial.print(" , ");

Serial.print(strzero(rfid.serNum[1],2,16));

Serial.print("/");

Serial.print(rfid.serNum[1],HEX);

Serial.print("/");

Serial.print(rfid.serNum[1],DEC);

Serial.print(" , ");

Serial.print(strzero(rfid.serNum[2],2,16));

Serial.print("/");

Serial.print(rfid.serNum[2],HEX);

Serial.print("/");

Serial.print(rfid.serNum[2],DEC);

Serial.print(" , ");

Serial.print(strzero(rfid.serNum[3],2,16));

Serial.print("/");

Serial.print(rfid.serNum[3],HEX);

Serial.print("/");

Serial.println(rfid.serNum[3],DEC);

//第 4 個 byte:CRC 校驗位元

Serial.print("CRC is : ");

Serial.print(strzero(rfid.serNum[4],2,16));

Serial.print("/");

Serial.print(rfid.serNum[4],HEX);
```

```
                        Serial.print("/");

                Serial.println(rfid.serNum[4],DEC);

                        lcd.setCursor(2, 1);

                        lcd.print(strzero(rfid.serNum[0],2,16));

                        lcd.setCursor(5, 1);

                        lcd.print(strzero(rfid.serNum[1],2,16));

                        lcd.setCursor(8, 1);

                        lcd.print(strzero(rfid.serNum[2],2,16));

                        lcd.setCursor(11, 1);

                        lcd.print(strzero(rfid.serNum[3],2,16));

                        lcd.setCursor(4, 2);


lcd.print(getcardnumber(rfid.serNum[0],rfid.serNum[1],rfid.serNum[2],rfid.serNum[3]) );



            }



    }
    rfid.halt();         //命令卡片進入休眠狀態
    if (readcardok)     // new card readed
    {
        keyno1                          =                       getcard-
number(rfid.serNum[0],rfid.serNum[1],rfid.serNum[2],rfid.serNum[3]) ;
        if (checkAllKey(keyno1) )
            {
                digitalWrite(openkeyPin,HIGH);
```

```
                        lcd.setCursor(0, 3);

                    lcd.print("Access Granted:Open");

                    Serial.println("Access Granted:Door Open");

                    passtone();

                    delay(relayopendelay) ;

                    digitalWrite(openkeyPin,LOW);

            }

            else

            {

        //     digitalWrite(openkeyPin,LOW);

                lcd.setCursor(0, 3);

                lcd.print("Access Denied:Closed");

                nopasstone();

                Serial.println("Access Denied:Door Closed");

            }

    }


    delay(500);            //延時 0.5 秒
}
boolean checkAllKey(String kk)

{

    if (debugmode == 1)

        {

            Serial.print("read for check   key is :(");

            Serial.print(kk);
```

```
        Serial.print("/");

        Serial.print(Maxkey);

        Serial.print(")\n");

    }

int i = 0 ;

  if (Maxkey > 0 )

    for (i = 0 ; i < (Maxkey ) ; i ++)

      {

          if (debugmode == 1)

              {

                    Serial.print("Compare internal key value is    :(");

                    Serial.print(i);

                    Serial.print(")");

                    Serial.print(Keylist[i]);

                    Serial.print("/\n");

              }

          if ( kk == Keylist[i] )

              {

                    Serial.println("Card comparee is successful");

                    return true ;

              }

      }

    return false ;

}
```

```
String getcardnumber(byte c1, byte c2, byte c3, byte c4)

{

    String retstring = String("");

    retstring.concat(strzero(c1,2,16));

    retstring.concat(strzero(c2,2,16));

    retstring.concat(strzero(c3,2,16));

    retstring.concat(strzero(c4,2,16));

    return retstring;

}


void getAllKey(int controlarea, int keyarea)

{

    int i = 0;

    Maxkey = getKeyinSizeCount(controlarea) ;

        if (debugmode == 1)

          {

                Serial.print("Max key is :(");

                Serial.print(Maxkey);

                Serial.print(")\n");

          }

    if ( Maxkey >0)

      {

          for(i = 0 ; i < (Maxkey); i++)

            {

                Keylist[i] = String(readkey(keyarea+(i*10)) ) );
```

```
        if (debugmode == 1)

          {

              Serial.print("inter key is :(");

              Serial.print(i);

              Serial.print("/") ;

              Serial.print(Keylist[i] );

              Serial.print(")\n");

          }

         }

     }


}



int getKeyinSizeCount(int keycontrol)

{

      if (debugmode == 1)

        {

              Serial.print("Read memory head is :(") ;

              Serial.print(keycontrol) ;

              Serial.print("/") ;

              Serial.print(EEPROM.read(keycontrol) ) ;

              Serial.print("/") ;

              Serial.print(EEPROM.read(keycontrol+2) ) ;
```

```
                Serial.print(")") ;

                Serial.print("\n") ;

            }

    int tmp = -1;

    if (EEPROM.read(keycontrol) == 100)

      {

            tmp = EEPROM.read(keycontrol+2) ;

             if (debugmode == 1)

                {

                    Serial.print("key head is ok \n") ;

                    Serial.print("key count is :(") ;

                    Serial.print(tmp) ;

                    Serial.print(") \n") ;

                }

            return tmp ;

      }

      else

      {

          if (debugmode == 1)

                        Serial.print("key head is fail \n") ;

          tmp = -1 ;

      }

  // if (val)

  return tmp ;

}
```

```
void decryptkey(String kk)
{
    int tmp1,tmp2,tmp3,tmp4 ;

    tmp1 = unstrzero(kk.substring(0, 2) ,16);

    tmp2 = unstrzero(kk.substring(2, 4) ,16);

    tmp3 = unstrzero(kk.substring(4, 6) ,16);

    tmp4 = unstrzero(kk.substring(6, 8) ,16);

    cardvalue[0] = tmp1 ;

    cardvalue[1] = tmp2 ;

    cardvalue[2] = tmp3 ;

    cardvalue[3] = tmp4 ;

        if (debugmode == 1)
    {
            Serial.print("decryptkey key : ");

            Serial.print("key1 =");

            Serial.print(kk);

            Serial.print(":(");

            Serial.println(tmp1,HEX);

            Serial.print("/");

            Serial.print(tmp2,HEX);

            Serial.print("/");

            Serial.print(tmp3,HEX);

            Serial.print("/");

            Serial.print(tmp4,HEX);
```

```
                Serial.print(")");

                Serial.println("");

        }

}


String readkey(int keyarea)

{

    int k1,k2,k3,k4 ;

    k1 = EEPROM.read(keyarea);

    k2 = EEPROM.read(keyarea+1);

    k3 = EEPROM.read(keyarea+2);

    k4 = EEPROM.read(keyarea+3);

      if (debugmode == 1)

      {

            Serial.print("read key : ");

            Serial.print("key1 =(");

            Serial.println(k1,HEX);

            Serial.print("/");

            Serial.print(k2,HEX);

            Serial.print("/");

            Serial.print(k3,HEX);

            Serial.print("/");

            Serial.print(k4,HEX);

            Serial.print(")");

            Serial.println("");
```

```
    }

  return getcardnumber(k1,k2,k3,k4);

}


void writekey(int keyarea)

{

    EEPROM.write(keyarea, cardvalue[0]);

    EEPROM.write(keyarea+1, cardvalue[1]);

    EEPROM.write(keyarea+2, cardvalue[2]);

    EEPROM.write(keyarea+3, cardvalue[3]);


}


String strzero(long num, int len, int base)

{

  String retstring = String("");

  int ln = 1 ;

    int i = 0 ;

    char tmp[10] ;

    long tmpnum = num ;

    int tmpchr = 0 ;

    char hexcode[]={'0','1','2','3','4','5','6','7','8','9','A','B','C','D','E','F'} ;

    while (ln <= len)

    {

        tmpchr = (int)(tmpnum % base) ;
```

```
            tmp[ln-1] = hexcode[tmpchr] ;

            ln++ ;

             tmpnum = (long)(tmpnum/base) ;
/*

            Serial.print("tran :(");

            Serial.print(ln);

            Serial.print(")/(");

            Serial.print(hexcode[tmpchr] );

            Serial.print(")/(");

            Serial.print(tmpchr);

            Serial.println(")");

            */


        }
      for (i = len-1; i >= 0 ; i --)
        {
              retstring.concat(tmp[i]);

        }


   return retstring;

}


unsigned long unstrzero(String hexstr, int base)

{

   String chkstring    ;
```

```
int len = hexstr.length() ;

if (debugmode == 1)

    {
        Serial.print("String ");

        Serial.println(hexstr);

        Serial.print("len:");

        Serial.println(len);

    }

    unsigned int i = 0 ;

    unsigned int tmp = 0 ;

    unsigned int tmp1 = 0 ;

    unsigned long tmpnum = 0 ;

    String hexcode = String("0123456789ABCDEF") ;

    for (i = 0 ; i < (len ) ; i++)

    {
//      chkstring= hexstr.substring(i,i) ;

    hexstr.toUpperCase() ;

        tmp = hexstr.charAt(i) ;     // give i th char and return this char

        tmp1 = hexcode.indexOf(tmp) ;

    tmpnum = tmpnum + tmp1* POW(base,(len -i -1) )   ;


    if (debugmode == 1)

    {
            Serial.print("char:( ");

        Serial.print(i);
```

```
                    Serial.print(")/(");

                Serial.print(hexstr);

                    Serial.print(")/(");

                Serial.print(tmpnum);

                    Serial.print(")/(");

                Serial.print((long)pow(16,(len -i -1)));

                    Serial.print(")/(");

                Serial.print(pow(16,(len -i -1) ));

                    Serial.print(")/(");

                Serial.print((char)tmp);

                    Serial.print(")/(");

                Serial.print(tmp1);

                    Serial.print(")");

                    Serial.println("");

        }

      }

    return tmpnum;

}


long POW(long num, int expo)

{

    long tmp =1 ;

    if (expo > 0)

    {

            for(int i = 0 ; i< expo ; i++)
```

```
            tmp = tmp * num ;

            return tmp ;

    }

   else

   {

    return tmp ;

   }

}


void testtone()

{

   for (int thisNote = 0; thisNote < 8; thisNote++) {


       // to calculate the note duration, take one second

       // divided by the note type.

       //e.g. quarter note = 1000 / 4, eighth note = 1000/8, etc.

       int noteDuration = 1000/noteDurations[thisNote];

       tone(tonePin, melody[thisNote],noteDuration);


       // to distinguish the notes, set a minimum time between them.

       // the note's duration + 30% seems to work well:

       int pauseBetweenNotes = noteDuration * 1.30;

       delay(pauseBetweenNotes);

       // stop the tone playing:

       noTone(8);
```

```
        }


}


void passtone()

{

        tone(tonePin,NOTE_E5 ) ;

        delay(300);

        noTone(tonePin);



}


void nopasstone()

{

  int delaytime = 150 ;

  int i = 0 ;

  for (i = 0 ;i<3;i++)

        {

            tone(tonePin,NOTE_E5,delaytime) ;

  //      tone(tonePin,NOTE_C4,delaytime) ;

    //    tone(tonePin,NOTE_C5,delaytime ) ;

        delay(delaytime);

        }

      noTone(tonePin);

}
```

在程式一開始，我們將讀取所有內存的卡號後，確定變數 maxkey 有多少組內存卡號，並將卡號存入 Keylist 的字串陣列之中，在之後讀取到 RFID 卡之後，將讀到的卡號與內存的所有卡號比對後，若有與內存的卡號相同者，我們就啟動繼電器模組，來控制外部電力裝置開關與否，主要是將電磁鎖(如圖 298 所示)的開門開關電路，參照表 105 所示，接至繼電器模組的 Com 與 NC 兩接點，在正確讀取到適合卡號時，啟動繼電器模組，使繼電器模組的 Com 與 NC 兩接點短路，讓電磁鎖(如圖 298 所示)開門。

我們發現圖 303(a)所示，MF RC522 模組讀到卡(卡號：315C1155)，為不是正確的開門卡，所以不會啟動繼電器，並發出連續的三短聲通知使用者，代表錯誤的門禁卡。

見圖 303 (b)所示，MF RC522 模組讀到卡(卡號：6AE4E616)，為正確的開門卡，則 Arduino 開發模組在 MF RC522 模組讀到該卡號之後，比對 Keylist 的字串陣列之中的變數，為相同的變數內容，則使繼電器模組的 Com 與 NC 兩接點短路，讓電磁鎖(如圖 298 所示)開門，並發出一長聲通知使用者，代表正確的門禁卡。

章節小結

本章主要介紹之 Arduino 開發板連接、使用 MF RC522 模組，透過 RFID 卡片讀取，比對電子式可擦拭唯讀記憶體 (EEPROM) 內的卡號資料，可以達到開門的目的，透過本章節的解說，相信讀者可以應用上述元件進行一個實用的 RFID 門禁管制機的專題製作。

本書總結

　　作者對於 Arduino 相關的書籍，也出版許多書籍，感謝許多有心的讀者提供作者許多寶貴的意見與建議，作者群不勝感激，許多讀者希望作者可以推出更多的入門書籍給更多想要進入『Arduino』、『Maker』這個未來大趨勢，所有才有這個入門系列的產生。

　　本系列叢書的特色是一步一步教導大家使用更基礎的東西，來累積各位的基礎能力，讓大家能更在 Maker 自造者運動中，可以拔的頭籌，所以本系列是一個永不結束的系列，只要更多的東西被製造出來，相信作者會更衷心的希望與各位永遠在這條 Maker 路上與大家同行。

作者介紹

曹永忠 (Yung-Chung Tsao) ，國立中央大學資訊管理學系博
士，目前在國立暨南國際大學電機工程學系與國立高雄科技大學
商務資訊應用系兼任助理教授與自由作家，專注於軟體工程、軟
體開發與設計、物件導向程式設計、物聯網系統開發、Arduino
開發、嵌入式系統開發。長期投入資訊系統設計與開發、企業應
用系統開發、軟體工程、物聯網系統開發、軟硬體技術整合等領
域，並持續發表作品及相關專業著作。

Email:prgbruce@gmail.com

Line ID：dr.brucetsao WeChat：dr_brucetsao

作者網站：https://www.cs.pu.edu.tw/~yctsao/myprofile.php

臉書社群(Arduino.Taiwan)：https://www.facebook.com/groups/Arduino.Taiwan/

Github 網站：https://github.com/brucetsao/

原始碼網址：https://github.com/brucetsao/ESP_Bulb

Youtube：https://www.youtube.com/channel/UCcYG2yY_u0m1aotcA4hrRgQ

許智誠（Chih-Cheng Hsu）

美國加州大學洛杉磯分校(UCLA)資訊工程系博士，曾任職於美國 IBM 等軟體
公司多年，現任教於中央大學資訊管理學系專任副教授，主要研究為軟體工程、設
計流程與自動化、數位教學、雲端裝置、多層式網頁系統、系統整合、金融資料探
勘、Python 建置(金融)資料探勘系統。

Email: khsu@mgt.ncu.edu.tw

作者網頁：http://www.mgt.ncu.edu.tw/~khsu/

蔡英德 (Yin-Te Tsai)，國立清華大學資訊科學博士，目前是靜宜大學資訊傳播工程學系教授，靜宜大學資訊學院院長及靜宜大學人工智慧創新應用研發中心主任。曾擔任台灣資訊傳播學會理事長，台灣國際計算器程式競賽暨檢定學會理事，台灣演算法與計算理論學會理事、監事。主要研究為演算法設計與分析、生物資訊、軟體開發、智慧計算與應用。

Email:yttsai@pu.edu.tw

作者網頁：http://www.csce.pu.edu.tw/people/bio.php?PID=6#personal_writing

許碩芳 (Shuo-Fang Hsu)，逢甲大學畢，靜宜大學資訊傳播工程學系研究所研究生，主要研究為 Arduino、程式開發與設計、網頁設計、系統整合。

Email: d9830725@mail.fcu.edu.tw

附錄

電阻色碼表

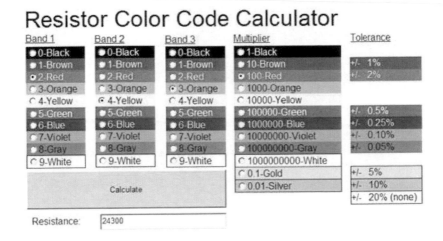

五環對照表

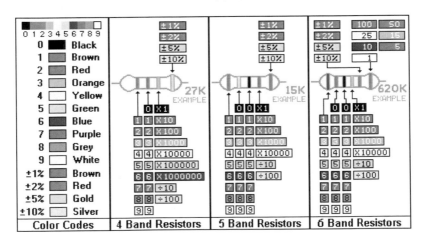

四五六環對照表

RFID 函式庫

RFID.cpp (RFID 模組函式庫)

```cpp
/*
 * RFID.cpp - Library to use ARDUINO RFID MODULE KIT 13.56 MHZ WITH
TAGS SPI W AND R BY COOQROBOT.
 * Based on code Dr.Leong    ( WWW.B2CQSHOP.COM )
 * Created by Miguel Balboa, Jan, 2012.
 * Released into the public domain.
 */


/**********************************************************************
**********
 * Includes


*************************************************************************
***/
    #include <Arduino.h>
    #include <RFID.h>


/**********************************************************************
**********
 * User API


*************************************************************************
***/


/**
 * Construct RFID
 * int chipSelectPin RFID /ENABLE Pin
 */
RFID::RFID(int chipSelectPin, int NRSTPD)
{
    _chipSelectPin = chipSelectPin;

    PinMode(_chipSelectPin,OUTPUT);            // Set digital as OUTPUT to con-
nect it to the RFID /ENABLE Pin
    digitalWrite(_chipSelectPin, LOW);
```

```
        PinMode(NRSTPD,OUTPUT);                        // Set digital Pin, Not Reset
and Power-down
        digitalWrite(NRSTPD, HIGH);
        _NRSTPD = NRSTPD;
    }
    /****************************************************************
**********
      * User API

****************************************************************
***/

        bool RFID::isCard()
        {
          unsigned char status;
          unsigned char str[MAX_LEN];

          status = MFRC522Request(PICC_REQIDL, str);
            if (status == MI_OK) {
                return true;
            } else {
                return false;
            }
        }

        bool RFID::readCardSerial(){

          unsigned char status;
          unsigned char str[MAX_LEN];

          // Anti-colisi 鏈, devuelva el n    ero de serie de tarjeta de 4 bytes
          status = anticoll(str);
          memcpy(serNum, str, 5);

          if (status == MI_OK) {
                return true;
```

RFID.cpp (RFID 模組函式庫)

```cpp
        } else {
            return false;
        }

    }


    /*****************************************************************
    **********
        * Dr.Leong    ( WWW.B2CQSHOP.COM )

    *****************************************************************
    ***/

    void RFID::init()
    {
        digitalWrite(_NRSTPD,HIGH);

        reset();

        //Timer: TPrescaler*TreloadVal/6.78MHz = 24ms
        writeMFRC522(TModeReg, 0x8D);           //Tauto=1; f(Timer) =
6.78MHz/TPreScaler
        writeMFRC522(TPrescalerReg, 0x3E); //TModeReg[3..0] + TPrescalerReg
        writeMFRC522(TReloadRegL, 30);
        writeMFRC522(TReloadRegH, 0);

        writeMFRC522(TxAutoReg, 0x40);          //100%ASK
        writeMFRC522(ModeReg, 0x3D);            // CRC valor inicial de 0x6363

        //ClearBitMask(Status2Reg, 0x08); //MFCrypto1On=0
        //writeMFRC522(RxSelReg, 0x86);         //RxWait = RxSelReg[5..0]
        //writeMFRC522(RFCfgReg, 0x7F);         //RxGain = 48dB

        antennaOn();        //Abre   la antena


    }
    void RFID::reset()
```

```cpp
{
    writeMFRC522(CommandReg, PCD_RESETPHASE);
}

void RFID::writeMFRC522(unsigned char addr, unsigned char val)
{
    digitalWrite(_chipSelectPin, LOW);

    //0XXXXXX0 formato de direcci鏈
    SPI.transfer((addr<<1)&0x7E);
    SPI.transfer(val);

    digitalWrite(_chipSelectPin, HIGH);
}

void RFID::antennaOn(void)
{
    unsigned char temp;

    temp = readMFRC522(TxControlReg);
    if (!(temp & 0x03))
    {
        setBitMask(TxControlReg, 0x03);
    }
}

/*
 *  Read_MFRC522 Nombre de la funci鏈: Read_MFRC522
 *  Descripci鏈: Desde el MFRC522 leer un byte de un registro de datos
 *  Los par嬝etros de entrada: addr - la direcci鏈 de registro
 *  Valor de retorno: Devuelve un byte de datos de lectura
 */
unsigned char RFID::readMFRC522(unsigned char addr)
{
    unsigned char val;
    digitalWrite(_chipSelectPin, LOW);
    SPI.transfer(((addr<<1)&0x7E) | 0x80);
    val =SPI.transfer(0x00);
```

```cpp
        digitalWrite(_chipSelectPin, HIGH);
        return val;
    }

    void RFID::setBitMask(unsigned char reg, unsigned char mask)
    {
        unsigned char tmp;
        tmp = readMFRC522(reg);
        writeMFRC522(reg, tmp | mask);   // set bit mask
    }

    void RFID::clearBitMask(unsigned char reg, unsigned char mask)
    {
        unsigned char tmp;
        tmp = readMFRC522(reg);
        writeMFRC522(reg, tmp & (~mask));   // clear bit mask
    }

    void RFID::calculateCRC(unsigned char *Pindata, unsigned char len, unsigned char
*pOutData)
    {
        unsigned char i, n;

        clearBitMask(DivIrqReg, 0x04);              //CRCIrq = 0
        setBitMask(FIFOLevelReg, 0x80);                //Claro puntero FIFO
        //Write_MFRC522(CommandReg, PCD_IDLE);

    //Escribir datos en el FIFO
        for (i=0; i<len; i++)
        {
            writeMFRC522(FIFODataReg, *(Pindata+i));
        }
        writeMFRC522(CommandReg, PCD_CALCCRC);

    // Esperar a la finalizaci 鎌 de c 嫮 culo del CRC
        i = 0xFF;
        do
        {
```

```cpp
            n = readMFRC522(DivIrqReg);
            i--;
        }
        while ((i!=0) && !(n&0x04));              //CRCIrq = 1

    //Lea el c 嫚 culo de CRC
        pOutData[0] = readMFRC522(CRCResultRegL);
        pOutData[1] = readMFRC522(CRCResultRegM);
    }

    unsigned char RFID::MFRC522ToCard(unsigned char command, unsigned char
*sendData, unsigned char sendLen, unsigned char *backData, unsigned int *backLen)
    {
        unsigned char status = MI_ERR;
        unsigned char irqEn = 0x00;
        unsigned char waitIRq = 0x00;
    unsigned char lastBits;
        unsigned char n;
        unsigned int i;

        switch (command)
        {
            case PCD_AUTHENT:        // Tarjetas de certificaci 鎌 cerca
            {
                irqEn = 0x12;
                waitIRq = 0x10;
                break;
            }
            case PCD_TRANSCEIVE:     //La transmisi 鎌 de datos FIFO
            {
                irqEn = 0x77;
                waitIRq = 0x30;
                break;
            }
            default:
                break;
        }
```

```
            writeMFRC522(CommIEnReg, irqEn|0x80);//De solicitud de interrupci 鍊
            clearBitMask(CommIrqReg, 0x80);                    // Borrar todos los bits de
petici 鍊 de interrupci 鍊
            setBitMask(FIFOLevelReg, 0x80);                    //FlushBuffer=1, FIFO de ini-
cializaci 鍊

        writeMFRC522(CommandReg, PCD_IDLE);   //NO action;Y cancelar el comando

        //Escribir datos en el FIFO
          for (i=0; i<sendLen; i++)
          {
             writeMFRC522(FIFODataReg, sendData[i]);
          }

        //???? ejecutar el comando
        writeMFRC522(CommandReg, command);
          if (command == PCD_TRANSCEIVE)
          {
             setBitMask(BitFramingReg, 0x80);            //StartSend=1,transmission of data
starts
          }

        // A la espera de recibir datos para completar
        i = 2000;  //i????????,??M1????????25ms   ??? i De acuerdo con el ajuste de
frecuencia de reloj, el tiempo m 嫻 imo de espera operaci 鍊 M1 25ms tarjeta??
          do
          {
             //CommIrqReg[7..0]
             //Set1 TxIRq RxIRq IdleIRq HiAlerIRq LoAlertIRq ErrIRq TimerIRq
             n = readMFRC522(CommIrqReg);
             i--;
          }
          while ((i!=0) && !(n&0x01) && !(n&waitIRq));

          clearBitMask(BitFramingReg, 0x80);                 //StartSend=0

          if (i != 0)
          {
```

```cpp
            if(!(readMFRC522(ErrorReg) & 0x1B))        //BufferOvfl Collerr CRCErr
ProtecolErr
            {
            status = MI_OK;
            if (n & irqEn & 0x01)
            {
               status = MI_NOTAGERR;                     //??
            }

            if (command == PCD_TRANSCEIVE)
            {
                    n = readMFRC522(FIFOLevelReg);
                    lastBits = readMFRC522(ControlReg) & 0x07;
                if (lastBits)
                {
                   *backLen = (n-1)*8 + lastBits;
                }
                else
                {
                   *backLen = n*8;
                }

                if (n == 0)
                {
                   n = 1;
                }
                if (n > MAX_LEN)
                {
                   n = MAX_LEN;
                }

                //??FIFO??????? Lea los datos recibidos en el FIFO
                for (i=0; i<n; i++)
                {
                    backData[i] = readMFRC522(FIFODataReg);
                }
            }
        }
```

RFID.cpp (RFID 模組函式庫)

```cpp
                else
                {
                    status = MI_ERR;
                }

            }

        //SetBitMask(ControlReg,0x80);                    //timer stops
        //Write_MFRC522(CommandReg, PCD_IDLE);

        return status;
    }


    /*
     *    Nombre de la funci鍒: MFRC522_Request
     *    Descripci鍒: Buscar las cartas, leer el n    ero de tipo de tarjeta
     *    Los par嫥 etros de entrada: reqMode - encontrar el modo de tarjeta,
     *            Tagtype - Devuelve el tipo de tarjeta
     *            0x4400 = Mifare_UltraLight
     *            0x0400 = Mifare_One(S50)
     *            0x0200 = Mifare_One(S70)
     *            0x0800 = Mifare_Pro(X)
     *            0x4403 = Mifare_DESFire
     *    Valor de retorno: el retorno exitoso MI_OK
     */
    unsigned char    RFID::MFRC522Request(unsigned char reqMode, unsigned char
*TagType)
    {
    unsigned char status;
    unsigned int backBits;                 //      Recibi?bits de datos

    writeMFRC522(BitFramingReg, 0x07);          //TxLastBists = BitFram-
ingReg[2..0]    ???

    TagType[0] = reqMode;
    status = MFRC522ToCard(PCD_TRANSCEIVE, TagType, 1, TagType,
&backBits);
```

```
        if ((status != MI_OK) || (backBits != 0x10))
        {
            status = MI_ERR;
        }

        return status;
    }

    /**
     *  MFRC522Anticoll -> anticoll
     *  Anti-detecci鎌 de colisiones, la lectura del n  ero de serie de la tarjeta de tar-
jeta
     *  @param serNum - devuelve el n  ero de tarjeta 4 bytes de serie, los primeros 5
bytes de bytes de paridad
     *  @return retorno exitoso MI_OK
     */
    unsigned char RFID::anticoll(unsigned char *serNum)
    {
        unsigned char status;
        unsigned char i;
       unsigned char serNumCheck=0;
        unsigned int unLen;


        //ClearBitMask(Status2Reg, 0x08);        //TempSensclear
        //ClearBitMask(CollReg,0x80);            //ValuesAfterColl
        writeMFRC522(BitFramingReg, 0x00);       //TxLastBists = BitFram-
ingReg[2..0]

        serNum[0] = PICC_ANTICOLL;
        serNum[1] = 0x20;
        status = MFRC522ToCard(PCD_TRANSCEIVE, serNum, 2, serNum,
&unLen);

        if (status == MI_OK)
        {
            //?????? Compruebe el n  ero de serie de la tarjeta
```

```
                for (i=0; i<4; i++)
                {
                        serNumCheck ^= serNum[i];
                }
                if (serNumCheck != serNum[i])
                {
                        status = MI_ERR;
                }
        }


        //SetBitMask(CollReg, 0x80);                    //ValuesAfterColl=1


        return status;
}

/*
 * MFRC522Auth -> auth
 * Verificar la contrase鎙 de la tarjeta
 * Los par媷etros de entrada: AuthMode - Modo de autenticaci鎌 de contrase鎙
                0x60 = A 0x60 = validaci鎌 KeyA
                0x61 = B 0x61 = validaci鎌 KeyB
        BlockAddr--  bloque de direcciones
        Sectorkey-- sector contrase鎙
        serNum--,4? Tarjeta de n  ero de serie, 4 bytes
 * MI_OK Valor de retorno: el retorno exitoso MI_OK
 */
unsigned char RFID::auth(unsigned char authMode, unsigned char BlockAddr, un-
signed char *Sectorkey, unsigned char *serNum)
{
        unsigned char status;
        unsigned int recvBits;
        unsigned char i;
    unsigned char buff[12];

        //????+???+????+???? Verifique la direcci鎌 de comandos de bloques del sector +
+ contrase鎙 + n  ero de la tarjeta de serie
        buff[0] = authMode;
        buff[1] = BlockAddr;
```

```cpp
        for (i=0; i<6; i++)
        {
            buff[i+2] = *(Sectorkey+i);
        }
        for (i=0; i<4; i++)
        {
            buff[i+8] = *(serNum+i);
        }
        status = MFRC522ToCard(PCD_AUTHENT, buff, 12, buff, &recvBits);

        if ((status != MI_OK) || (!(readMFRC522(Status2Reg) & 0x08)))
        {
            status = MI_ERR;
        }

        return status;
    }

    /*
     * MFRC522Read -> read
     * Lectura de datos de bloque
     * Los par 嫥 etros de entrada: blockAddr - direcci 鐮 del bloque; recvData - leer un
bloque de datos
     * MI_OK Valor de retorno: el retorno exitoso MI_OK
     */
    unsigned char RFID::read(unsigned char blockAddr, unsigned char *recvData)
    {
        unsigned char status;
        unsigned int unLen;

        recvData[0] = PICC_READ;
        recvData[1] = blockAddr;
        calculateCRC(recvData,2, &recvData[2]);
        status = MFRC522ToCard(PCD_TRANSCEIVE, recvData, 4, recvData,
&unLen);

        if ((status != MI_OK) || (unLen != 0x90))
        {
```

```
                        status = MI_ERR;
            }


            return status;
    }


    /*
     * MFRC522Write -> write
     * La escritura de datos de bloque
     * blockAddr - direcci 鎌 del bloque; WriteData - para escribir 16 bytes del bloque
de datos
     * Valor de retorno: el retorno exitoso MI_OK
     */
    unsigned char RFID::write(unsigned char blockAddr, unsigned char *writeData)
    {
        unsigned char status;
        unsigned int recvBits;
        unsigned char i;
      unsigned char buff[18];


        buff[0] = PICC_WRITE;
        buff[1] = blockAddr;
        calculateCRC(buff, 2, &buff[2]);
        status = MFRC522ToCard(PCD_TRANSCEIVE, buff, 4, buff, &recvBits);


        if ((status != MI_OK) || (recvBits != 4) || ((buff[0] & 0x0F) != 0x0A))
        {
            status = MI_ERR;
        }


        if (status == MI_OK)
        {
            for (i=0; i<16; i++)              //?FIFO?16Byte?? Datos a la FIFO 16Byte
escribir
            {
                buff[i] = *(writeData+i);
            }
            calculateCRC(buff, 16, &buff[16]);
```

RFID.cpp (RFID 模組函式庫)

```
            status = MFRC522ToCard(PCD_TRANSCEIVE, buff, 18, buff,
&recvBits);

            if ((status != MI_OK) || (recvBits != 4) || ((buff[0] & 0x0F) != 0x0A))
                {
                    status = MI_ERR;
                }
            }

        return status;
    }


    /*
     * MFRC522Halt -> halt
     * Cartas de Mando para dormir
     * Los par 婻 etros de entrada: Ninguno
     * Valor devuelto: Ninguno
     */
    void RFID::halt()
    {
        unsigned char status;
        unsigned int unLen;
        unsigned char buff[4];

        buff[0] = PICC_HALT;
        buff[1] = 0;
        calculateCRC(buff, 2, &buff[2]);

        status = MFRC522ToCard(PCD_TRANSCEIVE, buff, 4, buff,&unLen);
    }
```

RFID.h (RFID 模組函式庫)

/* RFID.h - Library to use ARDUINO RFID MODULE KIT 13.56 MHZ WITH TAGS SPI
W AND R BY COOQROBOT.

RFID.h (RFID 模組函式庫)

```
 * Based on code Dr.Leong      ( WWW.B2CQSHOP.COM )
 * Created by Miguel Balboa (circuitito.com), Jan, 2012.
 */
#ifndef RFID_h
#define RFID_h

#include <Arduino.h>
#include <SPI.h>




/***************************************************************************
***
 * Definitions

***************************************************************************
***/
#define MAX_LEN 16     // Largo m嬺imo de la matriz

//MF522 comando palabra
#define PCD_IDLE                 0x00                      // NO action; Y cancelar el
comando
#define PCD_AUTHENT              0x0E                      // autenticaci鎌 de clave
#define PCD_RECEIVE              0x08                      // recepci鎌 de datos
#define PCD_TRANSMIT             0x04                      // Enviar datos
#define PCD_TRANSCEIVE           0x0C                      // Enviar y recibir datos
#define PCD_RESETPHASE           0x0F                      // reajustar
#define PCD_CALCCRC              0x03                      // CRC calcular

//Mifare_One   Tarjeta Mifare_One comando palabra
#define PICC_REQIDL              0x26                      // 臆ea de la antena no
est?tratando de entrar en el estado de reposo
#define PICC_REQALL              0x52                      // Todas las cartas para
encontrar el 媒ea de la antena
#define PICC_ANTICOLL            0x93                      // anti-colisi鎌
#define PICC_SElECTTAG           0x93                      // elecci鎌 de tarjeta
#define PICC_AUTHENT1A           0x60                      // verificaci鎌 key A
#define PICC_AUTHENT1B           0x61                      // verificaci鎌 Key B
```

RFID.h (RFID 模組函式庫)			
#define PICC_READ	0x30	// leer bloque
#define PICC_WRITE	0xA0	// Escribir en el bloque
#define PICC_DECREMENT	0xC0	// cargo
#define PICC_INCREMENT	0xC1	// recargar
#define PICC_RESTORE	0xC2	// Transferencia de datos de
bloque de buffcr		
#define PICC_TRANSFER	0xB0	// Guardar los datos en el
b er		
#define PICC_HALT	0x50	// inactividad

//MF522 C 鹹 igo de error de comunicaci 鎌 cuando regres?
#define MI_OK   0
#define MI_NOTAGERR   1
#define MI_ERR   2

//------------------ MFRC522 registro---------------
//Page 0:Command and Status
#define	Reserved00	0x00
#define	CommandReg	0x01
#define	CommIEnReg	0x02
#define	DivlEnReg	0x03
#define	CommIrqReg	0x04
#define	DivIrqReg	0x05
#define	ErrorReg	0x06
#define	Status1Reg	0x07
#define	Status2Reg	0x08
#define	FIFODataReg	0x09
#define	FIFOLevelReg	0x0A
#define	WaterLevelReg	0x0B
#define	ControlReg	0x0C
#define	BitFramingReg	0x0D
#define	CollReg	0x0E
#define	Reserved01	0x0F

//Page 1:Command
#define	Reserved10	0x10
#define	ModeReg	0x11
#define	TxModeReg	0x12
#define	RxModeReg	0x13

RFID.h (RFID 模組函式庫)		
#define	TxControlReg	0x14
#define	TxAutoReg	0x15
#define	TxSelReg	0x16
#define	RxSelReg	0x17
#define	RxThresholdReg	0x18
#define	DemodReg	0x19
#define	Reserved11	0x1A
#define	Reserved12	0x1B
#define	MifareReg	0x1C
#define	Reserved13	0x1D
#define	Reserved14	0x1E
#define	SerialSpeedReg	0x1F
//Page 2:CFG		
#define	Reserved20	0x20
#define	CRCResultRegM	0x21
#define	CRCResultRegL	0x22
#define	Reserved21	0x23
#define	ModWidthReg	0x24
#define	Reserved22	0x25
#define	RFCfgReg	0x26
#define	GsNReg	0x27
#define	CWGsPReg	0x28
#define	ModGsPReg	0x29
#define	TModeReg	0x2A
#define	TPrescalerReg	0x2B
#define	TReloadRegH	0x2C
#define	TReloadRegL	0x2D
#define	TCounterValueRegH	0x2E
#define	TCounterValueRegL	0x2F
//Page 3:TestRegister		
#define	Reserved30	0x30
#define	TestSel1Reg	0x31
#define	TestSel2Reg	0x32
#define	TestPinEnReg	0x33
#define	TestPinValueReg	0x34
#define	TestBusReg	0x35
#define	AutoTestReg	0x36
#define	VersionReg	0x37

RFID.h (RFID 模組函式庫)		
#define	AnalogTestReg	0x38
#define	TestDAC1Reg	0x39
#define	TestDAC2Reg	0x3A
#define	TestADCReg	0x3B
#define	Reserved31	0x3C
#define	Reserved32	0x3D
#define	Reserved33	0x3E
#define	Reserved34	0x3F

```cpp
//---------------------------------------------

class RFID
{
  public:
    RFID(int chipSelectPin, int NRSTPD);

    bool isCard();
    bool readCardSerial();

    void init();
    void reset();
    void writeMFRC522(unsigned char addr, unsigned char val);
    void antennaOn(void);
    unsigned char readMFRC522(unsigned char addr);
    void setBitMask(unsigned char reg, unsigned char mask);
    void clearBitMask(unsigned char reg, unsigned char mask);
    void calculateCRC(unsigned char *Pindata, unsigned char len, unsigned char
*pOutData);
    unsigned char MFRC522Request(unsigned char reqMode, unsigned char *TagType);
    unsigned char MFRC522ToCard(unsigned char command, unsigned char *sendData,
unsigned char sendLen, unsigned char *backData, unsigned int *backLen);
    unsigned char anticoll(unsigned char *serNum);
    unsigned char auth(unsigned char authMode, unsigned char BlockAddr, unsigned char
*Sectorkey, unsigned char *serNum);
    unsigned char read(unsigned char blockAddr, unsigned char *recvData);
    unsigned char write(unsigned char blockAddr, unsigned char *writeData);
    void halt();

    unsigned char serNum[5];          // Constante para guardar el numero de serie leido.
```

RFID.h (RFID 模組函式庫)

```cpp
        unsigned char AserNum[5];        // Constante para guardar el numero d serie de la
secion actual.

  private:
    int _chipSelectPin;
    int _NRSTPD;


};

#endif
```

MFRC522 函式庫

MFRC522.cpp (RFID 模組函式庫)

```
/*
* MFRC522.cpp - Library to use ARDUINO RFID MODULE KIT 13.56 MHZ
WITH TAGS SPI W AND R BY COOQROBOT.
* _Please_ see the comments in MFRC522.h - they give useful hints and back-
ground.
* Released into the public domain.
*/


#include <Arduino.h>
#include <MFRC522.h>


/////////////////////////////////////////////////////////////////////////////////////
// Functions for setting up the Arduino
/////////////////////////////////////////////////////////////////////////////////////


/**
 * Constructor.
 * Prepares the output Pins.
 */
MFRC522::MFRC522(byte chipSelectPin,         ///< Arduino Pin connected to
MFRC522's SPI slave select input (Pin 24, NSS, active low)
                        byte resetPowerDownPin ///< Arduino Pin connected to
MFRC522's reset and power down input (Pin 6, NRSTPD, active low)
                    ) {
    // Set the chipSelectPin as digital output, do not select the slave yet
    _chipSelectPin = chipSelectPin;
    PinMode(_chipSelectPin, OUTPUT);
    digitalWrite(_chipSelectPin, HIGH);

    // Set the resetPowerDownPin as digital output, do not reset or power down.
    _resetPowerDownPin = resetPowerDownPin;
    PinMode(_resetPowerDownPin, OUTPUT);
    digitalWrite(_resetPowerDownPin, LOW);

    // Set SPI bus to work with MFRC522 chip.
```

MFRC522.cpp (RFID 模組函式庫)

```cpp
        setSPIConfig();
    } // End constructor


    /**
     * Set SPI bus to work with MFRC522 chip.
     * Please call this function if you have changed the SPI config since the
MFRC522 constructor was run.
     */
    void MFRC522::setSPIConfig() {
      SPI.setBitOrder(MSBFIRST);
      SPI.setDataMode(SPI_MODE0);
    } // End setSPIConfig()


    /////////////////////////////////////////////////////////////////////////////////////
    // Basic interface functions for communicating with the MFRC522
    /////////////////////////////////////////////////////////////////////////////////////


    /**
     * Writes a byte to the specified register in the MFRC522 chip.
     * The interface is described in the datasheet section 8.1.2.
     */
    void MFRC522::PCD_WriteRegister( byte reg,          ///< The register to write
to. One of the PCD_Register enums.

                                            byte value     ///< The value to
write.
                                     ) {
        digitalWrite(_chipSelectPin, LOW);      // Select slave
        SPI.transfer(reg & 0x7E);                       // MSB == 0 is for writing.
LSB is not used in address. Datasheet section 8.1.2.3.
        SPI.transfer(value);
        digitalWrite(_chipSelectPin, HIGH);     // Release slave again
    } // End PCD_WriteRegister()


    /**
     * Writes a number of bytes to the specified register in the MFRC522 chip.
     * The interface is described in the datasheet section 8.1.2.
     */
    void MFRC522::PCD_WriteRegister( byte reg,          ///< The register to write
```

to. One of the PCD_Register enums.

byte count,   ///< The number of bytes to write to the register

byte *values   ///< The values to write. Byte array.

) {
```cpp
        digitalWrite(_chipSelectPin, LOW);       // Select slave
        SPI.transfer(reg & 0x7E);                // MSB == 0 is for writing. LSB is not used in address. Datasheet section 8.1.2.3.
        for (byte index = 0; index < count; index++) {
                SPI.transfer(values[index]);
        }
        digitalWrite(_chipSelectPin, HIGH);      // Release slave again
    } // End PCD_WriteRegister()
```

```cpp
    /**
     * Reads a byte from the specified register in the MFRC522 chip.
     * The interface is described in the datasheet section 8.1.2.
     */
        byte MFRC522::PCD_ReadRegister(   byte reg  ///< The register to read from. One of the PCD_Register enums.
```
) {
```cpp
        byte value;
        digitalWrite(_chipSelectPin, LOW);       // Select slave
        SPI.transfer(0x80 | (reg & 0x7E));       // MSB == 1 is for reading. LSB is not used in address. Datasheet section 8.1.2.3.
        value = SPI.transfer(0);                 // Read the value back. Send 0 to stop reading.
        digitalWrite(_chipSelectPin, HIGH);      // Release slave again
        return value;
    } // End PCD_ReadRegister()
```

```cpp
    /**
     * Reads a number of bytes from the specified register in the MFRC522 chip.
     * The interface is described in the datasheet section 8.1.2.
     */
        void MFRC522::PCD_ReadRegister(   byte reg,       ///< The register to read from. One of the PCD_Register enums.
```

```
                                        byte count,            ///< The number of
bytes to read

                                        byte *values,    ///< Byte array to store
the values in.

                                        byte rxAlign    ///< Only bit positions
rxAlign..7 in values[0] are updated.
                                    ) {
        if (count == 0) {
            return;
        }
        //Serial.print("Reading ");        Serial.print(count); Serial.println(" bytes from
register.");
        byte address = 0x80 | (reg & 0x7E);        // MSB == 1 is for reading. LSB is
not used in address. Datasheet section 8.1.2.3.
        byte index = 0;                             // Index in values array.
        digitalWrite(_chipSelectPin, LOW);      // Select slave
        count--;                                 // One read is performed out-
side of the loop
        SPI.transfer(address);                        // Tell MFRC522 which ad-
dress we want to read
        while (index < count) {
            if (index == 0 && rxAlign) { // Only update bit positions rxAlign..7 in
values[0]
                // Create bit mask for bit positions rxAlign..7
                byte mask = 0;
                for (byte i = rxAlign; i <= 7; i++) {
                    mask |= (1 << i);
                }
                // Read value and tell that we want to read the same address again.
                byte value = SPI.transfer(address);
                // Apply mask to both current value of values[0] and the new data in
value.
                values[0] = (values[index] & ~mask) | (value & mask);
            }
            else { // Normal case
                values[index] = SPI.transfer(address);        // Read value and tell that
we want to read the same address again.
            }
```

```
        index++;
    }
    values[index] = SPI.transfer(0);              // Read the final byte. Send 0 to stop
reading.
    digitalWrite(_chipSelectPin, HIGH);           // Release slave again
} // End PCD_ReadRegister()


/**
 * Sets the bits given in mask in register reg.
 */
void MFRC522::PCD_SetRegisterBitMask( byte reg,  ///< The register to up-
date. One of the PCD_Register enums.
                                      byte mask ///< The bits to set.
                            ) {
    byte tmp;
    tmp = PCD_ReadRegister(reg);
    PCD_WriteRegister(reg, tmp | mask);           // set bit mask
} // End PCD_SetRegisterBitMask()


/**
 * Clears the bits given in mask from register reg.
 */
void MFRC522::PCD_ClearRegisterBitMask(    byte reg,  ///< The register to
update. One of the PCD_Register enums.
                                      byte mask ///< The bits to clear.
                            ) {
    byte tmp;
    tmp = PCD_ReadRegister(reg);
    PCD_WriteRegister(reg, tmp & (~mask));   // clear bit mask
} // End PCD_ClearRegisterBitMask()



/**
 * Use the CRC coprocessor in the MFRC522 to calculate a CRC_A.
 *
 * @return STATUS_OK on success, STATUS_??? otherwise.
 */
byte MFRC522::PCD_CalculateCRC( byte *data,              ///< In: Pointer to the
```

data to transfer to the FIFO for CRC calculation.

```
                                    byte length,        ///< In: The number of
bytes to transfer.

                                    byte *result        ///< Out: Pointer to result
buffer. Result is written to result[0..1], low byte first.
                        ) {
        PCD_WriteRegister(CommandReg, PCD_Idle);                 // Stop any ac-
tive command.
        PCD_WriteRegister(DivIrqReg, 0x04);                      // Clear the
CRCIRq interrupt request bit
        PCD_SetRegisterBitMask(FIFOLevelReg, 0x80);              // FlushBuffer = 1,
FIFO initialization
        PCD_WriteRegister(FIFODataReg, length, data);            // Write data to the
FIFO
        PCD_WriteRegister(CommandReg, PCD_CalcCRC);              // Start the
calculation


        // Wait for the CRC calculation to complete. Each iteration of the while-loop
takes 17.73 噛編.
        word i = 5000;
        byte n;
        while (1) {
            n = PCD_ReadRegister(DivIrqReg); // DivIrqReg[7..0] bits are: Set2 re-
served reserved MfinActIRq     reserved CRCIRq reserved reserved
            if (n & 0x04) {                          // CRCIRq bit set - calculation
done
                break;
            }
            if (--i == 0) {                          // The emergency break. We
will eventually terminate on this one after 89ms. Communication with the MFRC522
might be down.
                return STATUS_TIMEOUT;
            }
        }
        PCD_WriteRegister(CommandReg, PCD_Idle);                 // Stop calcu-
lating CRC for new content in the FIFO.


        // Transfer the result from the registers to the result buffer
```

MFRC522.cpp (RFID 模組函式庫)

```cpp
            result[0] = PCD_ReadRegister(CRCResultRegL);
            result[1] = PCD_ReadRegister(CRCResultRegH);
            return STATUS_OK;
    } // End PCD_CalculateCRC()




    /////////////////////////////////////////////////////////////////////////////////
    // Functions for manipulating the MFRC522
    /////////////////////////////////////////////////////////////////////////////////


    /**
     * Initializes the MFRC522 chip.
     */
    void MFRC522::PCD_Init() {
        if (digitalRead(_resetPowerDownPin) == LOW) { //The MFRC522 chip is in
power down mode.
            digitalWrite(_resetPowerDownPin, HIGH);        // Exit power down mode.
This triggers a hard reset.
            // Section 8.8.2 in the datasheet says the oscillator start-up time is the
start up time of the crystal + 37,74 噸編. Let us be generous: 50ms.
            delay(50);
        }
        else { // Perform a soft reset
            PCD_Reset();
        }

        // When communicating with a PICC we need a timeout if something goes
wrong.
        // f_timer = 13.56 MHz / (2*TPreScaler+1) where TPreScaler = [TPre-
scaler_Hi:TPrescaler_Lo].
        // TPrescaler_Hi are the four low bits in TModeReg. TPrescaler_Lo is TPre-
scalerReg.
        PCD_WriteRegister(TModeReg, 0x80);                // TAuto=1; timer
starts automatically at the end of the transmission in all communication modes at all
speeds
        PCD_WriteRegister(TPrescalerReg, 0xA9); // TPreScaler = TMode-
Reg[3..0]:TPrescalerReg, ie 0x0A9 = 169 => f_timer=40kHz, ie a timer period of 25 噸
編.
```

MFRC522.cpp (RFID 模組函式庫)

```
        PCD_WriteRegister(TReloadRegH, 0x03);      // Reload timer with
0x3E8 = 1000, ie 25ms before timeout.
        PCD_WriteRegister(TReloadRegL, 0xE8);

        PCD_WriteRegister(TxASKReg, 0x40);      // Default 0x00. Force a 100 %
ASK modulation independent of the ModGsPReg register setting
        PCD_WriteRegister(ModeReg, 0x3D);      // Default 0x3F. Set the preset
value for the CRC coprocessor for the CalcCRC command to 0x6363 (ISO 14443-3 part
6.2.4)
        PCD_AntennaOn();                          // Enable the antenna driver
Pins TX1 and TX2 (they were disabled by the reset)
    } // End PCD_Init()


    /**
     * Performs a soft reset on the MFRC522 chip and waits for it to be ready again.
     */
    void MFRC522::PCD_Reset() {
        PCD_WriteRegister(CommandReg, PCD_SoftReset);      // Issue the SoftRe-
set command.
        // The datasheet does not mention how long the SoftRest command takes to
complete.
        // But the MFRC522 might have been in soft power-down mode (triggered by
bit 4 of CommandReg)
        // Section 8.8.2 in the datasheet says the oscillator start-up time is the start up
time of the crystal + 37,74 嗚編. Let us be generous: 50ms.
        delay(50);
        // Wait for the PowerDown bit in CommandReg to be cleared
        while (PCD_ReadRegister(CommandReg) & (1<<4)) {
            // PCD still restarting - unlikely after waiting 50ms, but better safe than
sorry.
        }
    } // End PCD_Reset()

    /**
     * Turns the antenna on by enabling Pins TX1 and TX2.
     * After a reset these Pins disabled.
     */
    void MFRC522::PCD_AntennaOn() {
```

```
        byte value = PCD_ReadRegister(TxControlReg);
        if ((value & 0x03) != 0x03) {
            PCD_WriteRegister(TxControlReg, value | 0x03);
        }
    } // End PCD_AntennaOn()


    /////////////////////////////////////////////////////////////////////
    // Functions for communicating with PICCs
    /////////////////////////////////////////////////////////////////////


    /**
     * Executes the Transceive command.
     * CRC validation can only be done if backData and backLen are specified.
     *
     * @return STATUS_OK on success, STATUS_??? otherwise.
     */
    byte MFRC522::PCD_TransceiveData(byte *sendData,        ///< Pointer to
the data to transfer to the FIFO.
                                    byte sendLen,          ///< Number of
bytes to transfer to the FIFO.
                                    byte *backData,        ///<
NULL or pointer to buffer if data should be read back after executing the command.
                                    byte *backLen,         ///< In: Max
number of bytes to write to *backData. Out: The number of bytes returned.
                                    byte *validBits,///< In/Out: The
number of valid bits in the last byte. 0 for 8 valid bits. Default NULL.
                                    byte rxAlign,          ///< In: Defines
the bit position in backData[0] for the first bit received. Default 0.
                                    bool checkCRC          ///< In:
True => The last two bytes of the response is assumed to be a CRC_A that must be val-
idated.
                                   ) {
        byte waitIRq = 0x30;        // RxIRq and IdleIRq
        return PCD_CommunicateWithPICC(PCD_Transceive, waitIRq, sendData,
sendLen, backData, backLen, validBits, rxAlign, checkCRC);
    } // End PCD_TransceiveData()


    /**
```

```
    * Transfers data to the MFRC522 FIFO, executes a commend, waits for com-
pletion and transfers data back from the FIFO.
    * CRC validation can only be done if backData and backLen are specified.
    *
    * @return STATUS_OK on success, STATUS_??? otherwise.
    */
    byte MFRC522::PCD_CommunicateWithPICC(  byte command,       ///< The
command to execute. One of the PCD_Command enums.

                                            byte waitIRq,        ///< The
bits in the ComIrqReg register that signals successful completion of the command.

                                            byte *sendData,         ///<
Pointer to the data to transfer to the FIFO.

                                            byte sendLen,        ///<
Number of bytes to transfer to the FIFO.

                                            byte *backData,         ///<
NULL or pointer to buffer if data should be read back after executing the command.

                                            byte *backLen,     ///< In:
Max number of bytes to write to *backData. Out: The number of bytes returned.

                                            byte *validBits,///< In/Out:
The number of valid bits in the last byte. 0 for 8 valid bits.

                                            byte rxAlign,       ///< In:
Defines the bit position in backData[0] for the first bit received. Default 0.

                                            bool checkCRC          ///<
In: True => The last two bytes of the response is assumed to be a CRC_A that must be
validated.
                                        ) {
        byte n, _validBits;
        unsigned int i;


        // Prepare values for BitFramingReg
        byte txLastBits = validBits ? *validBits : 0;
        byte bitFraming     = (rxAlign << 4) + txLastBits;        // RxAlign =
BitFramingReg[6..4]. TxLastBits = BitFramingReg[2..0]


        PCD_WriteRegister(CommandReg, PCD_Idle);                 // Stop any ac-
tive command.
        PCD_WriteRegister(ComIrqReg, 0x7F);                      // Clear all
seven interrupt request bits
```

MFRC522.cpp (RFID 模組函式庫)

```
            PCD_SetRegisterBitMask(FIFOLevelReg, 0x80);              // FlushBuffer = 1,
FIFO initialization
            PCD_WriteRegister(FIFODataReg, sendLen, sendData); // Write sendData to
the FIFO
            PCD_WriteRegister(BitFramingReg, bitFraming);            // Bit adjustments
            PCD_WriteRegister(CommandReg, command);                    // Execute the
command
            if (command == PCD_Transceive)  {
                    PCD_SetRegisterBitMask(BitFramingReg, 0x80); // StartSend=1,
transmission of data starts
            }

            // Wait for the command to complete.
            // In PCD_Init() we set the TAuto flag in TModeReg. This means the timer
automatically starts when the PCD stops transmitting.
            // Each iteration of the do-while-loop takes 17.86 囓編.
            i = 2000;
            while (1) {
                    n = PCD_ReadRegister(ComIrqReg);       // ComIrqReg[7..0] bits are:
Set1 TxIRq RxIRq IdleIRq   HiAlertIRq LoAlertIRq ErrIRq TimerIRq
                    if (n & waitIRq) {                               // One of the interrupts that
signal success has been set.
                            break;
                    }
                    if (n & 0x01) {                                // Timer interrupt - nothing re-
ceived in 25ms
                            return STATUS_TIMEOUT;
                    }
                    if (--i == 0) {                                // The emergency break. If all
other condions fail we will eventually terminate on this one after 35.7ms. Communica-
tion with the MFRC522 might be down.
                            return STATUS_TIMEOUT;
                    }
            }

            // Stop now if any errors except collisions were detected.
            byte errorRegValue = PCD_ReadRegister(ErrorReg); // ErrorReg[7..0] bits
are: WrErr TempErr reserved BufferOvfl    CollErr CRCErr ParityErr ProtocolErr
```

```cpp
            if (errorRegValue & 0x13) {        // BufferOvfl ParityErr ProtocolErr
                return STATUS_ERROR;
            }


            // If the caller wants data back, get it from the MFRC522.
            if (backData && backLen) {
                n = PCD_ReadRegister(FIFOLevelReg);                          //
Number of bytes in the FIFO
                if (n > *backLen) {
                    return STATUS_NO_ROOM;
                }
                *backLen = n;
    // Number of bytes returned
                PCD_ReadRegister(FIFODataReg, n, backData, rxAlign);      // Get re-
ceived data from FIFO
                _validBits = PCD_ReadRegister(ControlReg) & 0x07;     // RxLast-
Bits[2:0] indicates the number of valid bits in the last received byte. If this value is 000b,
the whole byte is valid.
                if (validBits) {
                    *validBits = _validBits;
                }
            }


            // Tell about collisions
            if (errorRegValue & 0x08) { // CollErr
                return STATUS_COLLISION;
            }


            // Perform CRC_A validation if requested.
            if (backData && backLen && checkCRC) {
                // In this case a MIFARE Classic NAK is not OK.
                if (*backLen == 1 && _validBits == 4) {
                    return STATUS_MIFARE_NACK;
                }
                // We need at least the CRC_A value and all 8 bits of the last byte must
be received.
                if (*backLen < 2 || _validBits != 0) {
                    return STATUS_CRC_WRONG;
```

```
                }
                // Verify CRC_A - do our own calculation and store the control in con-
trolBuffer.
                byte controlBuffer[2];
                n = PCD_CalculateCRC(&backData[0], *backLen - 2,
&controlBuffer[0]);
                if (n != STATUS_OK) {
                        return n;
                }
                if ((backData[*backLen - 2] != controlBuffer[0]) || (backData[*backLen -
1] != controlBuffer[1])) {
                        return STATUS_CRC_WRONG;
                }
        }

        return STATUS_OK;
    } // End PCD_CommunicateWithPICC()

    /**
     * Transmits a REQuest command, Type A. Invites PICCs in state IDLE to go to
READY and prepare for anticollision or selection. 7 bit frame.
     * Beware: When two PICCs are in the field at the same time I often get
STATUS_TIMEOUT - probably due do bad antenna design.
     *
     * @return STATUS_OK on success, STATUS_??? otherwise.
     */
    byte MFRC522::PICC_RequestA(byte *bufferATQA, ///< The buffer to store
the ATQA (Answer to request) in
                                byte *bufferSize    ///< Buffer size, at least
two bytes. Also number of bytes returned if STATUS_OK.
                                ) {
        return PICC_REQA_or_WUPA(PICC_CMD_REQA, bufferATQA, buffer-
Size);
    } // End PICC_RequestA()

    /**
     * Transmits a Wake-UP command, Type A. Invites PICCs in state IDLE and
HALT to go to READY(*) and prepare for anticollision or selection. 7 bit frame.
```

```
        * Beware: When two PICCs are in the field at the same time I often get
STATUS_TIMEOUT - probably due do bad antenna design.
        *
        * @return STATUS_OK on success, STATUS_??? otherwise.
        */
        byte MFRC522::PICC_WakeupA(     byte *bufferATQA, ///< The buffer to
store the ATQA (Answer to request) in
                                        byte *bufferSize    ///< Buffer size, at least
two bytes. Also number of bytes returned if STATUS_OK.
                                ) {
           return PICC_REQA_or_WUPA(PICC_CMD_WUPA, bufferATQA, buffer-
Size);
        } // End PICC_WakeupA()


        /**
        * Transmits REQA or WUPA commands.
        * Beware: When two PICCs are in the field at the same time I often get
STATUS_TIMEOUT - probably due do bad antenna design.
        *
        * @return STATUS_OK on success, STATUS_??? otherwise.
        */
        byte MFRC522::PICC_REQA_or_WUPA(  byte command,              ///< The
command to send - PICC_CMD_REQA or PICC_CMD_WUPA
                                        byte *bufferATQA, ///< The buffer
to store the ATQA (Answer to request) in
                                        byte *bufferSize    ///< Buffer size,
at least two bytes. Also number of bytes returned if STATUS_OK.
                                ) {
           byte validBits;
           byte status;

           if (bufferATQA == NULL || *bufferSize < 2) { // The ATQA response is 2
bytes long.
                return STATUS_NO_ROOM;
           }
           PCD_ClearRegisterBitMask(CollReg, 0x80);              // ValuesAfter-
Coll=1 => Bits received after collision are cleared.
           validBits = 7;                                        // For REQA
```

and WUPA we need the short frame format - transmit only 7 bits of the last (and only) byte. TxLastBits = BitFramingReg[2..0]

```
        status = PCD_TransceiveData(&command, 1, bufferATQA, bufferSize,
&validBits);
        if (status != STATUS_OK) {
            return status;
        }
        if (*bufferSize != 2 || validBits != 0) {          // ATQA must be exactly 16
bits.
            return STATUS_ERROR;
        }
        return STATUS_OK;
    } // End PICC_REQA_or_WUPA()


    /**
    * Transmits SELECT/ANTICOLLISION commands to select a single PICC.
    * Before calling this function the PICCs must be placed in the READY(*) state
by calling PICC_RequestA() or PICC_WakeupA().
    * On success:
    *          - The chosen PICC is in state ACTIVE(*) and all other PICCs have
returned to state IDLE/HALT. (Figure 7 of the ISO/IEC 14443-3 draft.)
    *          - The UID size and value of the chosen PICC is returned in *uid
along with the SAK.
    *
    * A PICC UID consists of 4, 7 or 10 bytes.
    * Only 4 bytes can be specified in a SELECT command, so for the longer UIDs
two or three iterations are used:
    *          UID size  Number of UID bytes        Cascade levels
    Example of PICC
    *          =======   ==================
==============        ==============
    *          single            4                              1
            MIFARE Classic
    *          double            7                              2
            MIFARE Ultralight
    *          triple           10                              3
    Not currently in use?
    *
```

```
                *  @return STATUS_OK on success, STATUS_??? otherwise.
        */
        byte MFRC522::PICC_Select(    Uid *uid,              ///< Pointer to Uid struct.
Normally output, but can also be used to supply a known UID.
                                        byte validBits       ///< The number of
known UID bits supplied in *uid. Normally 0. If set you must also supply uid->size.
                                ) {
        bool uidComplete;
        bool selectDone;
        bool useCascadeTag;
        byte cascadeLevel   = 1;
        byte result;
        byte count;
        byte index;
        byte uidIndex;                        // The first index in uid->uidByte[] that is
used in the current Cascade Level.
        char currentLevelKnownBits;           // The number of known UID bits in the
current Cascade Level.
        byte buffer[9];                       // The SELECT/ANTICOLLISION
commands uses a 7 byte standard frame + 2 bytes CRC_A
        byte bufferUsed;                      // The number of bytes used in the buffer,
ie the number of bytes to transfer to the FIFO.
        byte rxAlign;                         // Used in BitFramingReg. Defines the bit
position for the first bit received.
        byte txLastBits;                      // Used in BitFramingReg. The number of val-
id bits in the last transmitted byte.
        byte *responseBuffer;
        byte responseLength;


        // Description of buffer structure:
        //        Byte 0: SEL                 Indicates the Cascade Level:
PICC_CMD_SEL_CL1, PICC_CMD_SEL_CL2 or PICC_CMD_SEL_CL3
        //        Byte 1: NVB                 Number of Valid Bits (in com-
plete command, not just the UID): High nibble: complete bytes, Low nibble: Extra bits.
        //        Byte 2: UID-data or CT      See explanation below. CT means
Cascade Tag.
        //        Byte 3: UID-data
        //        Byte 4: UID-data
```

```
//          Byte 5: UID-data
//          Byte 6: BCC                      Block Check Character - XOR
of bytes 2-5
//          Byte 7: CRC_A
//          Byte 8: CRC_A
// The BCC and CRC_A is only transmitted if we know all the UID bits of the
current Cascade Level.
//
// Description of bytes 2-5: (Section 6.5.4 of the ISO/IEC 14443-3 draft: UID
contents and cascade levels)
//      UID size  Cascade level  Byte2    Byte3   Byte4   Byte5
//      ========  =============  =====    =====   =====
=====
//      4 bytes   1                       uid0 uid1 uid2 uid3
//      7 bytes   1              CT        uid0 uid1 uid2
//                2                        uid3 uid4 uid5 uid6
//      10 bytes  1              CT        uid0 uid1 uid2
//                2              CT        uid3 uid4 uid5
//                3                        uid6 uid7 uid8 uid9


// Sanity checks
if (validBits > 80) {
    return STATUS_INVALID;
}


// Prepare MFRC522
PCD_ClearRegisterBitMask(CollReg, 0x80);              // ValuesAfter-
Coll=1 => Bits received after collision are cleared.


// Repeat Cascade Level loop until we have a complete UID.
uidComplete = false;
while ( ! uidComplete) {
    // Set the Cascade Level in the SEL byte, find out if we need to use the
Cascade Tag in byte 2.
        switch (cascadeLevel) {
            case 1:
                buffer[0] = PICC_CMD_SEL_CL1;
                uidIndex = 0;
```

```
                        useCascadeTag = validBits && uid->size > 4;  // When we
know that the UID has more than 4 bytes
                    break;

                case 2:
                    buffer[0] = PICC_CMD_SEL_CL2;
                    uidIndex = 3;
                    useCascadeTag = validBits && uid->size > 7;  // When we
know that the UID has more than 7 bytes
                    break;

                case 3:
                    buffer[0] = PICC_CMD_SEL_CL3;
                    uidIndex = 6;
                    useCascadeTag = false;                              // Never
used in CL3.
                    break;

                default:
                    return STATUS_INTERNAL_ERROR;
                    break;
            }

            // How many UID bits are known in this Cascade Level?
            currentLevelKnownBits = validBits - (8 * uidIndex);
            if (currentLevelKnownBits < 0) {
                currentLevelKnownBits = 0;
            }
            // Copy the known bits from uid->uidByte[] to buffer[]
            index = 2; // destination index in buffer[]
            if (useCascadeTag) {
                buffer[index++] = PICC_CMD_CT;
            }
            byte bytesToCopy = currentLevelKnownBits / 8 + (currentLevelKnown-
Bits % 8 ? 1 : 0); // The number of bytes needed to represent the known bits for this lev-
el.
            if (bytesToCopy) {
                byte maxBytes = useCascadeTag ? 3 : 4; // Max 4 bytes in each
```

```cpp
Cascade Level. Only 3 left if we use the Cascade Tag
                if (bytesToCopy > maxBytes) {
                    bytesToCopy = maxBytes;
                }
                for (count = 0; count < bytesToCopy; count++) {
                    buffer[index++] = uid->uidByte[uidIndex + count];
                }
            }
            // Now that the data has been copied we need to include the 8 bits in CT
in currentLevelKnownBits
            if (useCascadeTag) {
                currentLevelKnownBits += 8;
            }


            // Repeat anti collision loop until we can transmit all UID bits + BCC and
receive a SAK - max 32 iterations.
            selectDone = false;
            while ( ! selectDone) {
                // Find out how many bits and bytes to send and receive.
                if (currentLevelKnownBits >= 32) { // All UID bits in this Cascade
Level are known. This is a SELECT.
                    //Serial.print("SELECT: currentLevelKnownBits="); Seri-
al.println(currentLevelKnownBits, DEC);
                    buffer[1] = 0x70; // NVB - Number of Valid Bits: Seven whole
bytes
                    // Calulate BCC - Block Check Character
                    buffer[6] = buffer[2] ^ buffer[3] ^ buffer[4] ^ buffer[5];
                    // Calculate CRC_A
                    result = PCD_CalculateCRC(buffer, 7, &buffer[7]);
                    if (result != STATUS_OK) {
                        return result;
                    }
                    txLastBits      = 0; // 0 => All 8 bits are valid.
                    bufferUsed      = 9;
                    // Store response in the last 3 bytes of buffer (BCC and
CRC_A - not needed after tx)
                    responseBuffer = &buffer[6];
                    responseLength= 3;
```

```
                                }
                        else { // This is an ANTICOLLISION.
                                //Serial.print("ANTICOLLISION: currentLevelKnownBits=");
Serial.println(currentLevelKnownBits, DEC);
                                txLastBits        = currentLevelKnownBits % 8;
                                count                     = currentLevelKnownBits / 8; // Number
of whole bytes in the UID part.
                                index                  = 2 + count;                              //
Number of whole bytes: SEL + NVB + UIDs
                                buffer[1]       = (index << 4) + txLastBits;    // NVB -
Number of Valid Bits

                                bufferUsed            = index + (txLastBits ? 1 : 0);
                                // Store response in the unused part of buffer
                                responseBuffer = &buffer[index];
                                responseLength= sizeof(buffer) - index;
                        }

                // Set bit adjustments
                rxAlign = txLastBits;
        // Having a seperate variable is overkill. But it makes the next line easier
to read.
                        PCD_WriteRegister(BitFramingReg, (rxAlign << 4) + txLastBits);
        // RxAlign = BitFramingReg[6..4]. TxLastBits = BitFramingReg[2..0]

                        // Transmit the buffer and receive the response.
                        result = PCD_TransceiveData(buffer, bufferUsed, responseBuffer,
&responseLength, &txLastBits, rxAlign);
                        if (result == STATUS_COLLISION) { // More than one PICC in
the field => collision.
                                result = PCD_ReadRegister(CollReg); // CollReg[7..0] bits are:
ValuesAfterColl reserved CollPosNotValid CollPos[4:0]
                                if (result & 0x20) { // CollPosNotValid
                                        return STATUS_COLLISION; // Without a valid colli-
sion position we cannot continue
                                }
                                byte collisionPos = result & 0x1F; // Values 0-31, 0 means bit
32.
                                if (collisionPos == 0) {
```

```
                              collisionPos = 32;
                    }
                    if (collisionPos <= currentLevelKnownBits) { // No progress -
should not happen
                              return STATUS_INTERNAL_ERROR;
                    }
                    // Choose the PICC with the bit set.
                    currentLevelKnownBits = collisionPos;
                    count                 = (currentLevelKnownBits - 1) % 8; //
The bit to modify
                    index                 = 1 + (currentLevelKnownBits / 8) +
(count ? 1 : 0); // First byte is index 0.
                    buffer[index]    |= (1 << count);
                }
                else if (result != STATUS_OK) {
                    return result;
                }
                else { // STATUS_OK
                    if (currentLevelKnownBits >= 32) { // This was a SELECT.
                        selectDone = true; // No more anticollision
                        // We continue below outside the while.
                    }
                    else { // This was an ANTICOLLISION.
                        // We now have all 32 bits of the UID in this Cascade
Level
                        currentLevelKnownBits = 32;
                        // Run loop again to do the SELECT.
                    }
                }
            } // End of while ( ! selectDone)

            // We do not check the CBB - it was constructed by us above.

            // Copy the found UID bytes from buffer[] to uid->uidByte[]
            index                   = (buffer[2] == PICC_CMD_CT) ? 3 : 2; // source
index in buffer[]
            bytesToCopy        = (buffer[2] == PICC_CMD_CT) ? 3 : 4;
            for (count = 0; count < bytesToCopy; count++) {
```

```cpp
                        uid->uidByte[uidIndex + count] = buffer[index++];
                }

                // Check response SAK (Select Acknowledge)
                if (responseLength != 3 || txLastBits != 0) {          // SAK must be ex-
actly 24 bits (1 byte + CRC_A).
                        return STATUS_ERROR;
                }
                // Verify CRC_A - do our own calculation and store the control in buff-
er[2..3] - those bytes are not needed anymore.
                result = PCD_CalculateCRC(responseBuffer, 1, &buffer[2]);
                if (result != STATUS_OK) {
                        return result;
                }
                if ((buffer[2] != responseBuffer[1]) || (buffer[3] != responseBuffer[2])) {
                        return STATUS_CRC_WRONG;
                }
                if (responseBuffer[0] & 0x04) { // Cascade bit set - UID not complete yes
                        cascadeLevel++;
                }
                else {
                        uidComplete = true;
                        uid->sak = responseBuffer[0];
                }
        } // End of while ( ! uidComplete)

        // Set correct uid->size
        uid->size = 3 * cascadeLevel + 1;

        return STATUS_OK;
} // End PICC_Select()

/**
 * Instructs a PICC in state ACTIVE(*) to go to state HALT.
 *
 * @return STATUS_OK on success, STATUS_??? otherwise.
 */
byte MFRC522::PICC_HaltA() {
```

```
        byte result;
        byte buffer[4];

        // Build command buffer
        buffer[0] = PICC_CMD_HLTA;
        buffer[1] = 0;
        // Calculate CRC_A
        result = PCD_CalculateCRC(buffer, 2, &buffer[2]);
        if (result != STATUS_OK) {
            return result;
        }

        // Send the command.
        // The standard says:
        //          If the PICC responds with any modulation during a period of 1 ms
after the end of the frame containing the
        //          HLTA command, this response shall be interpreted as 'not
acknowledge'.
        // We interpret that this way: Only STATUS_TIMEOUT is an success.
        result = PCD_TransceiveData(buffer, sizeof(buffer), NULL, 0);
        if (result == STATUS_TIMEOUT) {
            return STATUS_OK;
        }
        if (result == STATUS_OK) { // That is ironically NOT ok in this case ;-)
            return STATUS_ERROR;
        }
        return result;
    } // End PICC_HaltA()


/////////////////////////////////////////////////////////////////////
// Functions for communicating with MIFARE PICCs
/////////////////////////////////////////////////////////////////////

/**
 * Executes the MFRC522 MFAuthent command.
 * This command manages MIFARE authentication to enable a secure commu-
nication to any MIFARE Mini, MIFARE 1K and MIFARE 4K card.
```

```
            * The authentication is described in the MFRC522 datasheet section 10.3.1.9
and http://www.nxp.com/documents/data_sheet/MF1S503x.pdf section 10.1.
            * For use with MIFARE Classic PICCs.
            * The PICC must be selected - ie in state ACTIVE(*) - before calling this func-
tion.
            * Remember to call PCD_StopCrypto1() after communicating with the authen-
ticated PICC - otherwise no new communications can start.
            *
            * All keys are set to FFFFFFFFFFFFh at chip delivery.
            *
            * @return STATUS_OK on success, STATUS_??? otherwise. Probably
STATUS_TIMEOUT if you supply the wrong key.
            */
        byte MFRC522::PCD_Authenticate(byte command,          ///<
PICC_CMD_MF_AUTH_KEY_A or PICC_CMD_MF_AUTH_KEY_B
                                        byte blockAddr,      ///< The block num-
ber. See numbering in the comments in the .h file.
                                        MIFARE_Key *key,///< Pointer to the
Crypteo1 key to use (6 bytes)
                                        Uid *uid          ///< Pointer to Uid
struct. The first 4 bytes of the UID is used.
                                        ) {
        byte waitIRq = 0x10;            // IdleIRq

        // Build command buffer
        byte sendData[12];
        sendData[0] = command;
        sendData[1] = blockAddr;
        for (byte i = 0; i < MF_KEY_SIZE; i++) {      // 6 key bytes
            sendData[2+i] = key->keyByte[i];
        }
        for (byte i = 0; i < 4; i++) {                        // The first 4 bytes of the UID
            sendData[8+i] = uid->uidByte[i];
        }

        // Start the authentication.
        return PCD_CommunicateWithPICC(PCD_MFAuthent, waitIRq,
&sendData[0], sizeof(sendData));
```

```
        } // End PCD_Authenticate()


    /**
        * Used to exit the PCD from its authenticated state.
        * Remember to call this function after communicating with an authenticated
PICC - otherwise no new communications can start.
        */
        void MFRC522::PCD_StopCrypto1() {
            // Clear MFCrypto1On bit
            PCD_ClearRegisterBitMask(Status2Reg, 0x08); // Status2Reg[7..0] bits are:
TempSensClear I2CForceHS reserved reserved    MFCrypto1On ModemState[2:0]
        } // End PCD_StopCrypto1()


    /**
        * Reads 16 bytes (+ 2 bytes CRC_A) from the active PICC.
        *
        * For MIFARE Classic the sector containing the block must be authenticated
before calling this function.
        *
        * For MIFARE Ultralight only addresses 00h to 0Fh are decoded.
        * The MF0ICU1 returns a NAK for higher addresses.
        * The MF0ICU1 responds to the READ command by sending 16 bytes starting
from the page address defined by the command argument.
        * For example; if blockAddr is 03h then pages 03h, 04h, 05h, 06h are returned.
        * A roll-back is implemented: If blockAddr is 0Eh, then the contents of pages
0Eh, 0Fh, 00h and 01h are returned.
        *
        * The buffer must be at least 18 bytes because a CRC_A is also returned.
        * Checks the CRC_A before returning STATUS_OK.
        *
        * @return STATUS_OK on success, STATUS_??? otherwise.
        */
        byte MFRC522::MIFARE_Read( byte blockAddr,      ///< MIFARE Classic:
The block (0-0xff) number. MIFARE Ultralight: The first page to return data from.
                                    byte *buffer,       ///< The buffer to store
the data in
                                    byte *bufferSize    ///< Buffer size, at least
18 bytes. Also number of bytes returned if STATUS_OK.
```

```
                              ) {
        byte result;

        // Sanity check
        if (buffer == NULL || *bufferSize < 18) {
            return STATUS_NO_ROOM;
        }

        // Build command buffer
        buffer[0] = PICC_CMD_MF_READ;
        buffer[1] = blockAddr;
        // Calculate CRC_A
        result = PCD_CalculateCRC(buffer, 2, &buffer[2]);
        if (result != STATUS_OK) {
            return result;
        }

        // Transmit the buffer and receive the response, validate CRC_A.
        return PCD_TransceiveData(buffer, 4, buffer, bufferSize, NULL, 0, true);
} // End MIFARE_Read()

/**
 * Writes 16 bytes to the active PICC.
 *
 * For MIFARE Classic the sector containing the block must be authenticated
before calling this function.
 *
 * For MIFARE Ultralight the opretaion is called "COMPATIBILITY WRITE".
 * Even though 16 bytes are transferred to the Ultralight PICC, only the least
significant 4 bytes (bytes 0 to 3)
 * are written to the specified address. It is recommended to set the remaining
bytes 04h to 0Fh to all logic 0.
 * *
 * @return STATUS_OK on success, STATUS_??? otherwise.
 */
    byte MFRC522::MIFARE_Write(byte blockAddr, ///< MIFARE Classic: The
block (0-0xff) number. MIFARE Ultralight: The page (2-15) to write to.
                                byte *buffer,    ///< The 16 bytes to write to
```

the PICC

byte bufferSize ///< Buffer size, must be at least 16 bytes. Exactly 16 bytes are written.

```cpp
                              ) {
    byte result;

    // Sanity check
    if (buffer == NULL || bufferSize < 16) {
        return STATUS_INVALID;
    }

    // Mifare Classic protocol requires two communications to perform a write.
    // Step 1: Tell the PICC we want to write to block blockAddr.
    byte cmdBuffer[2];
    cmdBuffer[0] = PICC_CMD_MF_WRITE;
    cmdBuffer[1] = blockAddr;
    result = PCD_MIFARE_Transceive(cmdBuffer, 2); // Adds CRC_A and
checks that the response is MF_ACK.
    if (result != STATUS_OK) {
        return result;
    }

    // Step 2: Transfer the data
    result = PCD_MIFARE_Transceive(buffer, bufferSize); // Adds CRC_A and
checks that the response is MF_ACK.
    if (result != STATUS_OK) {
        return result;
    }

    return STATUS_OK;
} // End MIFARE_Write()

/**
 * Writes a 4 byte page to the active MIFARE Ultralight PICC.
 *
 * @return STATUS_OK on success, STATUS_??? otherwise.
 */
byte MFRC522::MIFARE_Ultralight_Write(     byte page,          ///< The
```

page (2-15) to write to.

byte *buffer,   ///< The 4 bytes to write to the PICC

byte bufferSize ///< Buffer size, must be at least 4 bytes. Exactly 4 bytes are written.

```
                                ) {
        byte result;

        // Sanity check
        if (buffer == NULL || bufferSize < 4) {
            return STATUS_INVALID;
        }

        // Build commmand buffer
        byte cmdBuffer[6];
        cmdBuffer[0] = PICC_CMD_UL_WRITE;
        cmdBuffer[1] = page;
        memcpy(&cmdBuffer[2], buffer, 4);

        // Perform the write
        result = PCD_MIFARE_Transceive(cmdBuffer, 6); // Adds CRC_A and
checks that the response is MF_ACK.
        if (result != STATUS_OK) {
            return result;
        }
        return STATUS_OK;
    } // End MIFARE_Ultralight_Write()


    /**
     * MIFARE Decrement subtracts the delta from the value of the addressed block,
and stores the result in a volatile memory.
     * For MIFARE Classic only. The sector containing the block must be authenti-
cated before calling this function.
     * Only for blocks in "value block" mode, ie with access bits [C1 C2 C3] = [110]
or [001].
     * Use MIFARE_Transfer() to store the result in a block.
     *
     * @return STATUS_OK on success, STATUS_??? otherwise.
```

```
        */
        byte MFRC522::MIFARE_Decrement( byte blockAddr, ///< The block (0-0xff)
number.
                                       long delta        ///< This number is sub-
tracted from the value of block blockAddr.
                                       ) {
            return MIFARE_TwoStepHelper(PICC_CMD_MF_DECREMENT, block-
Addr, delta);
        } // End MIFARE_Decrement()


        /**
         * MIFARE Increment adds the delta to the value of the addressed block, and
stores the result in a volatile memory.
         * For MIFARE Classic only. The sector containing the block must be authenti-
cated before calling this function.
         * Only for blocks in "value block" mode, ie with access bits [C1 C2 C3] = [110]
or [001].
         * Use MIFARE_Transfer() to store the result in a block.
         *
         * @return STATUS_OK on success, STATUS_??? otherwise.
         */
        byte MFRC522::MIFARE_Increment( byte blockAddr, ///< The block (0-0xff)
number.
                                       long delta        ///< This number is added
to the value of block blockAddr.
                                       ) {
            return MIFARE_TwoStepHelper(PICC_CMD_MF_INCREMENT, block-
Addr, delta);
        } // End MIFARE_Increment()


        /**
         * MIFARE Restore copies the value of the addressed block into a volatile
memory.
         * For MIFARE Classic only. The sector containing the block must be authenti-
cated before calling this function.
         * Only for blocks in "value block" mode, ie with access bits [C1 C2 C3] = [110]
or [001].
         * Use MIFARE_Transfer() to store the result in a block.
```

```
      *
      * @return STATUS_OK on success, STATUS_??? otherwise.
      */
     byte MFRC522::MIFARE_Restore(    byte blockAddr ///< The block (0-0xff)
number.
                                  ) {
          // The datasheet describes Restore as a two step operation, but does not explain
what data to transfer in step 2.
          // Doing only a single step does not work, so I chose to transfer 0L in step two.
          return MIFARE_TwoStepHelper(PICC_CMD_MF_RESTORE, blockAddr,
0L);
     } // End MIFARE_Restore()


     /**
      * Helper function for the two-step MIFARE Classic protocol operations Dec-
rement, Increment and Restore.
      *
      * @return STATUS_OK on success, STATUS_??? otherwise.
      */
     byte MFRC522::MIFARE_TwoStepHelper( byte command, ///< The command to
use
                                       byte blockAddr,    ///< The block
(0-0xff) number.
                                       long data    ///< The data to
transfer in step 2
                                      ) {
          byte result;
          byte cmdBuffer[2]; // We only need room for 2 bytes.

          // Step 1: Tell the PICC the command and block address
          cmdBuffer[0] = command;
          cmdBuffer[1] = blockAddr;
          result = PCD_MIFARE_Transceive( cmdBuffer, 2); // Adds CRC_A and
checks that the response is MF_ACK.
          if (result != STATUS_OK) {
               return result;
          }
```

```
        // Step 2: Transfer the data
        result = PCD_MIFARE_Transceive((byte *)&data, 4, true); // Adds CRC_A
and accept timeout as success.
        if (result != STATUS_OK) {
            return result;
        }

        return STATUS_OK;
    } // End MIFARE_TwoStepHelper()


    /**
     * MIFARE Transfer writes the value stored in the volatile memory into one
MIFARE Classic block.
     * For MIFARE Classic only. The sector containing the block must be authenti-
cated before calling this function.
     * Only for blocks in "value block" mode, ie with access bits [C1 C2 C3] = [110]
or [001].
     *
     * @return STATUS_OK on success, STATUS_??? otherwise.
     */
    byte MFRC522::MIFARE_Transfer(    byte blockAddr ///< The block (0-0xff)
number.
                                    ) {
        byte result;
        byte cmdBuffer[2]; // We only need room for 2 bytes.

        // Tell the PICC we want to transfer the result into block blockAddr.
        cmdBuffer[0] = PICC_CMD_MF_TRANSFER;
        cmdBuffer[1] = blockAddr;
        result = PCD_MIFARE_Transceive(cmdBuffer, 2); // Adds CRC_A and
checks that the response is MF_ACK.
        if (result != STATUS_OK) {
            return result;
        }
        return STATUS_OK;
    } // End MIFARE_Transfer()
```

```
/////////////////////////////////////////////////////////////////////////////
// Support functions
/////////////////////////////////////////////////////////////////////////////

/**
 * Wrapper for MIFARE protocol communication.
 * Adds CRC_A, executes the Transceive command and checks that the response
is MF_ACK or a timeout.
 *
 * @return STATUS_OK on success, STATUS_??? otherwise.
 */
byte MFRC522::PCD_MIFARE_Transceive(    byte *sendData,         ///<
Pointer to the data to transfer to the FIFO. Do NOT include the CRC_A.
                                        byte sendLen,           ///<
Number of bytes in sendData.
                                        bool acceptTimeout ///< True
=> A timeout is also success
                                        ) {
        byte result;
        byte cmdBuffer[18]; // We need room for 16 bytes data and 2 bytes CRC_A.

        // Sanity check
        if (sendData == NULL || sendLen > 16) {
                return STATUS_INVALID;
        }

        // Copy sendData[] to cmdBuffer[] and add CRC_A
        memcpy(cmdBuffer, sendData, sendLen);
        result = PCD_CalculateCRC(cmdBuffer, sendLen, &cmdBuffer[sendLen]);
        if (result != STATUS_OK) {
                return result;
        }
        sendLen += 2;

        // Transceive the data, store the reply in cmdBuffer[]
        byte waitIRq = 0x30;            // RxIRq and IdleIRq
        byte cmdBufferSize = sizeof(cmdBuffer);
        byte validBits = 0;
```

```cpp
        result = PCD_CommunicateWithPICC(PCD_Transceive, waitIRq, cmdBuffer,
sendLen, cmdBuffer, &cmdBufferSize, &validBits);
        if (acceptTimeout && result == STATUS_TIMEOUT) {
            return STATUS_OK;
        }
        if (result != STATUS_OK) {
            return result;
        }
        // The PICC must reply with a 4 bit ACK
        if (cmdBufferSize != 1 || validBits != 4) {
            return STATUS_ERROR;
        }
        if (cmdBuffer[0] != MF_ACK) {
            return STATUS_MIFARE_NACK;
        }
        return STATUS_OK;
    } // End PCD_MIFARE_Transceive()

    /**
     * Returns a string pointer to a status code name.
     *
     */
    const char *MFRC522::GetStatusCodeName(byte code///< One of the Status-
Code enums.
                                                    ) {
        switch (code) {
            case STATUS_OK:                 return "Success."; break;
            case STATUS_ERROR:              return "Error in communication.";
break;
            case STATUS_COLLISION:          return "Collission detected."; break;
            case STATUS_TIMEOUT:            return "Timeout in communica-
tion."; break;
            case STATUS_NO_ROOM:            return "A buffer is not big enough.";
break;
            case STATUS_INTERNAL_ERROR:     return "Internal error in the
code. Should not happen."; break;
            case STATUS_INVALID:            return "Invalid argument."; break;
            case STATUS_CRC_WRONG:                  return "The CRC_A does not
```

```cpp
match."; break;
            case STATUS_MIFARE_NACK:    return "A MIFARE PICC responded
with NAK."; break;
        default:
            return "Unknown error";
            break;
    }
  } // End GetStatusCodeName()

/**
 * Translates the SAK (Select Acknowledge) to a PICC type.
 *
 * @return PICC_Type
 */
  byte MFRC522::PICC_GetType(byte sak            ///< The SAK byte returned
from PICC_Select().
                                   ) {
    if (sak & 0x04) { // UID not complete
        return PICC_TYPE_NOT_COMPLETE;
    }

    switch (sak) {
        case 0x09:    return PICC_TYPE_MIFARE_MINI;    break;
        case 0x08:    return PICC_TYPE_MIFARE_1K;      break;
        case 0x18:    return PICC_TYPE_MIFARE_4K;      break;
        case 0x00:    return PICC_TYPE_MIFARE_UL;      break;
        case 0x10:
        case 0x11:    return PICC_TYPE_MIFARE_PLUS;    break;
        case 0x01:    return PICC_TYPE_TNP3XXX;        break;
        default:   break;
    }

    if (sak & 0x20) {
        return PICC_TYPE_ISO_14443_4;
    }

    if (sak & 0x40) {
        return PICC_TYPE_ISO_18092;
```

```
        }

        return PICC_TYPE_UNKNOWN;
    } // End PICC_GetType()

    /**
     * Returns a string pointer to the PICC type name.
     *
     */
    const char *MFRC522::PICC_GetTypeName(byte piccType ///< One of the
PICC_Type enums.
                                          ) {
        switch (piccType) {
            case PICC_TYPE_ISO_14443_4:     return "PICC compliant with
ISO/IEC 14443-4";       break;
            case PICC_TYPE_ISO_18092:       return "PICC compliant with
ISO/IEC 18092 (NFC)";   break;
            case PICC_TYPE_MIFARE_MINI:     return "MIFARE Mini, 320
bytes";                  break;
            case PICC_TYPE_MIFARE_1K:       return "MIFARE 1KB";
                            break;
            case PICC_TYPE_MIFARE_4K:       return "MIFARE 4KB";
                            break;
            case PICC_TYPE_MIFARE_UL:       return "MIFARE Ultralight or
Ultralight C";           break;
            case PICC_TYPE_MIFARE_PLUS:     return "MIFARE Plus";
                            break;
            case PICC_TYPE_TNP3XXX:         return "MIFARE TNP3XXX";
                            break;
            case PICC_TYPE_NOT_COMPLETE:    return "SAK indicates UID is
not complete.";        break;
            case PICC_TYPE_UNKNOWN:
            default:                        return "Unknown type";
                        break;
        }
    } // End PICC_GetTypeName()

    /**
```

```
        * Dumps debug info about the selected PICC to Serial.
        * On success the PICC is halted after dumPing the data.
        * For MIFARE Classic the factory default key of 0xFFFFFFFFFFFF is tried.
        */
        void MFRC522::PICC_DumpToSerial(Uid *uid   ///< Pointer to Uid struct re-
turned from a successful PICC_Select().
                                        ) {
        MIFARE_Key key;

        // UID
        Serial.print("Card UID:");
        for (byte i = 0; i < uid->size; i++) {
            Serial.print(uid->uidByte[i] < 0x10 ? " 0" : " ");
            Serial.print(uid->uidByte[i], HEX);
        }
        Serial.println();

        // PICC type
        byte piccType = PICC_GetType(uid->sak);
        Serial.print("PICC type: ");
        Serial.println(PICC_GetTypeName(piccType));

        // Dump contents
        switch (piccType) {
            case PICC_TYPE_MIFARE_MINI:
            case PICC_TYPE_MIFARE_1K:
            case PICC_TYPE_MIFARE_4K:
                // All keys are set to FFFFFFFFFFFFh at chip delivery from the
factory.
                for (byte i = 0; i < 6; i++) {
                    key.keyByte[i] = 0xFF;
                }
                PICC_DumpMifareClassicToSerial(uid, piccType, &key);
                break;

            case PICC_TYPE_MIFARE_UL:
                PICC_DumpMifareUltralightToSerial();
                break;
```

```
                case PICC_TYPE_ISO_14443_4:
                case PICC_TYPE_ISO_18092:
                case PICC_TYPE_MIFARE_PLUS:
                case PICC_TYPE_TNP3XXX:
                        Serial.println("DumPing memory contents not implemented for that
PICC type.");
                        break;

                case PICC_TYPE_UNKNOWN:
                case PICC_TYPE_NOT_COMPLETE:
                default:
                        break; // No memory dump here
        }

        Serial.println();
        PICC_HaltA(); // Already done if it was a MIFARE Classic PICC.
} // End PICC_DumpToSerial()

/**
 * Dumps memory contents of a MIFARE Classic PICC.
 * On success the PICC is halted after dumPing the data.
 */
        void MFRC522::PICC_DumpMifareClassicToSerial(   Uid *uid,       ///<
Pointer to Uid struct returned from a successful PICC_Select().
                                                        byte piccType, ///<
One of the PICC_Type enums.
                                                        MIFARE_Key *key
        ///< Key A used for all sectors.
                                                                ) {
        byte no_of_sectors = 0;
        switch (piccType) {
            case PICC_TYPE_MIFARE_MINI:
                // Has 5 sectors * 4 blocks/sector * 16 bytes/block = 320 bytes.
                no_of_sectors = 5;
                break;

            case PICC_TYPE_MIFARE_1K:
```

```cpp
                // Has 16 sectors * 4 blocks/sector * 16 bytes/block = 1024 bytes.
                no_of_sectors = 16;
                break;

            case PICC_TYPE_MIFARE_4K:
                // Has (32 sectors * 4 blocks/sector + 8 sectors * 16 blocks/sector) *
16 bytes/block = 4096 bytes.
                no_of_sectors = 40;
                break;

            default: // Should not happen. Ignore.
                break;
        }

        // Dump sectors, highest address first.
        if (no_of_sectors) {
            Serial.println("Sector Block     0  1  2  3    4  5  6  7    8  9 10
11   12 13 14 15    AccessBits");
            for (char i = no_of_sectors - 1; i >= 0; i--) {
                PICC_DumpMifareClassicSectorToSerial(uid, key, i);
            }
        }
        PICC_HaltA(); // Halt the PICC before stopPing the encrypted session.
        PCD_StopCrypto1();
    } // End PICC_DumpMifareClassicToSerial()

    /**
     * Dumps memory contents of a sector of a MIFARE Classic PICC.
     * Uses PCD_Authenticate(), MIFARE_Read() and PCD_StopCrypto1.
     * Always uses PICC_CMD_MF_AUTH_KEY_A because only Key A can al-
ways read the sector trailer access bits.
     */
    void MFRC522::PICC_DumpMifareClassicSectorToSerial(Uid *uid,
    ///< Pointer to Uid struct returned from a successful PICC_Select().
                                                        MIFARE_Key
*key,        ///< Key A for the sector.
                                                        byte sector
            ///< The sector to dump, 0..39.
```

```
                                                                    ) {
        byte status;
        byte firstBlock;        // Address of lowest address to dump actually last block
dumped)
        byte no_of_blocks;      // Number of blocks in sector
        bool isSectorTrailer; // Set to true while handling the "last" (ie highest address)
in the sector.


        // The access bits are stored in a peculiar fashion.
        // There are four groups:
        //          g[3] Access bits for the sector trailer, block 3 (for sectors 0-31) or
block 15 (for sectors 32-39)
        //          g[2] Access bits for block 2 (for sectors 0-31) or blocks 10-14 (for
sectors 32-39)
        //          g[1] Access bits for block 1 (for sectors 0-31) or blocks 5-9 (for
sectors 32-39)
        //          g[0] Access bits for block 0 (for sectors 0-31) or blocks 0-4 (for
sectors 32-39)
        // Each group has access bits [C1 C2 C3]. In this code C1 is MSB and C3 is
LSB.
        // The four CX bits are stored together in a nible cx and an inverted nible cx_.
        byte c1, c2, c3;        // Nibbles
        byte c1_, c2_, c3_;      // Inverted nibbles
        bool invertedError;      // True if one of the inverted nibbles did not match
        byte g[4];               // Access bits for each of the four groups.
        byte group;                      // 0-3 - active group for access bits
        bool firstInGroup;       // True for the first block dumped in the group


        // Determine position and size of sector.
        if (sector < 32) { // Sectors 0..31 has 4 blocks each
            no_of_blocks = 4;
            firstBlock = sector * no_of_blocks;
        }
        else if (sector < 40) { // Sectors 32-39 has 16 blocks each
            no_of_blocks = 16;
            firstBlock = 128 + (sector - 32) * no_of_blocks;
        }
        else { // Illegal input, no MIFARE Classic PICC has more than 40 sectors.
```

```
                return;
            }

        // Dump blocks, highest address first.
        byte byteCount;
        byte buffer[18];
        byte blockAddr;
        isSectorTrailer = true;
        for (char blockOffset = no_of_blocks - 1; blockOffset >= 0; blockOffset--) {
            blockAddr = firstBlock + blockOffset;
            // Sector number - only on first line
            if (isSectorTrailer) {
                Serial.print(sector < 10 ? "    " : "   "); // Pad with spaces
                Serial.print(sector);
                Serial.print("   ");
            }
            else {
                Serial.print("        ");
            }
            // Block number
            Serial.print(blockAddr < 10 ? "    " : (blockAddr < 100 ? "   " : "  ")); //
Pad with spaces
            Serial.print(blockAddr);
            Serial.print("  ");
            // Establish encrypted communications before reading the first block
            if (isSectorTrailer) {
                status = PCD_Authenticate(PICC_CMD_MF_AUTH_KEY_A,
firstBlock, key, uid);
                if (status != STATUS_OK) {
                    Serial.print("PCD_Authenticate() failed: ");
                    Serial.println(GetStatusCodeName(status));
                    return;
                }
            }
            // Read block
            byteCount = sizeof(buffer);
            status = MIFARE_Read(blockAddr, buffer, &byteCount);
            if (status != STATUS_OK) {
```

```
                Serial.print("MIFARE_Read() failed: ");
                Serial.println(GetStatusCodeName(status));
                continue;
        }
        // Dump data
        for (byte index = 0; index < 16; index++) {
                Serial.print(buffer[index] < 0x10 ? " 0" : " ");
                Serial.print(buffer[index], HEX);
                if ((index % 4) == 3) {
                        Serial.print(" ");
                }
        }
        // Parse sector trailer data
        if (isSectorTrailer) {
                c1   = buffer[7] >> 4;
                c2   = buffer[8] & 0xF;
                c3   = buffer[8] >> 4;
                c1_ = buffer[6] & 0xF;
                c2_ = buffer[6] >> 4;
                c3_ = buffer[7] & 0xF;
                invertedError = (c1 != (~c1_ & 0xF)) || (c2 != (~c2_ & 0xF)) ||
(c3 != (~c3_ & 0xF));
                        g[0] = ((c1 & 1) << 2) | ((c2 & 1) << 1) | ((c3 & 1) << 0);
                        g[1] = ((c1 & 2) << 1) | ((c2 & 2) << 0) | ((c3 & 2) >> 1);
                        g[2] = ((c1 & 4) << 0) | ((c2 & 4) >> 1) | ((c3 & 4) >> 2);
                        g[3] = ((c1 & 8) >> 1) | ((c2 & 8) >> 2) | ((c3 & 8) >> 3);
                        isSectorTrailer = false;
        }

        // Which access group is this block in?
        if (no_of_blocks == 4) {
                group = blockOffset;
                firstInGroup = true;
        }
        else {
                group = blockOffset / 5;
                firstInGroup = (group == 3) || (group != (blockOffset + 1) / 5);
        }
```

```
                    if (firstInGroup) {
                        // Print access bits
                        Serial.print(" [ ");
                        Serial.print((g[group] >> 2) & 1, DEC); Serial.print(" ");
                        Serial.print((g[group] >> 1) & 1, DEC); Serial.print(" ");
                        Serial.print((g[group] >> 0) & 1, DEC);
                        Serial.print(" ] ");
                        if (invertedError) {
                            Serial.print(" Inverted access bits did not match! ");
                        }
                    }

                    if (group != 3 && (g[group] == 1 || g[group] == 6)) { // Not a sector
trailer, a value block
                        long value = (long(buffer[3])<<24) | (long(buffer[2])<<16) |
(long(buffer[1])<<8) | long(buffer[0]);
                        Serial.print(" Value=0x"); Serial.print(value, HEX);
                        Serial.print(" Adr=0x"); Serial.print(buffer[12], HEX);
                    }
                    Serial.println();
                }

    return;
} // End PICC_DumpMifareClassicSectorToSerial()

/**
 * Dumps memory contents of a MIFARE Ultralight PICC.
 */
void MFRC522::PICC_DumpMifareUltralightToSerial() {
    byte status;
    byte byteCount;
    byte buffer[18];
    byte i;

    Serial.println("Page   0   1   2   3");
    // Try the mpages of the original Ultralight. Ultralight C has more pages.
    for (byte page = 0; page < 16; page +=4) { // Read returns data for 4 pages at a
```

time.

```cpp
                // Read pages
                byteCount = sizeof(buffer);
                status = MIFARE_Read(page, buffer, &byteCount);
                if (status != STATUS_OK) {
                        Serial.print("MIFARE_Read() failed: ");
                        Serial.println(GetStatusCodeName(status));
                        break;
                }
                // Dump data
                for (byte offset = 0; offset < 4; offset++) {
                        i = page + offset;
                        Serial.print(i < 10 ? "   " : "  "); // Pad with spaces
                        Serial.print(i);
                        Serial.print("   ");
                        for (byte index = 0; index < 4; index++) {
                                i = 4 * offset + index;
                                Serial.print(buffer[i] < 0x10 ? " 0" : " ");
                                Serial.print(buffer[i], HEX);
                        }
                        Serial.println();
                }
        }
} // End PICC_DumpMifareUltralightToSerial()


/**
 * Calculates the bit pattern needed for the specified access bits. In the [C1 C2
C3] tupples C1 is MSB (=4) and C3 is LSB (=1).
 */
void MFRC522::MIFARE_SetAccessBits(   byte *accessBitBuffer,      ///<
Pointer to byte 6, 7 and 8 in the sector trailer. Bytes [0..2] will be set.
                                            byte g0,                    ///< Ac-
cess bits [C1 C2 C3] for block 0 (for sectors 0-31) or blocks 0-4 (for sectors 32-39)
                                            byte g1,                    ///< Ac-
cess bits C1 C2 C3] for block 1 (for sectors 0-31) or blocks 5-9 (for sectors 32-39)
                                            byte g2,                    ///< Ac-
cess bits C1 C2 C3] for block 2 (for sectors 0-31) or blocks 10-14 (for sectors 32-39)
                                            byte g3                     ///<
```

MFRC522.cpp (RFID 模組函式庫)

Access bits C1 C2 C3] for the sector trailer, block 3 (for sectors 0-31) or block 15 (for sectors 32-39)

```
                                                 ) {
        byte c1 = ((g3 & 4) << 1) | ((g2 & 4) << 0) | ((g1 & 4) >> 1) | ((g0 & 4) >> 2);
        byte c2 = ((g3 & 2) << 2) | ((g2 & 2) << 1) | ((g1 & 2) << 0) | ((g0 & 2) >> 1);
        byte c3 = ((g3 & 1) << 3) | ((g2 & 1) << 2) | ((g1 & 1) << 1) | ((g0 & 1) << 0);

        accessBitBuffer[0] = (~c2 & 0xF) << 4 | (~c1 & 0xF);
        accessBitBuffer[1] =              c1 << 4 | (~c3 & 0xF);
        accessBitBuffer[2] =              c3 << 4 | c2;
    } // End MIFARE_SetAccessBits()


    /////////////////////////////////////////////////////////////////////////////////////////////
    // Convenience functions - does not add extra functionality
    /////////////////////////////////////////////////////////////////////////////////////////////

    /**
     * Returns true if a PICC responds to PICC_CMD_REQA.
     * Only "new" cards in state IDLE are invited. SleePing cards in state HALT are
ignored.
     *
     * @return bool
     */
    bool MFRC522::PICC_IsNewCardPresent() {
        byte bufferATQA[2];
        byte bufferSize = sizeof(bufferATQA);
        byte result = PICC_RequestA(bufferATQA, &bufferSize);
        return (result == STATUS_OK || result == STATUS_COLLISION);
    } // End PICC_IsNewCardPresent()

    /**
     * Simple wrapper around PICC_Select.
     * Returns true if a UID could be read.
     * Remember to call PICC_IsNewCardPresent(), PICC_RequestA() or
PICC_WakeupA() first.
     * The read UID is available in the class variable uid.
     *
     * @return bool
```

MFRC522.cpp (RFID 模組函式庫)

```
    */
    bool MFRC522::PICC_ReadCardSerial() {
        byte result = PICC_Select(&uid);
        return (result == STATUS_OK);
    } // End PICC_ReadCardSerial()
```

MFRC522.h (RFID 模組函式庫)

```
/**
 * MFRC522.h - Library to use ARDUINO RFID MODULE KIT 13.56 MHZ WITH
TAGS SPI W AND R BY COOQROBOT.
 * Based on code Dr.Leong    ( WWW.B2CQSHOP.COM )
 * Created by Miguel Balboa (circuitito.com), Jan, 2012.
 * Rewritten by Søren Thing Andersen (access.thing.dk), fall of 2013 (Translation to
English, refactored, comments, anti collision, cascade levels.)
 * Released into the public domain.
 *
 * Please read this file for an overview and then MFRC522.cpp for comments on the
specific functions.
 * Search for "mf-rc522" on ebay.com to purchase the MF-RC522 board.
 *
 * There are three hardware components involved:
 * 1) The micro controller: An Arduino
 * 2) The PCD (short for Proximity Coupling Device): NXP MFRC522 Contactless
Reader IC
 * 3) The PICC (short for Proximity Integrated Circuit Card): A card or tag using the
ISO 14443A interface, eg Mifare or NTAG203.
 *
 * The microcontroller and card reader uses SPI for communication.
 * The protocol is described in the MFRC522 datasheet:
http://www.nxp.com/documents/data_sheet/MFRC522.pdf
 *
 * The card reader and the tags communicate using a 13.56MHz electromagnetic field.
 * The protocol is defined in ISO/IEC 14443-3 Identification cards -- Contactless inte-
grated circuit cards -- Proximity cards -- Part 3: Initialization and anticollision".
```

* A free version of the final draft can be found at

http://wg8.de/wg8n1496_17n3613_Ballot_FCD14443-3.pdf

* Details are found in chapter 6, Type A－Initialization and anticollision.

*

* If only the PICC UID is wanted, the above documents has all the needed information.

* To read and write from MIFARE PICCs, the MIFARE protocol is used after the PICC has been selected.

* The MIFARE Classic chips and protocol is described in the datasheets:

*   1K: http://www.nxp.com/documents/data_sheet/MF1S503x.pdf

*   4K: http://www.nxp.com/documents/data_sheet/MF1S703x.pdf

*   Mini: http://www.idcardmarket.com/download/mifare_S20_datasheet.pdf

* The MIFARE Ultralight chip and protocol is described in the datasheets:

*   Ultralight: http://www.nxp.com/documents/data_sheet/MF0ICU1.pdf

*   Ultralight C:

http://www.nxp.com/documents/short_data_sheet/MF0ICU2_SDS.pdf

*

* MIFARE Classic 1K (MF1S503x):

*   Has 16 sectors * 4 blocks/sector * 16 bytes/block = 1024 bytes.

*   The blocks are numbered 0-63.

*   Block 3 in each sector is the Sector Trailer. See

http://www.nxp.com/documents/data_sheet/MF1S503x.pdf sections 8.6 and 8.7:

*   Bytes 0-5:   Key A

*   Bytes 6-8:   Access Bits

*   Bytes 9:   User data

*   Bytes 10-15: Key B (or user data)

*   Block 0 is read only manufacturer data.

*   To access a block, an authentication using a key from the block's sector must be performed first.

*   Example: To read from block 10, first authenticate using a key from sector 3 (blocks 8-11).

*   All keys are set to FFFFFFFFFFFFh at chip delivery.

*   Warning: Please read section 8.7 "Memory Access". It includes this text: if the PICC detects a format violation the whole sector is irreversibly blocked.

*   To use a block in "value block" mode (for Increment/Decrement operations) you need to change the sector trailer. Use PICC_SetAccessBits() to calculate the bit patterns.

* MIFARE Classic 4K (MF1S703x):

*   Has (32 sectors * 4 blocks/sector + 8 sectors * 16 blocks/sector) * 16

bytes/block = 4096 bytes.
*   The blocks are numbered 0-255.
*   The last block in each sector is the Sector Trailer like above.
* MIFARE Classic Mini (MF1 IC S20):
*   Has 5 sectors * 4 blocks/sector * 16 bytes/block = 320 bytes.
*   The blocks are numbered 0-19.
*   The last block in each sector is the Sector Trailer like above.
*
* MIFARE Ultralight (MF0ICU1):
*   Has 16 pages of 4 bytes = 64 bytes.
*   Pages 0 + 1 is used for the 7-byte UID.
*   Page 2 contains the last chech digit for the UID, one byte manufacturer inter-
nal data, and the lock bytes (see
http://www.nxp.com/documents/data_sheet/MF0ICU1.pdf section 8.5.2)
*   Page 3 is OTP, One Time Programmable bits. Once set to 1 they cannot revert
to 0.
*   Pages 4-15 are read/write unless blocked by the lock bytes in page 2.
* MIFARE Ultralight C (MF0ICU2):
*   Has 48 pages of 4 bytes = 64 bytes.
*   Pages 0 + 1 is used for the 7-byte UID.
*   Page 2 contains the last chech digit for the UID, one byte manufacturer inter-
nal data, and the lock bytes (see
http://www.nxp.com/documents/data_sheet/MF0ICU1.pdf section 8.5.2)
*   Page 3 is OTP, One Time Programmable bits. Once set to 1 they cannot revert
to 0.
*   Pages 4-39 are read/write unless blocked by the lock bytes in page 2.
*   Page 40 Lock bytes
*   Page 41 16 bit one way counter
*   Pages 42-43 Authentication configuration
*   Pages 44-47 Authentication key
*/
#ifndef MFRC522_h
#define MFRC522_h

#include <Arduino.h>
#include <SPI.h>

class MFRC522 {

MFRC522.h (RFID 模組函式庫)

public:

    // MFRC522 registers. Described in chapter 9 of the datasheet.

    // When using SPI all addresses are shifted one bit left in the "SPI address byte" (section 8.1.2.3)

    enum PCD_Register {

        // Page 0: Command and status

        //   0x00   // reserved for future use

        CommandReg   = 0x01 << 1, // starts and stops command execution

        ComIEnReg   = 0x02 << 1, // enable and disable interrupt request control bits

        DivIEnReg   = 0x03 << 1, // enable and disable interrupt request control bits

        ComIrqReg   = 0x04 << 1, // interrupt request bits

        DivIrqReg   = 0x05 << 1, // interrupt request bits

        ErrorReg   = 0x06 << 1, // error bits showing the error status of the last command executed

        Status1Reg   = 0x07 << 1, // communication status bits

        Status2Reg   = 0x08 << 1, // receiver and transmitter status bits

        FIFODataReg   = 0x09 << 1, // input and output of 64 byte FIFO buffer

        FIFOLevelReg   = 0x0A << 1, // number of bytes stored in the FIFO buffer

        WaterLevelReg   = 0x0B << 1, // level for FIFO underflow and overflow warning

        ControlReg   = 0x0C << 1, // miscellaneous control registers

        BitFramingReg   = 0x0D << 1, // adjustments for bit-oriented frames

        CollReg   = 0x0E << 1, // bit position of the first bit-collision detected on the RF interface

        //   0x0F   // reserved for future use

        // Page 1:Command

        //   0x10   // reserved for future use

        ModeReg   = 0x11 << 1, // defines general modes for transmitting and receiving

```
        TxModeReg              = 0x12 << 1,   // defines transmission data rate
and framing
        RxModeReg              = 0x13 << 1,   // defines reception data rate
and framing
        TxControlReg         = 0x14 << 1,   // controls the logical behavior of
the antenna driver Pins TX1 and TX2
        TxASKReg               = 0x15 << 1,   // controls the setting of the
transmission modulation
        TxSelReg             = 0x16 << 1,   // selects the internal sources for the
antenna driver
        RxSelReg           = 0x17 << 1,   // selects internal receiver settings
        RxThresholdReg         = 0x18 << 1,   // selects thresholds for the bit
decoder
        DemodReg               = 0x19 << 1,   // defines demodulator settings
        //                     0x1A           // reserved for future use
        //                     0x1B           // reserved for future use
        MfTxReg                = 0x1C << 1,   // controls some MIFARE
communication transmit parameters
        MfRxReg                = 0x1D << 1,   // controls some MIFARE
communication receive parameters
        //                     0x1E           // reserved for future use
        SerialSpeedReg         = 0x1F << 1,   // selects the speed of the serial
UART interface


        // Page 2: Configuration
        //                     0x20           // reserved for future use
        CRCResultRegH          = 0x21 << 1,   // shows the MSB and LSB
values of the CRC calculation
        CRCResultRegL          = 0x22 << 1,
        //                     0x23           // reserved for future use
        ModWidthReg            = 0x24 << 1,   // controls the ModWidth set-
ting?
        //                     0x25           // reserved for future use
        RFCfgReg               = 0x26 << 1,   // configures the receiver gain
        GsNReg                 = 0x27 << 1,   // selects the conductance of
the antenna driver Pins TX1 and TX2 for modulation
        CWGsPReg               = 0x28 << 1,   // defines the conductance of
the p-driver output during periods of no modulation
```

        ModGsPReg   = 0x29 << 1,   // defines the conductance of the p-driver output during periods of modulation

        TModeReg   = 0x2A << 1,   // defines settings for the internal timer

        TPrescalerReg   = 0x2B << 1,   // the lower 8 bits of the TPrescaler value. The 4 high bits are in TModeReg.

        TReloadRegH   = 0x2C << 1,   // defines the 16-bit timer reload value

        TReloadRegL   = 0x2D << 1,

        TCounterValueRegH   = 0x2E << 1,   // shows the 16-bit timer value

        TCounterValueRegL   = 0x2F << 1,

        // Page 3:Test Registers

        //   0x30   // reserved for future use

        TestSel1Reg   = 0x31 << 1,   // general test signal configuration

        TestSel2Reg   = 0x32 << 1,   // general test signal configuration

        TestPinEnReg   = 0x33 << 1,   // enables Pin output driver on Pins D1 to D7

        TestPinValueReg   = 0x34 << 1,   // defines the values for D1 to D7 when it is used as an I/O bus

        TestBusReg   = 0x35 << 1,   // shows the status of the internal test bus

        AutoTestReg   = 0x36 << 1,   // controls the digital self test

        VersionReg   = 0x37 << 1,   // shows the software version

        AnalogTestReg   = 0x38 << 1,   // controls the Pins AUX1 and AUX2

        TestDAC1Reg   = 0x39 << 1,   // defines the test value for TestDAC1

        TestDAC2Reg   = 0x3A << 1,   // defines the test value for TestDAC2

        TestADCReg   = 0x3B << 1   // shows the value of ADC I and Q channels

        //   0x3C   // reserved for production tests

        //   0x3D   // reserved for production tests

```
        //                          0x3E              // reserved for production
tests
        //                          0x3F              // reserved for production
tests
    };


    // MFRC522 comands. Described in chapter 10 of the datasheet.
    enum PCD_Command {
        PCD_Idle            = 0x00,        // no action, cancels current com-
mand execution
        PCD_Mem                    = 0x01,        // stores 25 bytes into the
internal buffer
        PCD_GenerateRandomID = 0x02,        // generates a 10-byte random ID
number
        PCD_CalcCRC            = 0x03,        // activates the CRC coproces-
sor or performs a self test
        PCD_Transmit        = 0x04,        // transmits data from the FIFO
buffer
        PCD_NoCmdChange            = 0x07,        // no command change,
can be used to modify the CommandReg register bits without affecting the command, for
example, the PowerDown bit
        PCD_Receive            = 0x08,        // activates the receiver circuits
        PCD_Transceive        = 0x0C,        // transmits data from FIFO
buffer to antenna and automatically activates the receiver after transmission
        PCD_MFAuthent        = 0x0E,        // performs the MIFARE
standard authentication as a reader
        PCD_SoftReset        = 0x0F         // resets the MFRC522
    };


    // Commands sent to the PICC.
    enum PICC_Command {
        // The commands used by the PCD to manage communication with several
PICCs (ISO 14443-3, Type A, section 6.4)
        PICC_CMD_REQA            = 0x26,        // REQuest command, Type A.
Invites PICCs in state IDLE to go to READY and prepare for anticollision or selection. 7
bit frame.
        PICC_CMD_WUPA        = 0x52,        // Wake-UP command, Type
A. Invites PICCs in state IDLE and HALT to go to READY(*) and prepare for anticolli-
```

sion or selection. 7 bit frame.

        PICC_CMD_CT   = 0x88,   // Cascade Tag. Not really a command, but used during anti collision.

        PICC_CMD_SEL_CL1   = 0x93,   // Anti collision/Select, Cascade Level 1

        PICC_CMD_SEL_CL2   = 0x95,   // Anti collision/Select, Cascade Level 1

        PICC_CMD_SEL_CL3   = 0x97,   // Anti collision/Select, Cascade Level 1

        PICC_CMD_HLTA   = 0x50,   // HaLT command, Type A. Instructs an ACTIVE PICC to go to state HALT.

        // The commands used for MIFARE Classic (from http://www.nxp.com/documents/data_sheet/MF1S503x.pdf, Section 9)

        // Use PCD_MFAuthent to authenticate access to a sector, then use these commands to read/write/modify the blocks on the sector.

        // The read/write commands can also be used for MIFARE Ultralight.

        PICC_CMD_MF_AUTH_KEY_A = 0x60,   // Perform authentication with Key A

        PICC_CMD_MF_AUTH_KEY_B = 0x61,   // Perform authentication with Key B

        PICC_CMD_MF_READ   = 0x30,   // Reads one 16 byte block from the authenticated sector of the PICC. Also used for MIFARE Ultralight.

        PICC_CMD_MF_WRITE   = 0xA0,   // Writes one 16 byte block to the authenticated sector of the PICC. Called "COMPATIBILITY WRITE" for MIFARE Ultralight.

        PICC_CMD_MF_DECREMENT   = 0xC0,   // Decrements the contents of a block and stores the result in the internal data register.

        PICC_CMD_MF_INCREMENT   = 0xC1,   // Increments the contents of a block and stores the result in the internal data register.

        PICC_CMD_MF_RESTORE   = 0xC2,   // Reads the contents of a block into the internal data register.

        PICC_CMD_MF_TRANSFER = 0xB0,   // Writes the contents of the internal data register to a block.

        // The commands used for MIFARE Ultralight (from http://www.nxp.com/documents/data_sheet/MF0ICU1.pdf, Section 8.6)

        // The PICC_CMD_MF_READ and PICC_CMD_MF_WRITE can also be used for MIFARE Ultralight.

        PICC_CMD_UL_WRITE   = 0xA2   // Writes one 4 byte page to the

```
PICC.
    };


    // MIFARE constants that does not fit anywhere else
    enum MIFARE_Misc {
        MF_ACK                  = 0xA,          // The MIFARE Classic uses a
4 bit ACK/NAK. Any other value than 0xA is NAK.
        MF_KEY_SIZE             = 6             // A Mifare Crypto1 key
is 6 bytes.
    };


    // PICC types we can detect. Remember to update PICC_GetTypeName() if you add
more.
    enum PICC_Type {
        PICC_TYPE_UNKNOWN       = 0,
        PICC_TYPE_ISO_14443_4   = 1, // PICC compliant with ISO/IEC 14443-4
        PICC_TYPE_ISO_18092     = 2, // PICC compliant with ISO/IEC 18092
(NFC)
        PICC_TYPE_MIFARE_MINI   = 3, // MIFARE Classic protocol, 320 bytes
        PICC_TYPE_MIFARE_1K     = 4, // MIFARE Classic protocol, 1KB
        PICC_TYPE_MIFARE_4K     = 5, // MIFARE Classic protocol, 4KB
        PICC_TYPE_MIFARE_UL     = 6, // MIFARE Ultralight or Ultralight
C
        PICC_TYPE_MIFARE_PLUS   = 7, // MIFARE Plus
        PICC_TYPE_TNP3XXX       = 8, // Only mentioned in NXP AN 10833
MIFARE Type Identification Procedure
        PICC_TYPE_NOT_COMPLETE  = 255    // SAK indicates UID is not
complete.
    };


    // Return codes from the functions in this class. Remember to update GetStatus-
CodeName() if you add more.
    enum StatusCode {
        STATUS_OK               = 1, // Success
        STATUS_ERROR            = 2, // Error in communication
        STATUS_COLLISION        = 3, // Collission detected
        STATUS_TIMEOUT          = 4, // Timeout in communication.
        STATUS_NO_ROOM          = 5, // A buffer is not big enough.
```

```
        STATUS_INTERNAL_ERROR      = 6,  // Internal error in the code. Should
not happen ;-)
        STATUS_INVALID           = 7,  // Invalid argument.
        STATUS_CRC_WRONG         = 8,  // The CRC_A does not match
        STATUS_MIFARE_NACK          = 9          // A MIFARE PICC responded
with NAK.
    };

    // A struct used for passing the UID of a PICC.
    typedef struct {
        byte       size;          // Number of bytes in the UID. 4, 7 or 10.
        byte       uidByte[10];
        byte       sak;              // The SAK (Select acknowledge) byte returned
from the PICC after successful selection.
    } Uid;

    // A struct used for passing a MIFARE Crypto1 key
    typedef struct {
        byte       keyByte[MF_KEY_SIZE];
    } MIFARE_Key;

    // Member variables
    Uid uid;                                    // Used by PICC_ReadCardSerial().

    // Size of the MFRC522 FIFO
    static const byte FIFO_SIZE = 64;        // The FIFO is 64 bytes.

    /////////////////////////////////////////////////////////////////////////////////////
    // Functions for setting up the Arduino
    /////////////////////////////////////////////////////////////////////////////////////
    MFRC522(byte chipSelectPin, byte resetPowerDownPin);
    void setSPIConfig();

    /////////////////////////////////////////////////////////////////////////////////////
    // Basic interface functions for communicating with the MFRC522
    /////////////////////////////////////////////////////////////////////////////////////
    void PCD_WriteRegister(byte reg, byte value);
    void PCD_WriteRegister(byte reg, byte count, byte *values);
```

```
        byte PCD_ReadRegister(byte reg);
        void PCD_ReadRegister(byte reg, byte count, byte *values, byte rxAlign = 0);
        void setBitMask(unsigned char reg, unsigned char mask);
        void PCD_SetRegisterBitMask(byte reg, byte mask);
        void PCD_ClearRegisterBitMask(byte reg, byte mask);
        byte PCD_CalculateCRC(byte *data, byte length, byte *result);


        /////////////////////////////////////////////////////////////////////////////////
        // Functions for manipulating the MFRC522
        /////////////////////////////////////////////////////////////////////////////////
        void PCD_Init();
        void PCD_Reset();
        void PCD_AntennaOn();


        /////////////////////////////////////////////////////////////////////////////////
        // Functions for communicating with PICCs
        /////////////////////////////////////////////////////////////////////////////////
        byte PCD_TransceiveData(byte *sendData, byte sendLen, byte *backData, byte
*backLen, byte *validBits = NULL, byte rxAlign = 0, bool checkCRC = false);
        byte PCD_CommunicateWithPICC(byte command, byte waitIRq, byte *sendData,
byte sendLen, byte *backData = NULL, byte *backLen = NULL, byte *validBits =
NULL, byte rxAlign = 0, bool checkCRC = false);

        byte PICC_RequestA(byte *bufferATQA, byte *bufferSize);
        byte PICC_WakeupA(byte *bufferATQA, byte *bufferSize);
        byte PICC_REQA_or_WUPA( byte command, byte *bufferATQA, byte
*bufferSize);
        byte PICC_Select(Uid *uid, byte validBits = 0);
        byte PICC_HaltA();


        /////////////////////////////////////////////////////////////////////////////////
        // Functions for communicating with MIFARE PICCs
        /////////////////////////////////////////////////////////////////////////////////
        byte PCD_Authenticate(byte command, byte blockAddr, MIFARE_Key *key, Uid
*uid);
        void PCD_StopCrypto1();
        byte MIFARE_Read(byte blockAddr, byte *buffer, byte *bufferSize);
        byte MIFARE_Write(byte blockAddr, byte *buffer, byte bufferSize);
```

MFRC522.h (RFID 模組函式庫)

```
    byte MIFARE_Decrement(byte blockAddr, long delta);
    byte MIFARE_Increment(byte blockAddr, long delta);
    byte MIFARE_Restore(byte blockAddr);
    byte MIFARE_Transfer(byte blockAddr);
    byte MIFARE_Ultralight_Write(byte page, byte *buffer, byte bufferSize);


    /////////////////////////////////////////////////////////////////////
    // Support functions
    /////////////////////////////////////////////////////////////////////
    byte PCD_MIFARE_Transceive(    byte *sendData, byte sendLen, bool ac-
ceptTimeout = false);
    const char *GetStatusCodeName(byte code);
    byte PICC_GetType(byte sak);
    const char *PICC_GetTypeName(byte type);
    void PICC_DumpToSerial(Uid *uid);
    void PICC_DumpMifareClassicToSerial(Uid *uid, byte piccType, MIFARE_Key
*key);
    void PICC_DumpMifareClassicSectorToSerial(Uid *uid, MIFARE_Key *key, byte
sector);
    void PICC_DumpMifareUltralightToSerial();
    void MIFARE_SetAccessBits(byte *accessBitBuffer, byte g0, byte g1, byte g2, byte
g3);


    /////////////////////////////////////////////////////////////////////
    // Convenience functions - does not add extra functionality
    /////////////////////////////////////////////////////////////////////
    bool PICC_IsNewCardPresent();
    bool PICC_ReadCardSerial();

private:
    byte _chipSelectPin;        // Arduino Pin connected to MFRC522's SPI slave select
input (Pin 24, NSS, active low)
    byte _resetPowerDownPin;        // Arduino Pin connected to MFRC522's reset and
power down input (Pin 6, NRSTPD, active low)
    byte MIFARE_TwoStepHelper(byte command, byte blockAddr,    long data);
};

#endif
```

四通道繼電器模組線路圖

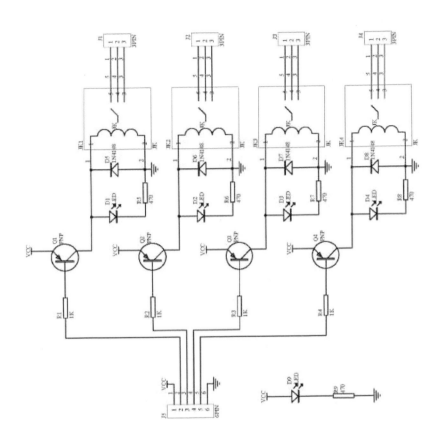

LCD 1602 函數用法

為了更能了解 LCD 1602 的用法，本節詳細介紹了 LiquidCrystal 函式主要的用法：

LiquidCrystal(rs, enable, d0, d1, d2, d3, d4, d5, d6, d7)

1. 指令格式 LiquidCrystal lcd 物件名稱(使用參數)

2. 使用參數個格式如下：

   LiquidCrystal(rs, enable, d4, d5, d6, d7)

   LiquidCrystal(rs, enable, d0, d1, d2, d3,d4, d5, d6, d7)

   LiquidCrystal(rs, rw, enable, d4, d5, d6, d7)

   LiquidCrystal(rs, rw, enable, d0, d1, d2, d3, d4, d5, d6, d7)

LiquidCrystal.begin(16, 2)

1. 規劃 lcd 畫面大小(行寬，列寬)

2. 指令範例：

   LiquidCrystal.begin(16, 2)

   解釋：將目前 lcd 畫面大小，設成二列 16 行

LiquidCrystal.setCursor(0, 1)

1. LiquidCrystal.setCursor(行位置,列位置)，行位置從 0 開始,列位置從 0 開始(Arduino 第一都是從零開始)

2. 指令範例：

   LiquidCrystal.setCursor(0, 1)

   解釋：將目前游標跳到第一列第一行，為兩列，每列有 16 個字元(Arduino 第一都是從零開始)

LiquidCrystal.print()

1. LiquidCrystal.print (資料)，資料可以為 char, byte, int, long, or string

2. 指令範例：

lcd.print("hello, world!");

解釋：將目前游標位置印出『hello, world!』

LiquidCrystal.autoscroll()

1.　將目前 lcd 列印資料形態，設成可以捲軸螢幕

2.　指令範例：

lcd.autoscroll();

解釋：如使用 lcd.print(thisChar); ，會將字元輸出到目前行列的位置，每輸出一個字元，行位置則加一，到第 16 字元時，若仍繼續輸出，則原有的列內的資料自動依 LiquidCrystal - Text Direction 的設定進行捲動，讓 print() 的命令繼續印出下個字元

LiquidCrystal.noAutoscroll()

1.　將目前 lcd 列印資料形態，設成不可以捲軸螢幕

2.　指令範例：

lcd.noAutoscroll();

解釋：如使用 lcd.print(thisChar); ，會將字元輸出到目前行列的位置，每輸出一個字元，行位置則加一，到第 16 字元時，若仍繼續輸出，讓 print() 的因繼續印出下個字元到下一個位置，但位置已經超越 16 行，所以輸出字元看不見。

LiquidCrystal.blink()

1.　將目前 lcd 游標設成閃爍

2.　指令範例：

lcd.blink();

解釋：將目前 lcd 游標設成閃爍

LiquidCrystal.noBlink()

1.　將目前 lcd 游標設成不閃爍

2.　指令範例：

lcd.noBlink ();

解釋：將目前 lcd 游標設成不閃爍

LiquidCrystal.cursor()

1. 將目前 lcd 游標設成底線狀態

2. 指令範例：

lcd.cursor();

解釋：將目前 lcd 游標設成底線狀態

LiquidCrystal.clear()

2. 將目前 lcd 畫面清除，並將游標位置回到左上角

3. 指令範例：

lcd.clear();

解釋：將目前 lcd 畫面清除，並將游標位置回到左上角

LiquidCrystal.home()

1. 將目前 lcd 游標位置回到左上角

2. 指令範例：

lcd.home();

解釋：將目前 lcd 游標位置回到左上角

DallasTemperature 函數用法

Arduino 開發版驅動 DS18B20 溫度感測模組，需要 DallasTemperature 函數庫，
而 DallasTemperature 函數庫則需要 OneWire 函數庫，讀者可以在本書附錄中找到這
些函市庫，也可以到作者 Github(https://github.com/brucetsao)網站中，在本書原始碼
目錄 https://github.com/brucetsao/libraries，下載到 DallasTemperature、OneWire 等函數
庫。

下列簡單介紹 DallasTemperature 函式庫內各個函式市的解釋與用法：

- uint8_t getDeviceCount(void)，回傳 1-Wire 匯流排上有多少個裝置。
- typedef uint8_t DeviceAddress[8]，裝置的位址。
- bool getAddress(uint8_t*, const uint8_t)，回傳某個裝置的位址。
- uint8_t getResolution(uint8_t*)，取得某裝置的溫度解析度（9~12 bits，分別
  對應 0.5℃、0.25℃、0.125℃、0.0625℃），參數為位址。
- bool setResolution(uint8_t*, uint8_t)，設定某裝置的溫度解析度。
- bool requestTemperaturesByAddress(uint8_t*)，命令某感測器進行溫度轉換，
  參數為位址。
- bool requestTemperaturesByIndex(uint8_t)，同上，參數為索引值。
- float getTempC(uint8_t*)，取得溫度讀數，參數為位址。
- float getTempCByIndex(uint8_t)，取得溫度讀數，參數為索引值。
- 另有兩個靜態成員函式可作攝氏華氏轉換。
  - static float toFahrenheit(const float)
  - static float toCelsius(const float)

參考文獻

Anderson, Rick, & Cervo, Dan. (2013). *Pro Arduino*. Apress.

Arduino. (2013). Arduino official website.   Retrieved 2013.7.3, 2013, from http://www.arduino.cc/

Atmel_Corporation. (2013). Atmel Corporation Website.   Retrieved 2013.6.17, 2013, from http://www.atmel.com/

Banzi, Massimo. (2009). *Getting Started with arduino*. Make.

Boxall, John. (2013). *Arduino Workshop: A Hands-on Introduction With 65 Projects*. No Starch Press.

Creative_Commons. (2013). Creative Commons.   Retrieved 2013.7.3, 2013, from http://en.wikipedia.org/wiki/Creative_Commons

Faludi, Robert. (2010). *Building wireless sensor networks: with ZigBee, XBee, arduino, and processing*. O'reilly.

Fritzing.org. (2013). Fritzing.org.   Retrieved 2013.7.22, 2013, from http://fritzing.org/

Guangzhou_Tinsharp_Industrial_Corp._Ltd. (2013). TC1602A   DataSheet. Retrieved 2013.7.7, 2013, from http://www.tinsharp.com/

Jeelab. (2013). A fork of Jeelab's fantastic RTC library.   Retrieved 2013.7.10, 2013, from https://github.com/adafruit/RTClib

Margolis, Michael. (2011). *Arduino cookbook*: O'Reilly Media.

Margolis, Michael. (2012). *Make an Arduino-controlled robot*. O'Reilly.

McRoberts, Michael. (2010). *Beginning Arduino*. Apress.

Minns, Peter D. (2013). *C Programming For the PC the MAC and the Arduino Microcontroller System*. AuthorHouse.

Monk, Simon. (2010). 30 Arduino Projects for the Evil Genius, 2/e.

Monk, Simon. (2012). *Programming Arduino: Getting Started with Sketches*. McGraw-Hill.

Ningbo_songle_relay_corp._ltd. (2013). SRS Relay.   Retrieved 2013.7.22, 2013, from http://www.songle.com/en/

Oxer, Jonathan, & Blemings, Hugh. (2009). *Practical Arduino: cool projects for open source hardware*. Apress.

Reas, Ben Fry and Casey. (2013). Processing.   Retrieved 2013.6.17, 2013, from http://www.processing.org/

Reas, Casey, & Fry, Ben. (2007). *Processing: a programming handbook for visual designers and artists* (Vol. 6812): Mit Press.

Reas, Casey, & Fry, Ben. (2010). *Getting Started with Processing*: Make.

SHENZHEN_LFN_TECHNOLOGY_CO._LTD. (2013). Infrared Receiver Module VS1838B. Retrieved 2013.7.22, 2013, from http://www.lfn.cc/Enindex.asp

Warren, John-David, Adams, Josh, & Molle, Harald. (2011). *Arduino for Robotics*: Springer.

Wilcher, Don. (2012). *Learn electronics with Arduino*: Apress.

曹永忠, 許智誠, & 蔡英德. (2013). *Arduino 遙控車設計與製作: The Design and Development of a Remote Control Car by Arduino Technology* (初版 ed.). 台灣、彰化: 渥瑪數位有限公司.

曹永忠, 許智誠, & 蔡英德. (2014a). *Arduino EM-RFID 門禁管制机设计:Using Arduino to Develop an Entry Access Control Device with EM-RFID Tags.* 台灣、彰化: 渥瑪數位有限公司.

曹永忠, 許智誠, & 蔡英德. (2014b). *Arduino EM-RFID 門禁管制機設計:The Design of an Entry Access Control Device based on EM-RFID Card* (初版 ed.). 台灣、彰化: 渥瑪數位有限公司.

曹永忠, 許智誠, & 蔡英德. (2014c). *Arduino RFID 门禁管制机设计: Using Arduino to Develop an Entry Access Control Device with RFID Tags.* 台灣、彰化: 渥瑪數位有限公司.

曹永忠, 許智誠, & 蔡英德. (2014d). *Arduino RFID 門禁管制機設計: The Design of an Entry Access Control Device based on RFID Technology* (初版 ed.). 台灣、彰化: 渥瑪數位有限公司.

曹永忠, 許智誠, & 蔡英德. (2014e). *Arduino 步進馬達控制: The Stepper Motors Controller Practices by Arduino Technology* (初版 ed.). 台灣、彰化: 渥瑪數位有限公司.

曹永忠, 許智誠, & 蔡英德. (2014f). *Arduino 步进马达控制: Using Arduino to Control the Stepper Motor.* 台灣、彰化: 渥瑪數位有限公司.

曹永忠, 許智誠, & 蔡英德. (2015a). *Arduino 程式教學(入門篇):Arduino Programming (Basic Skills & Tricks)* (初版 ed.). 台灣、彰化: 渥瑪数位有限公司.

曹永忠, 許智誠, & 蔡英德. (2015b). *Arduino 程式教學(常用模組篇):Arduino Programming (37 Sensor Modules)* (初版 ed.). 台灣、彰化: 渥瑪数位有限公司.

曹永忠, 許智誠, & 蔡英德. (2015c). *Arduino 編程教学(入门篇):Arduino Programming (Basic Skills & Tricks)* (初版 ed.). 台灣、彰化: 渥瑪数位有限公司.

曹永忠, 許智誠, & 蔡英德. (2015d). *Arduino 编程教学(常用模块篇):Arduino Programming (37 Sensor Modules)* (初版 ed.). 台灣、彰化: 渥瑪数位有限公司.

曹永忠, 许智诚, & 蔡英德. (2014). *Arduino 遥控车设计与制作: Using*

Arduino to Develop a Controller of the Remote Control Car. 台灣、彰化: 渥瑪數位有限公司.

維基百科-繼電器. (2013). 繼電器.　Retrieved 2013.7.22, 2013, from https://zh.wikipedia.org/wiki/%E7%BB%A7%E7%94%B5%E5%99%A8

Arduino 程式教學 (RFID 模組篇)
Arduino Programming (RFID Sensors Kit)

作　　者：曹永忠、許碩芳、許智誠、蔡英德

發 行 人：黃振庭

出 版 者：崧燁文化事業有限公司

發 行 者：崧燁文化事業有限公司

E-mail：sonbookservice@gmail.com

粉 絲 頁：https://www.facebook.com/
　　　　　sonbookss/

網　　址：https://sonbook.net/

地　　址：台北市中正區重慶南路一段六十一號八
　　　　　樓 815 室

Rm. 815, 8F., No.61, Sec. 1, Chongqing S. Rd.,
Zhongzheng Dist., Taipei City 100, Taiwan

電　　話：(02) 2370-3310

傳　　真：(02) 2388-1990

印　　刷：京峯彩色印刷有限公司（京峰數位）

律師顧問：廣華律師事務所 張珮琦律師

國家圖書館出版品預行編目資料

Arduino 程式教學 . RFID 模組篇
= Arduino programming(RFID
sensors kit) / 曹永忠等著 . -- 第一
版 . -- 臺北市：崧燁文化事業有限
公司 , 2022.03
　　面；　公分
POD 版
ISBN 978-626-332-074-1(平裝)
1.CST: 微電腦 2.CST: 電腦程式語
言
471.516　111001388

官網

臉書

定　　價：820 元

發行日期：2022 年 03 月第一版

◎本書以 POD 印製